高等职业教育公共基础课通用教材

# 数学建模基础与案例分析

主　编　曹西林　王建芳

副主编　毛丽霞　贾　娟　王　茜

　　　　惠高峰　张　茜

主　审　吉耀武

北京理工大学出版社

BEIJING INSTITUTE OF TECHNOLOGY PRESS

**图书在版编目(CIP)数据**

数学建模基础与案例分析 / 曹西林，王建芳主编. —北京：北京理工大学出版社，2020.8

ISBN 978 - 7 - 5682 - 8868 - 2

Ⅰ.①数…　Ⅱ.①曹…　②王…　Ⅲ.①数学模型－教学研究－高等职业教育

Ⅳ.①O141.4

中国版本图书馆 CIP 数据核字(2020)第 143669 号

---

出版发行 / 北京理工大学出版社有限责任公司

社　　　址 / 北京市海淀区中关村南大街 5 号

邮　　　编 / 100081

电　　　话 / (010)68914775(总编室)

　　　　　　(010)82562903(教材售后服务热线)

　　　　　　(010)68948351(其他图书服务热线)

网　　　址 / http://www.bitpress.com.cn

经　　　销 / 全国各地新华书店

印　　　刷 / 三河市华骏印务包装有限公司

开　　　本 / 787 毫米 × 1092 毫米　1/16

印　　　张 / 12.75　　　　　　　　　　　　　责任编辑 / 钟　博

字　　　数 / 302 千字　　　　　　　　　　　　文案编辑 / 钟　博

版　　　次 / 2020 年 8 月第 1 版　2020 年 8 月第 1 次印刷　　责任校对 / 周瑞红

定　　　价 / 35.00 元　　　　　　　　　　　　责任印制 / 施胜娟

图书出现印装质量问题，请拨打售后服务热线，本社负责调换

# 前　言　PREFACE

　　近年来，职业教育快速发展，为满足高职高专院校的人才培养需求与教育教学改革需要，培养更多高素质应用型、技能型，且具有创新能力的人才，各类技能竞赛备受关注，其中全国大学生数学建模竞赛亦是如此. 本书根据西安铁路职业技术学院数学建模选修课的开展、数学建模竞赛组织和培训的需求而编著，表述简练，实用性强，充分体现了"浅""新""用"的现代应用特点.

　　虽然传统的数学建模教材种类很多，但大多数都是针对本科院校的学生，不论是课程难易程度、课程体系还是授课形式，都不太适合数学基础薄弱但好奇心和动手能力强的高职学生. 本书在这方面做了积极改进，立足于高职特色，从培养学生的数学建模意识、方法和能力的角度出发，选取了一些基础理论知识和简单的数学模型，其主要内容包括数学建模概论、常用软件与线性代数基础、最优化模型、层次分析法（AHP）、综合案例分析以及全国大学生数学建模竞赛优秀论文赏析.

　　在内容编排上，本书有以下几个特点：

　　（1）打破传统的课程体系，以实例讲解为突破口，对每一种建模方法的讲解都以案例引入，对有关结论、方法的叙述力求简洁明了、通俗易懂.

　　（2）本书中的例题、能力训练题多数选自与实际生活贴近的应用案例，以培养学生的数学建模意识，充分体现高职教育的应用性和实用性.

　　（3）每一章均配备与内容相适应的数学建模案例，培养学生运用数学知识解决问题的能力，提高学生的建模能力.

　　（4）为拓展学生的建模能力，挖掘学生的建模潜力，本书在附录中展示了西安铁路职业技术学院获得全国大学生数学建模竞赛一等奖并刊登于《中国工业与应用数学学报》的优秀论文，供学生参考学习.

　　（5）本书以培养数学建模思想、突出应用为重点，以技能训练为主线，使学生通过本书的学习，数学建模能力有所提高，为处理实际问题和参加全国数学建模竞赛打好基础.

　　本书整体架构由西安铁路职业技术学院数学建模指导组成员讨论拟定. 曹西林和王建芳任主编，毛丽霞、贾娟、王茜、惠高峰和张茜任副主编. 本书编写分工为：曹西林（第二章第四节、第六章第三节），王建芳（第二章第一节和第二节、第六章第一节），毛丽霞（第三章、第四章），王茜（第一章、第六章第二节），贾娟（第五章），惠高峰（第二章第三节），张茜（第六章第四节）. 全书最后的统稿由曹西林和王建芳完成，吉耀武负责审定.

　　本书在编写过程中得到了西安铁路职业技术学院有关领导和数学教研室老师的大力支持

和帮助，并得到北京理工大学出版社的鼎力支持，在此，对他们的关心、支持与帮助一并表示衷心的感谢.

由于时间和精力有限，对数学建模知识体系的探索还不够深入，书中难免存在不周或疏漏之处，敬请广大读者批评指正. 今后我们还会不断努力改进和完善，希望得到广大同仁的支持与鼓励.

编　者

2020 年 6 月

# 目 录 CONTENTS

第一章　数学建模概论 ································· 1
1.1　什么是数学建模 ······························· 1
1.2　数学建模的一般过程 ·························· 2
1.3　全国大学生数学建模竞赛 ·················· 4
1.4　案例介绍 ······································· 5
第二章　常用软件与线性代数基础 ·············· 7
2.1　行列式简介 ··································· 7
2.2　矩阵简介 ······································ 11
2.3　MATLAB 软件简介 ························· 15
2.4　LINGO 软件简介 ·························· 34
第三章　最优化模型 ······························· 44
3.1　一般问题的引入 ····························· 44
3.2　线性规划模型 ································ 47
3.3　应用案例分析 ································ 51
第四章　层次分析法（AHP） ··················· 61
4.1　一般问题的引入 ····························· 61
4.2　层次分析的一般方法 ······················ 62
第五章　综合案例分析 ····························· 69
5.1　菜篮子工程问题 ····························· 69
5.2　选择手机问题 ································ 77
第六章　全国大学生数学建模竞赛优秀论文赏析 ··· 87
6.1　化工厂巡检路径规划与建模 ··············· 87
6.2　汽车总装线配置方案 ······················ 119
6.3　汽车总装线的配置优化问题 ··············· 150
6.4　"薄利多销"问题模型建立与分析 ··········· 180

# 第一章 数学建模概论

## 1.1 什么是数学建模

### 1. 数学模型

早在初中阶段，我们就已经接触过数学模型，比如"航海问题"：

甲、乙两地相距 800 km，船从甲到乙顺水航行需要 40 h，从乙到甲逆水航行需要 50 h，问船速、水速各是多少？

用 $x$，$y$ 分别代表船速和水速，可以列出方程

$$(x+y) \cdot 40 = 800, \quad (x-y) \cdot 50 = 800.$$

实际上，这组方程就是上述"航海问题"的数学模型，列出方程，原问题已经转化为纯粹的数学问题。方程的解 $x = 18$ km/h，$y = 2$ km/h 最终给出了"航海问题"的答案。

当然，真正的实际问题往往比上述问题复杂得多，实际问题对应的数学模型通常也复杂得多。

数学模型一般并非现实问题的直接翻版，它的建立常常既需要人们对现实问题深入细致的观察和分析，又需要人们灵活巧妙地利用各种数学知识。

数学模型是由数学符号、数学公式、程序、图表等组成的，描述现实对象数量规律的数学表达式、图形或者算法，是一种理想化、抽象化的方法，是用数学解决实际问题的典型方法。

数学模型或能解释某些客观现象，或能预测未来的发展规律，或能为控制某一现象的发展提供某种意义下的最优策略或较好策略。

### 2. 数学模型与数学

数学模型与数学是不完全相同的，主要体现在研究内容、研究方法和研究结果等方面。

（1）研究内容：数学主要是研究对象的共性和一般规律，而数学模型主要是研究对象的个性和特殊规律。

（2）研究方法：数学的主要研究方法是演绎推理，而数学模型的主要研究方法是归纳加演绎。

（3）研究结果：数学的研究结果被证明了就一定是正确的，而数学模型的研究结果被证明了未必就一定正确，这跟模型的简化与模型的假设有关，因此，数学模型的研究结果必须接受实际的检验。

### 3. 数学模型与数学建模

数学建模即应用知识，从实际问题中抽象、提炼出数学模型的过程。数学建模就是用数

学语言描述实际现象的过程. 数学建模是一种数学的思考方法，是运用数学的语言和方法，通过抽象、简化建立能近似刻画并解决实际问题的一种强有力的数学手段. 数学建模就是根据实际问题来建立数学模型，对数学模型进行求解，然后根据结果解决实际问题，其过程如图 1-1 所示.

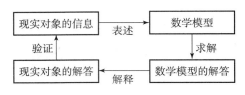

图 1-1　数学建模的过程

数学建模是数学与实际问题的桥梁，是应用数学知识解决实际问题的第一步.

# 1.2　数学建模的一般过程

在了解数学建模的概念之后，下面给出数学建模的一般方法和步骤.

## 1. 哥尼斯堡七桥问题

18 世纪的数学大师欧拉解决的"哥尼斯堡七桥问题"，就是一个数学建模的极好范例. 下面以此为例，说明数学建模的一般过程.

实际问题：18 世纪，东普鲁士的哥尼斯堡（现在叫加里宁格勒，位于波罗的海南岸）是一座景致迷人的城市，普勒格尔河横贯其境，并在这儿形成两条支流，把整座城市分割成 4 个区域：河的两岸（C 和 D）、河中的岛（A）和两条支流之间的半岛（B），如图 1-2 所示. 当时有 7 座桥横跨普勒格尔河及其支流，把河岸、半岛和河心岛连接起来. 有趣的桥群和哥城 4 个区域的迷人景色吸引了众多游客. 有人在游览时提出这样的问题：能否从某个地方出发，穿过所有的桥各一次后再回到出发点？

抽象假设：欧拉把两岸和小岛都抽象成点，把桥化为边，两个点之间有边连接，当且仅当这两个点所代表的区域有桥连接.

建立数学模型：图 1-3 能否一笔画成？

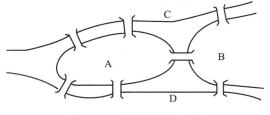

图 1-2　哥尼斯堡七桥图

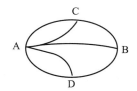

图 1-3　哥尼斯堡七桥简化图

求解还原：如果从某一点出发，到某一点终止，全图可以一笔画出，那么中间每经过的一点，总有画进、画出的各一条线，所以除了起点和终点外，图形中的每一点都应该和偶数条线相连. 因为图 1-3 中的每一点都与奇数条线相连，所以这个图形不可能一笔画出，也就不可能一次既无重复也无遗漏地通过每一座桥.

欧拉不仅解决了此问题，并且给出了连通图可以一笔画出的充要条件：奇点的数目不是 0 个就是 2 个（连到一点的数目如是奇数，就称为奇点，如果是偶数就称为偶点，要想一笔成图，必须中间点均是偶点，也就是有来路必有一条去路，奇点只可能在两端，因此任何图能一笔画成，奇点要么没有，要么在两端）.

从这个问题的解决过程中可以体会到，欧拉为解决哥尼斯堡七桥问题所建立的数学模型——"一笔画的图形判别模型"，不仅可以清楚直观地抓住问题的实质，而且很容易推广应用于解决其他多桥问题或者最短路径问题.

## 2. 建立数学模型的一般步骤

具体地讲，建立数学模型的一般步骤如下（图 1-4）.

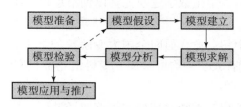

图 1-4 建立数学模型的一般步骤

1）模型准备

了解问题的实际背景，明确其实际意义，掌握对象的各种信息. 以数学思想来包容问题的精髓，使数学思路贯穿问题的全过程，进而用数学语言描述问题. 要求符合数学理论，符合数学习惯，清晰准确.

2）模型假设

根据实际对象的特征和数学建模的目的，对问题进行必要的简化，并用精确的语言提出一些恰当的假设.

3）模型建立

在假设的基础上，利用适当的数学工具刻画各变量、常量之间的数学关系，建立相应的数学结构（尽量用简单的数学工具）.

4）模型求解

利用获取的数据资料，对模型的所有参数进行计算（或近似计算）.

5）模型分析

对所要建立模型的思路进行阐述，对所得的结果进行数学上的分析.

6）模型检验

将模型分析结果与实际情形进行比较，以此来验证模型的准确性、合理性和适用性. 如果模型与实际较吻合，则要对计算结果给出其实际含义，并进行解释. 如果模型与实际吻合较差，则应该修改假设，再次重复数学建模过程.

7）模型应用与推广

应用方式因问题的性质和数学建模的目的而异，而模型的推广就是在现有模型的基础上对模型有一个更加全面、符合现实情况的模型.

# 1.3　全国大学生数学建模竞赛

## 1. 全国大学生数学建模竞赛简介

全国大学生数学建模竞赛（China Undergraduate Mathematical Contest in Modeling，CUMCU）是全国高校规模最大的课外科技活动之一.

全国大学生数学建模竞赛创办于 1992 年，每年一届，目的在于激励学生学习数学的积极性，提高学生建立数学模型和运用计算机技术解决实际问题的综合能力，鼓励广大学生踊跃参加课外科技活动，开拓知识面，培养创造精神及合作意识，推动大学数学教学体系、教学内容和方法的改革. 全国大学生数学建模竞赛以创新意识，团队精神，重在参与，公平竞争为宗旨.

竞赛时间为每年 9 月中旬，竞赛面向全国大专院校的学生，不分专业（但竞赛分本科、专科两组），本科组竞赛所有大学生均可参加，专科组竞赛只有专科生（包括高职、高专学生）可以参加.

竞赛内容一般来源于工程技术和管理科学等方面经过适当简化加工的实际问题，不要求参赛者预先掌握深入的专门知识，只需要学过高等学校的数学课程. 竞赛题目有较大的灵活性供参赛者发挥其创造能力.

竞赛由 3 名大学生组成一队，在 3 天时间内可以自由地收集资料、调查研究，使用计算机、软件和互联网，但不得与队外任何人（包括指导老师）讨论. 要求每个参赛队根据题目要求完成一篇论文，内容包括模型的假设、建立和求解，计算方法的设计和计算机实现，结果的分析和检验，模型的改进等.

竞赛评奖以假设的合理性、建模的创造性、结果的正确性、文字表述的清晰程度为主要标准.

## 2. 历年赛题

2019 年：
（D）空气质量数据的校准；
（E）"薄利多销"分析.

2018 年：
（C）大型百货商场会员画像描绘；
（D）汽车总装线的配置问题.

2017 年：
（C）颜色与物质浓度辨识；
（D）巡检路线的排班.

2016 年：
（C）电池剩余放电时间预测；
（D）风电场运行状况分析及优化.

2015 年：

（C）月上柳梢头；

（D）众筹筑屋规划方案设计.

2014 年：

（C）生猪养殖场的经营管理；

（D）储药柜的设计.

2013 年：

（C）古塔的变型；

（D）公共自行车服务系统.

2012 年：

（C）脑卒中发病环境因素分析及干预；

（D）机器人避障问题.

2011 年：

（C）企业退休职工养老金制度的改革；

（D）天然肠衣搭配问题.

2010 年：

（C）输油管的布置；

（D）对学生宿舍设计方案的评价.

2009 年：

（C）卫星和飞船的跟踪测控；

（D）会议筹备.

# 1.4　案例介绍

日常生活中，人们经常会与家人去市场买各种水果，而人们也常常会挑选个儿大的水果，这样的做法合理吗？为什么？

## 1. 模型假设

（1）由于质量相等的水果体积也相等，记水果体积为 $V$；

（2）水果表皮厚度一般是不均匀的，为便于计算，设水果表皮厚度一定，记为 $d$；

（3）不同水果的形状不同，假设水果的形状近似为球形，记球的半径为 $r$；

（4）设每个水果的表面积为 $S_0$；

（5）设每个水果的果肉体积为 $C_0$；

（6）为便于计算，设每个水果大小相同，共有 $n$ 个.

## 2. 模型建立

为使问题得以解决，现在在模型假设下，给出体积为 $V$ 的 $n$ 个水果果肉体积的近似表达式，设体积为 $V$ 的水果共 $n$ 个，由模型假设知，每个水果大小相同，则每个水果的体积

$$V_0 = \frac{V}{n} = \frac{4}{3}\pi r^3.$$

由上式可得

$$r = \sqrt[3]{\frac{3V}{4\pi n}}. \tag{1-1}$$

在 $r$ 的表达式（1-1）中令 $a = \sqrt[3]{\dfrac{3V}{4\pi}}$，则

$$r = \frac{a}{\sqrt[3]{n}}. \tag{1-2}$$

每个水果的果肉体积为

$$C_0 = 水果体积 - 水果果皮所占体积$$

$$= \frac{4}{3}\pi r^3 - S_0 d = \frac{4}{3}\pi r^3 - 4d\pi r^2,$$

故体积为 $V$ 的 $n$ 个水果，其果肉体积为

$$C(n) = nC_0 = \frac{4}{3}\pi n r^3 - 4d\pi n r^2.$$

若记 $b = \dfrac{4}{3}\pi$，$c = 4\pi d$（均为常数），则有

$$C(n) = bnr^3 - cnr^2. \tag{1-3}$$

将式（1-2）带入式（1-3）可得果肉体积与水果个数的函数关系为

$$C(n) = bn\left(\frac{a}{\sqrt[3]{n}}\right)^3 - cn\left(\frac{a}{\sqrt[3]{n}}\right)^2 = ba^3 - can^{\frac{1}{3}}. \tag{1-4}$$

### 3. 模型求解

想要说明买水果时是否水果越大越划算，需要判断式（1-4）的单调性，因为

$$C'(n) = (ba^3 - can^{\frac{1}{3}})' = -\frac{1}{3}can^{-\frac{2}{3}} < 0,$$

所以 $C(n) = ba^3 - can^{\frac{1}{3}}$ 为单调减函数，由此可知，水果个数 $n$ 越小，果肉的体积越大，而相同质量的水果个数 $n$ 越小，则水果就越大，这就表明买水果还是越大越划算.

### 4. 模型的进一步思考

市场上牙膏、香皂和洗发精等日用品中，同一种品牌一般有规格的包装，应选择购买大包装还是购买小包装呢？

## 练一练：

【包饺子问题】设在包饺子时通常 1 kg 面和 1 kg 馅包 100 个饺子，有一次馅多了 0.4 kg，问应该将饺子包大一些，少包几个，还是应该将饺子包小一些，多包几个，将这些馅仍用 1 kg 面包完？

# 第二章 常用软件与线性代数基础

数学模型的建立和求解离不开数学基础知识和计算机软件的支持，本章主要介绍数学建模所需的线性代数基础知识和两款常用软件. 线性代数基础知识主要介绍矩阵和行列式的基本运算，软件主要介绍 MATLAB 和 LINGO，其中 MATLAB 是美国 Math Works 公司在 20 世纪 80 年代中期推出的数学软件，优秀的数值计算能力和卓越的数据可视化能力使其很快在数学软件中脱颖而出，而 LINGO 是一款专门用于求解规划问题的软件包，它以执行速度快，方便输入、求解和分析规划问题而在教学、科研和工业领域得到广泛应用.

## 2.1 行列式简介

行列式最早是由英国的莱布尼茨和日本的关孝和发明的，是一种速记的表达式，现在已经是数学中一种非常有用的工具. 无论是在线性代数、多项式理论，还是在微积分学中，行列式作为基本的数学工具，都有着重要的应用. 本节我们主要介绍简单的二阶和三阶行列式以及几种特殊的行列式.

### 1. 二阶行列式

首先认识二元线性方程组：

$$\begin{cases} a_{11}x_1 + a_{12}x_2 = b_1, \\ a_{21}x_1 + a_{22}x_2 = b_2. \end{cases} \tag{2-1}$$

其中，方程组（2-1）中的 4 个系数 $a_{ij}(i=1, 2; j=1, 2)$ 可组成一个数表如下：

$$\begin{vmatrix} a_{11} & a_{12} \\ a_{21} & a_{22} \end{vmatrix}, \tag{2-2}$$

则称式（2-2）为**二阶行列式**. 数 $a_{ij}$ 称为行列式的元素，元素 $a_{ij}$ 的第一个下标 $i$ 称为行标，表示该元素位于第 $i$ 行，第二个下标 $j$ 称为列标，表示该元素位于第 $j$ 列.

上面的二阶行列式（2-2）可用对角线法则来计算，如图 2-1 所示.

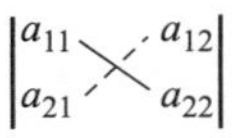

把 $a_{11}$ 到 $a_{22}$ 的实连线称为主对角线，把 $a_{12}$ 到 $a_{21}$ 的虚连线称为副对角线. 二阶行列式的值为主对角线上的两元素之积 $a_{11}a_{22}$ 减去副对角线上的两元素之积 $a_{12}a_{21}$ 所得的差，即**二阶行列式对角线法则：主对角线元素之积减去副对角线元素之积.**

图 2-1 二阶行列式对角线法则

**例 2-1** 计算 $\begin{vmatrix} 2 & 1 \\ -3 & 4 \end{vmatrix}$.

**解：** $\begin{vmatrix} 2 & 1 \\ -3 & 4 \end{vmatrix} = 2 \times 4 - 1 \times (-3) = 8 + 3 = 11.$

**例 2-2** 解方程 $\begin{vmatrix} x & 3 \\ -2 & 1 \end{vmatrix} = 4$.

**解:** $\begin{vmatrix} x & 3 \\ -2 & 1 \end{vmatrix} = 4 \Rightarrow x - 3 \times (-2) = 4 \Rightarrow x + 6 = 4 \Rightarrow x = -2$.

利用二阶行列式的概念,当 $a_{11}a_{22} - a_{12}a_{21} \neq 0$ 时,可将方程组(2-1)的解 $x_1$,$x_2$ 表示为

$$x_1 = \frac{D_1}{D} = \frac{\begin{vmatrix} b_1 & a_{12} \\ b_2 & a_{22} \end{vmatrix}}{\begin{vmatrix} a_{11} & a_{12} \\ a_{21} & a_{22} \end{vmatrix}}, \tag{2-3}$$

$$x_2 = \frac{D_2}{D} = \frac{\begin{vmatrix} a_{11} & b_1 \\ a_{21} & b_2 \end{vmatrix}}{\begin{vmatrix} a_{11} & a_{12} \\ a_{21} & a_{22} \end{vmatrix}}. \tag{2-4}$$

**例 2-3** 求解二元线性方程组

$$\begin{cases} 3x_1 - 2x_2 = 12, \\ 2x_1 + x_2 = 1. \end{cases}$$

**解:**
$$D = \begin{vmatrix} 3 & -2 \\ 2 & 1 \end{vmatrix} = 3 - (-4) = 7,$$

$$D_1 = \begin{vmatrix} 12 & -2 \\ 1 & 1 \end{vmatrix} = 12 - (-2) = 14,$$

$$D_2 = \begin{vmatrix} 3 & 12 \\ 2 & 1 \end{vmatrix} = 3 - 24 = -21,$$

$$x_1 = \frac{D_1}{D} = \frac{14}{7} = 2; \ x_2 = \frac{D_2}{D} = \frac{-21}{7} = -3.$$

## 2. 三阶行列式

**定义:** 设有 9 个数排成的 3 行 3 列数表如下:

$$\begin{vmatrix} a_{11} & a_{12} & a_{13} \\ a_{21} & a_{22} & a_{23} \\ a_{31} & a_{32} & a_{33} \end{vmatrix}. \tag{2-5}$$

则称式(2-5)为**三阶行列式**. 三阶行列式也可用对角线法则来计算,如图 2-2 所示.

即

$$\begin{vmatrix} a_{11} & a_{12} & a_{13} \\ a_{21} & a_{22} & a_{23} \\ a_{31} & a_{32} & a_{33} \end{vmatrix} = a_{11}a_{22}a_{33} + a_{12}a_{23}a_{31} + a_{21}a_{32}a_{13} - a_{13}a_{22}a_{31} - a_{23}a_{32}a_{11} - a_{21}a_{12}a_{33}$$

$$\tag{2-6}$$

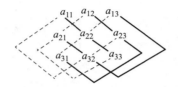

图2-2 三阶行列式对角线法则

例2-4 计算

$$\begin{vmatrix} 5 & 1 & 4 \\ 3 & 2 & -1 \\ -2 & 0 & 2 \end{vmatrix}.$$

解：$\begin{vmatrix} 5 & 1 & 4 \\ 3 & 2 & -1 \\ -2 & 0 & 2 \end{vmatrix}$

$= 5 \times 2 \times 2 + 1 \times (-1) \times (-2) + 3 \times 0 \times 4 - 4 \times 2 \times (-2) - 5 \times 0 \times (-1) - 2 \times 3 \times 1$

$= 32.$

例2-5 解方程

$$\begin{vmatrix} 1 & 1 & 1 \\ 2 & 3 & x \\ 4 & 9 & x^2 \end{vmatrix} = 0.$$

解：$\begin{vmatrix} 1 & 1 & 1 \\ 2 & 3 & x \\ 4 & 9 & x^2 \end{vmatrix} = 3x^2 + 4x + 18 - 9x - 2x^2 - 12 = x^2 - 5x + 6.$

由 $x^2 - 5x + 6 = 0$，解得

$$x = 2 \text{ 或 } x = 3.$$

## 3. 几种特殊行列式

1）转置行列式

把行列式 $D = \begin{vmatrix} a_{11} & a_{12} & \cdots & a_{1n} \\ a_{21} & a_{22} & \cdots & a_{2n} \\ \vdots & \vdots & & \vdots \\ a_{n1} & a_{n2} & \cdots & a_{nn} \end{vmatrix}$ 的行与列互换（每一行变为相应的列，每一列变为相

应的行）得到的行列式

$$D^{\mathrm{T}} = \begin{vmatrix} a_{11} & a_{21} & \cdots & a_{n1} \\ a_{12} & a_{22} & \cdots & a_{n2} \\ \vdots & \vdots & & \vdots \\ a_{1n} & a_{2n} & \cdots & a_{nn} \end{vmatrix}$$

称为 $D$ 的转置行列式，记为 $D^{\mathrm{T}}$.

2）对角行列式

$$D = \begin{vmatrix} a_{11} & 0 & \cdots & 0 \\ 0 & a_{22} & \cdots & 0 \\ \vdots & \vdots & & \vdots \\ 0 & 0 & \cdots & a_{nn} \end{vmatrix} = a_{11}a_{22}\cdots a_{nn}.$$

3）上三角行列式

$$D = \begin{vmatrix} a_{11} & a_{12} & \cdots & a_{1n} \\ 0 & a_{22} & \cdots & a_{2n} \\ \vdots & \vdots & & \vdots \\ 0 & 0 & \cdots & a_{nn} \end{vmatrix} = a_{11}a_{22}\cdots a_{nn}.$$

4）下三角行列式

$$D = \begin{vmatrix} a_{11} & 0 & \cdots & 0 \\ a_{21} & a_{22} & \cdots & 0 \\ \vdots & \vdots & & \vdots \\ a_{n1} & a_{n2} & \cdots & a_{nn} \end{vmatrix} = a_{11}a_{22}\cdots a_{nn}.$$

## 4. 行列式应用案例（受力分析）

**例 2-6**  一静止的物体受到几个力的作用，其受力情况如图 2-3 所示，求出 $F_1$ 和 $F_2$ 的大小.

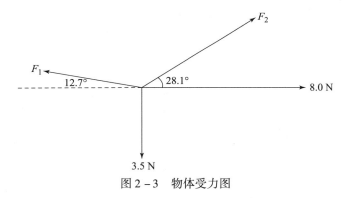

图 2-3  物体受力图

**解**：将物体所受力沿水平方向和垂直方向进行分解，可以得到：

水平方向：

$$F_1\cos 12.7° - F_2\cos 28.1° = 8.0, \tag{2-7}$$

即

$$0.99F_1 - 0.98F_2 = 8.0. \tag{2-8}$$

垂直方向：

$$F_1\sin 12.7° + F_2\sin 28.1° = 3.5, \tag{2-9}$$

即

$$0.13F_1 + 0.17F_2 = 3.5. \tag{2-10}$$

列成方程组如下：

$$\begin{cases} 0.99F_1 - 0.98F_2 = 8.0, \\ 0.13F_1 + 0.17F_2 = 3.5. \end{cases} \tag{2-11}$$

此方程组的解可通过式（2-3）和式（2-4）求出，也可通过 MATLAB 软件求解得出，即

$$F_1 = 3.060\ 5\ \text{N}, \quad F_2 = 38.231\ 3\ \text{N}.$$

## 练一练：

计算下列行列式：

(1) $\begin{vmatrix} 4 & 1 \\ 7 & 3 \end{vmatrix}$;

(2) $\begin{vmatrix} 2 & 4 & -3 \\ 0 & 2 & 4 \\ 4 & 1 & 1 \end{vmatrix}$.

# 2.2 矩阵简介

本节主要介绍矩阵的概念、矩阵的运算和几种特殊的矩阵．通过对矩阵的学习和研究，可以很好地解决生产实践、科学技术中的大量实际应用问题．

## 1. 矩阵的概念

线性方程组

$$\begin{cases} a_{11}x_1 + a_{12}x_2 + \cdots + a_{1n}x_n = b_1, \\ a_{21}x_1 + a_{22}x_2 + \cdots + a_{2n}x_n = b_2, \\ \qquad\qquad \cdots\cdots \\ a_{n1}x_1 + a_{n2}x_2 + \cdots + a_{nn}x_n = b_n \end{cases}$$

的解取决于系数 $a_{ij}(i,\ j = 1,\ 2,\ \cdots,\ n)$ 和常数项 $b_i(i = 1,\ 2,\ \cdots,\ n)$，线性方程组的系数与常数项按原位置可排为

$$\begin{bmatrix} a_{11} & a_{12} & \cdots & a_{1n} & b_1 \\ a_{21} & a_{22} & \cdots & a_{2n} & b_2 \\ \cdots & \cdots & \cdots & \cdots & \cdots \\ a_{n1} & a_{n2} & \cdots & a_{nn} & b_n \end{bmatrix}.$$

对线性方程组的研究可转化为对这张数表的研究，这种数表在实际中应用非常广泛，这就是矩阵．

**定义 2-1** 矩阵的定义：

由 $m \times n$ 个数 $a_{ij}(i = 1,\ 2,\ \cdots,\ m;\ j = 1,\ 2,\ \cdots,\ n)$ 按一定的次序排成的 $m$ 行 $n$ 列的矩形数表

$$\boldsymbol{A}_{m \times n} = \begin{bmatrix} a_{11} & a_{12} & \cdots & a_{1n} \\ a_{21} & a_{22} & \cdots & a_{2n} \\ \vdots & \vdots & \ddots & \vdots \\ a_{m1} & a_{m2} & \cdots & a_{mn} \end{bmatrix}$$

称为 $m \times n$ 矩阵，简称**矩阵**. 横的各排称为矩阵的**行**，$m$ 称为矩阵的**行数**；竖的各排称为矩阵的**列**，$n$ 称为矩阵的**列数**；$a_{ij}$ 称为矩阵第 $i$ 行 $j$ 列的**元素**. 矩阵常用大写字母 $A$，$B$，$C$，…表示，也可以写成 $A_{m \times n}$，简记为

$$A = (a_{ij})_{m \times n}.$$

例如：$A = \begin{bmatrix} 1 & 2 \\ 0 & -1 \\ 3 & 4 \end{bmatrix}$ 就是一个 $3 \times 2$ 的矩阵，其中 $a_{21} = 0$.

**注意**：矩阵与行列式的区别如下：

（1）行列式是一个数，矩阵是一个数表；

（2）行列式的行数和列数必须相同，矩阵的行数和列数没有要求.

## 2. 几种特殊的矩阵

1）行矩阵

只有一行的矩阵称为**行矩阵**，也称 ***n*** **维行向量**，如 $[a_{11}, a_{12}, \cdots, a_{1n}]$ 是一个 $1 \times n$ 的矩阵.

2）列矩阵

只有一列的矩阵称为**列矩阵**，也称 ***m*** **维列向量**，如 $\begin{bmatrix} a_{11} \\ a_{21} \\ \vdots \\ a_{m1} \end{bmatrix}$ 是一个 $m \times 1$ 的矩阵.

3）方阵

当 $m = n$ 时，即矩阵的行数与列数相同时，称矩阵为**方阵**：

$$A_{n \times n} = \begin{bmatrix} a_{11} & a_{12} & \cdots & a_{1n} \\ a_{21} & a_{22} & \cdots & a_{2n} \\ \vdots & \vdots & \ddots & \vdots \\ a_{n1} & a_{n2} & \cdots & a_{nn} \end{bmatrix}.$$

4）零矩阵

所有元素全是 0 的矩阵称为**零矩阵**，如

$$A = \begin{bmatrix} 0 & 0 & \cdots & 0 \\ 0 & 0 & \cdots & 0 \\ \vdots & \vdots & \ddots & \vdots \\ 0 & 0 & \cdots & 0 \end{bmatrix}.$$

5）单位矩阵

主对角线上的元素都是 1，其他元素全为 0 的方阵称为**单位矩阵**，记为 $E$ 或 $I$，如

$$A = \begin{bmatrix} 1 & 0 & \cdots & 0 \\ 0 & 1 & \cdots & 0 \\ \vdots & \vdots & \ddots & \vdots \\ 0 & 0 & \cdots & 1 \end{bmatrix}.$$

6）上三角矩阵

主对角线下方元素全为 0 的方阵称为**上三角矩阵**，如

$$A = \begin{bmatrix} a_{11} & a_{12} & \cdots & a_{1n} \\ 0 & a_{22} & \cdots & a_{2n} \\ \vdots & \vdots & \ddots & \vdots \\ 0 & 0 & \cdots & a_{nn} \end{bmatrix}.$$

7）下三角矩阵

主对角线上方元素全为 0 的方阵称为**下三角矩阵**，如

$$A = \begin{bmatrix} a_{11} & 0 & \cdots & 0 \\ a_{21} & a_{22} & \cdots & 0 \\ \vdots & \vdots & \ddots & \vdots \\ a_{n1} & a_{n2} & \cdots & a_{nn} \end{bmatrix}.$$

8）对角矩阵

除主对角线上的元素不为 0 外，其他元素均为 0 的矩阵称为**对角矩阵**，如

$$A = \begin{bmatrix} a_{11} & 0 & \cdots & 0 \\ 0 & a_{22} & \cdots & 0 \\ \vdots & \vdots & \ddots & \vdots \\ 0 & 0 & \cdots & a_{nn} \end{bmatrix}.$$

9）转置矩阵

把 $m \times n$ 矩阵

$$A_{m \times n} = \begin{bmatrix} a_{11} & a_{12} & \cdots & a_{1n} \\ a_{21} & a_{22} & \cdots & a_{2n} \\ \vdots & \vdots & \ddots & \vdots \\ a_{m1} & a_{m2} & \cdots & a_{mn} \end{bmatrix}$$

的行、列互换得到的 $n \times m$ 矩阵，称为 $A$ 的**转置矩阵**，记作 $A^{\mathrm{T}}$，即

$$A^{\mathrm{T}} = \begin{bmatrix} a_{11} & a_{21} & \cdots & a_{m1} \\ a_{12} & a_{22} & \cdots & a_{m2} \\ \vdots & \vdots & \ddots & \vdots \\ a_{1n} & a_{2n} & \cdots & a_{mn} \end{bmatrix}.$$

如 $A = \begin{bmatrix} 0 & 1 \\ -2 & 3 \\ 4 & 6 \end{bmatrix}$ 的转置矩阵 $A^{\mathrm{T}} = \begin{bmatrix} 0 & -2 & 4 \\ 1 & 3 & 6 \end{bmatrix}.$

## 3. 矩阵的相等

两个矩阵的相等是指这两个矩阵有相同的行数和列数，且对应元素相等，即

$$A = (a_{ij})_{m \times n} = B = (b_{ij})_{m \times n}.$$

**例 2 - 1** 已知矩阵 $A = \begin{bmatrix} 0 & 1 \\ 2 & 3 \\ 4 & 5 \end{bmatrix}$ 与矩阵 $B = \begin{bmatrix} 0 & 1 \\ a & b \\ 4 & 5 \end{bmatrix}$ 相等，求 $a, b$.

**解**：由矩阵相等的定义有

$$a = 2, \quad b = 3.$$

## 4. 矩阵的基本运算

### 1）矩阵的加法

**定义 2 - 2** 设有矩阵 $A = (a_{ij})_{m \times n}$ 和矩阵 $B = (b_{ij})_{m \times n}$，则 $A + B = (a_{ij} + b_{ij})_{m \times n}$ 称为矩阵 $A$ 和矩阵 $B$ 的和.

**注意**：两个矩阵相加是指把它们的对应元素相加，只有行数相同、列数相同的两个矩阵（同型矩阵）才能相加.

**例 2 - 7** 已知矩阵 $A = \begin{bmatrix} 1 & 0 & 2 \\ 3 & 1 & -1 \end{bmatrix}$ 与矩阵 $B = \begin{bmatrix} 2 & 1 & 0 \\ -1 & 2 & 4 \end{bmatrix}$，求 $A + B$.

**解**：由矩阵加法的定义有

$$A + B = \begin{bmatrix} 1 & 0 & 2 \\ 3 & 1 & -1 \end{bmatrix} + \begin{bmatrix} 2 & 1 & 0 \\ -1 & 2 & 4 \end{bmatrix} = \begin{bmatrix} 3 & 1 & 2 \\ 2 & 3 & 3 \end{bmatrix}.$$

### 2）数与矩阵的乘法

**定义 2 - 3** 设矩阵 $A = (a_{ij})_{m \times n}$，$k$ 是一个数，则数 $k$ 乘矩阵 $A$ 是一个矩阵，称为数 $k$ 与矩阵 $A$ 的乘法，简称数乘，且

$$kA = k\begin{bmatrix} a_{11} & a_{12} & \cdots & a_{1n} \\ a_{21} & a_{22} & \cdots & a_{2n} \\ \vdots & \vdots & \ddots & \vdots \\ a_{m1} & a_{m2} & \cdots & a_{mn} \end{bmatrix} = \begin{bmatrix} ka_{11} & ka_{12} & \cdots & ka_{1n} \\ ka_{21} & ka_{22} & \cdots & ka_{2n} \\ \vdots & \vdots & \ddots & \vdots \\ ka_{m1} & ka_{m2} & \cdots & ka_{mn} \end{bmatrix},$$

即 $kA = (ka_{ij})_{m \times n}$，数乘运算就是指用数去乘矩阵的每一个元素.

**例 2 - 8** 已知矩阵 $A = \begin{bmatrix} 1 & 2 \\ 0 & 5 \\ 3 & -1 \end{bmatrix}$，求 $2A$.

**解**：由数与矩阵的乘法的定义有

$$2A = \begin{bmatrix} 1 \times 2 & 2 \times 2 \\ 0 \times 2 & 5 \times 2 \\ 3 \times 2 & -1 \times 2 \end{bmatrix} = \begin{bmatrix} 2 & 4 \\ 0 & 10 \\ 6 & -2 \end{bmatrix}.$$

### 3）矩阵的乘法

**定义 2 - 4** 设矩阵 $A$ 为 $m \times n$ 矩阵，$B$ 为 $n \times t$ 矩阵，则 $C = (c_{ij})_{m \times t}$ 为矩阵 $A$ 和 $B$ 的乘积，记为 $C = AB$，其中

$$c_{ij} = a_{i1}b_{1j} + a_{i2}b_{2j} + \cdots + a_{in}b_{nj} = \sum_{k=1}^{n} a_{ik}b_{kj} (i = 1,2 \cdots m, j = 1,2 \cdots t).$$

其中，矩阵 $C$ 中第 $i$ 行第 $j$ 列元素等于左矩阵 $A$ 的第 $i$ 行元素与右矩阵 $B$ 的第 $j$ 列对应元素的乘积之和.

**例 2 - 9** 设矩阵 $A = \begin{bmatrix} 1 & 0 \\ 2 & 3 \\ 0 & -1 \end{bmatrix}_{3 \times 2}$，矩阵 $B = \begin{bmatrix} 2 & 1 \\ 3 & 4 \end{bmatrix}_{2 \times 2}$，求 $AB$.

**解**：因为 $A$ 的列数等于 $B$ 的行数，所以二者可以相乘，即

$$AB = \begin{bmatrix} 1 \times 2 + 0 \times 3 & 1 \times 1 + 0 \times 4 \\ 2 \times 2 + 3 \times 3 & 2 \times 1 + 3 \times 4 \\ 0 \times 2 + (-1) \times 3 & 0 \times 1 + (-1) \times 4 \end{bmatrix}_{3 \times 2} = \begin{bmatrix} 2 & 1 \\ 13 & 14 \\ -3 & -4 \end{bmatrix}.$$

**注意**：矩阵相乘的顺序不能颠倒，只有第一个矩阵（左矩阵）的列数等于第二个矩阵（右矩阵）的行数时，两个矩阵才能相乘.

## 练一练：

已知矩阵 $A = \begin{bmatrix} 1 & 2 \\ -1 & 0 \end{bmatrix}$，$B = \begin{bmatrix} 0 & 1 \\ -1 & 1 \end{bmatrix}$，求 $AB$ 和 $BA$.

# 2.3　MATLAB 软件简介

　　MATLAB 是一个功能强大的常用数学软件，它不但可以解决数学中的数值计算问题，还可以解决符号演算问题，并且能够方便地绘制出各种函数图形. 利用 MATLAB 提供的各种数学工具，可以避免进行烦琐的数学推导和计算，快速又方便地解决许多数学问题. 本节主要介绍数学建模竞赛中常用软件 MATLAB 的一些基本操作.

## 1. MATLAB 简介

　　在桌面双击 MATLAB 图标，启动后操作界面如图 2 - 4 所示.

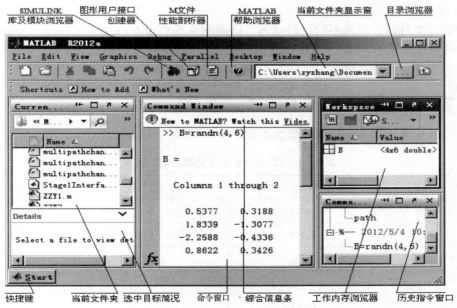

图 2 - 4　MATLAB 操作主界面

1）命令窗口

命令窗口（Command Window）是进行 MATLAB 各种操作的主要窗口．在该窗口内可以输入各类指令、函数、表达式；显示除了图形外所有的运算结果，错误时，给出相关出错误提示．指令输入完后按 Enter 键执行；如果输入的指令不含赋值号，计算结果被赋予默认的变量 ans．

2）工作空间

工作空间（Workspace）窗口用于浏览 MATLAB 中的变量．在工作空间窗口内，用户可以方便地查看、编辑存储的数据变量．工作空间的主要功能及其操作方法见表 2 – 1．

表 2 – 1　工作空间的主要功能及其操作方法

| 功　能 | 操　作　方　法 |
| --- | --- |
| 创建新变量 | 单击该图标，在工作空间中产生 unnamed 新变量；双击该变量，引出变量编辑器（Variable Editor）；可输入数据；可重新命名 |
| 显示变量内容 | 选中变量，单击该图标，则变量内容显示在变量编辑器（Variable Editor）中 |
| 向内存装载文件数据 | 选择 MAT 数据文件，单击该图标，引出 Import Wizard 界面，选择需要装载的数据 |
| 把变量保存到 MAT 数据文件 | 选择一个或多个内存变量，单击该图标或单击鼠标右键，选择"Save as"命令，把这些变量保存到 MAT 数据文件中 |
| plot(t,y) 启动图形绘制 | 绘制选定类型的图形 |
| 引出绘图类型菜单 | 引出绘图类型菜单以供选择 |

3）当前文件夹

用户保存文件时，如果不指定目录名，则所存文件将保存在当前文件夹（Current Folder）下．注意尽量不要把 MATLAB 所在的根目录或其任何子目录作为当前目录，以免破坏 MATLAB 原有文件的完整性．

## 2. 简单的数学运算

MATLAB 中常见的基本运算符见表 2 – 2．

表 2 – 2　MATLAB 中常见的基本运算符

| 数学表达式 | MATLAB 命令 | 数学表达式 | MATLAB 命令 |
| --- | --- | --- | --- |
| $a+b$ | a + b | $a-b$ | a – b |
| $a\times b$ | a * b | $a\div b$ | a/b 或 b\ a |
| $a^b$ | a^b | $e^x$ | exp( x ) |
| ≥或≤ | >= 或 <= | = 或 ≠ | == 或 ~= |
| $\ln x$ | log( x ) | $\log_a x$ | loga( x ) |

续表

| 数学表达式 | MATLAB 命令 | 数学表达式 | MATLAB 命令 |
|---|---|---|---|
| $\sqrt{x}$ | sqrt(x) | $\lvert x \rvert$ | abs(x) |
| $\sin x$ | sin(x) | $\arcsin x$ | asin(x) |

**例 2-10**　计算 $(1.5)^3 - \dfrac{1}{3}\sin\pi + \sqrt{5}$.

**解**：在命令窗口中输入：

```
>>1.5^3 - sin(pi)/3 + sqrt(5)
```

按 Enter 键，输出结果如下：

```
ans =
    5.6111
```

**例 2-11**　设球半径 $r = 2$，求球的体积 $V = \dfrac{4}{3}\pi r^3$.

**解**：在命令窗口中输入：

```
>>r = 2;v = 4/3 * pi * r^3
```

按 Enter 键，输出结果如下：

```
v =
  33.5103
```

## 3. 用 MATLAB 求极限

limit 是求极限的命令函数，在 MATLAB 命令窗口中输入程序，格式为：

```
limit(f,x,a)
```

按 Enter 键，输出结果. 其中：

（1）limit(f,x,a)：当变量 x 趋于点 a 时，求函数 f 对 x 的极限；

（2）limit(f,x,inf)：当变量 x 趋于无穷时，求函数 f 对 x 的极限；

其他用 MATLAB 求极限的基本函数见表 2-3.

表 2-3　用 MATLAB 求极限的基本函数

| 数学运算 | MATLAB 函数 | 数学运算 | MATLAB 函数 |
|---|---|---|---|
| $\lim\limits_{x \to a} f(x)$ | limit(f,x,a) | $\lim\limits_{x \to \infty} f(x)$ | limit(f,x,inf) |
| $\lim\limits_{x \to a^-} f(x)$ | limit(f,x,a'left') | $\lim\limits_{x \to -\infty} f(x)$ | limit(f,x,inf,'left') |
| $\lim\limits_{x \to a^+} f(x)$ | limit(f,x,a'right') | $\lim\limits_{x \to +\infty} f(x)$ | limit(f,x,inf,'right') |

**例 2 – 12**　求下列函数的极限:

(1) $\lim\limits_{x \to 1}\left(\dfrac{1}{x+1} - \dfrac{2}{x^3-2}\right)$;

(2) $\lim\limits_{x \to \infty}\left(\dfrac{x-2}{x+3}\right)^3$.

**解:** (1) 在命令窗口中输入:

```
>>syms x;                        % 定义变量 x
f =1/(x +1) -2/(x^3 -2);         % 输入需要求极限的函数
limit(f,x,1)
```

按 Enter 键, 输出结果如下:

```
ans =
    5/2
```

(2) 在命令窗口中输入:

```
>>syms x;
limit(((x -2)/(x +3))^3,x,inf)
```

按 Enter 键, 输出结果如下:

```
ans =
    1
```

## 4. 用 MATLAB 求导数

diff 是求导数的命令函数, 在 MATLAB 命令窗口中输入程序, 格式为:

```
diff(f,t,n)
```

按 Enter 键, 输出结果. 其中:

(1) diff(f,x): 函数 f 对符号变量 x 求一阶导数; 如果输入 "diff(f)", 则默认为函数 f 对变量 x 求一阶导数;

(2) diff(f,t): 函数 f 对符号变量 t 求一阶导数;

(3) diff(f,t,n): 函数 f 对符号变量 t 求 n 阶导数.

**例 2 – 13**　已知 $y = 2e^x - x\sin x$, 求 $y$ 的一阶导数 $f'(x)$、二阶导数 $f''(x)$, 并计算函数在 $x = 0$ 处的二阶导数值.

**解:** 在命令窗口中输入:

```
syms x
f =2 * exp(x) -x * sin(x);
y1 =diff(f)                       % 按 Enter 键后输出结果
```

```
y1 =
    2 * exp(x) - sin(x) - x * cos(x)
```

即

$$y' = 2e^x - \sin x - x\cos x.$$

在命令窗口中输入：

```
y2 = diff(f,x,2)                    % 按 Enter 键后输出结果
y2 =
    2 * exp(x) - 2 * cos(x) + x * sin(x)
```

即

$$y'' = 2e^x - 2\cos x + x\sin x.$$

在命令窗口中输入：

```
x = 0;
zhi = 2 * exp(x) - 2 * cos(x) + x * sin(x)    % 按 Enter 键后输出结果
zhi =
     0
```

即

$$y''(0) = 0.$$

## 5. 用 MATLAB 求不定积分

inf 是求不定积分的命令函数，在 MATLAB 命令窗口中输入程序，格式为：

```
inf(f,t)
```

按 Enter 键，输出结果. 其中：

（1）f 为函数表达式，当被积函数是比较复杂的形式时，可先定义函数再积分；

（2）t 为函数自变量，变量 t 可缺省，缺省时默认自变量为 x，其结果不含任意常数.

**例 2 – 14**　求不定积分 $\int (ax^2 + bx + c)\mathrm{d}x$.

**解**：在命令窗口中输入：

```
>> syms x a b c                % 定义多个符号变量
   f = a * x^2 + b * x + c;
   f1 = int(f)                 % 变量缺省值为 x
```

按 Enter 键，输出结果如下：

```
f1 =
  (a*x^3)/3 +(b*x^2)/2 +c*x
```

即

$$\int (ax^2 + bx + c)\,\mathrm{d}x = \frac{1}{3}ax^3 + \frac{1}{2}bx^2 + cx + C.$$

## 6. 用 MATLAB 求定积分

int 是求定积分的命令函数，在 MATLAB 命令窗口中输入程序，格式为：

```
int('f(x)',t,a,b)
```

按 Enter 键，输出结果. 其中：

（1）f 为函数表达式，当被积函数是比较复杂的形式时，可先定义函数再积分；

（2）t 为函数自变量，变量 t 可缺省，缺省时默认自变量为 x，其结果不含任意常数；

（3）b，a 分别表示积分上、下限.

**例 2 – 15** 计算 $\int_0^1 x^2\,\mathrm{d}x.$

**解**：在命令窗口中输入：

```
>>syms x
  int('x^2',x,0,1)              % 注意符号^表示数的乘方
```

按 Enter 键，输出结果如下：

```
ans =
   1/3
```

## 7. 用 MATLAB 绘图

1）plot 绘图命令

plot(x，y)：若 x，y 为长度相等的向量，则绘制以 x 和 y 为横纵坐标的二维曲线.

plot(x1，y1，x2，y2…)：在此格式中，每对 x，y 必须符合 plot(x，y) 中的要求，不同对之间没有影响，命令将对每一对 x，y 绘制曲线.

以上两种格式中的 x，y 都可以是表达式. plot 是绘制二维曲线的基本函数，但在使用此函数之前，需先定义曲线上每一点 x 及 y 的坐标.

2）fplot 绘图命令

fplot 专门用于绘制一元函数曲线，格式为：

```
fplot('fun', [a,b])
```

fplot 用于绘制区间 [a，b] 上的函数 y = fun 的图像.

**例 2 - 16**　用 plot 函数绘制 $y = \sin x$ 在 $x \in [0, 2\pi]$ 上的图像.

**解**：在命令窗口中输入：

```
>>  x = 0:0.05:2 * pi;
    y = sin(x);
    plot(x,y)
```

按 Enter 键，输出图像如图 2 - 5 所示.

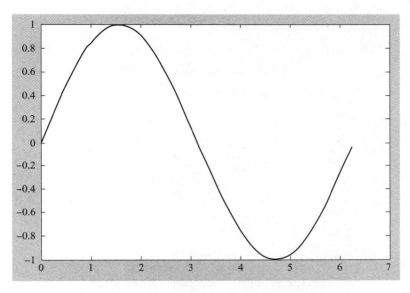

图 2 - 5　$y = \sin x$ 在 $x \in [0, 2\pi]$ 上的图像

**例 2 - 17**　绘制以下函数的图像：

（1）$y = \sin x + \cos x + 1$；

（2）$y = \log_2 (x + \sqrt{1 + x^2})$.

**解**：（1）在命令窗口中输入：

```
>>fplot('sin(x) + cos(x) + 1',[ -5,5])
```

按 Enter 键，输出图像如图 2 - 6 所示.

（2）在命令窗口中输入：

```
>>fplot('log2(x + (1 + x^2)^0.5)',[ -5,5])
```

按 Enter 键，输出图像如图 2 - 7 所示.

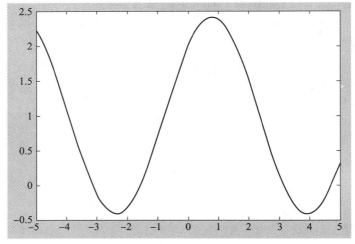

图 2 – 6　$y = \sin x + \cos x + 1$ 的图像

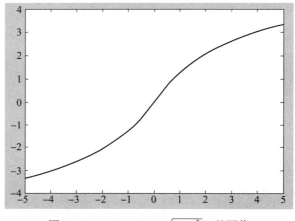

图 2 – 7　$y = \log_2(x + \sqrt{1 + x^2})$ 的图像

## 8. M 文件与编程

1）M 文件

M 文件有两种类型：脚本类 M 文件和函数类 M 文件.

脚本类 M 文件是一串按照用户意图排列而成的 MATLAB 指令集合. 脚本类 M 文件运行后，产生的所有变量都驻留在 MATLAB 的基本工作空间（Base Workspace）中. 只有用清除或关闭指令 clear 清除，否则一直保留. 基本工作空间随 MATLAB 的启动而产生，只有当 MATLAB 关闭时，基本工作空间才被删除.

函数类 M 文件的第一行总是以 function 引导的函数申明行，还包括函数与外界交换数据的全部标称输入/输出量（可有可无）. MATLAB 允许使用比标称数目少的输入/输出量，实现对函数的调用. 运行函数文件时，MATLAB 开辟一个临时工作空间，称之为函数工作空间（Function Workspace），所有中间变量都存放在函数工作空间中，该函数文件运行结束后，函数临时工作空间及其中间变量立即删除. 在函数文件中，对某函数类 M 文件的调用而产生的所有变量也存放于函数工作空间，而不存放在基本工作空间. 函数工作空间随函数类 M

文件的调用而产生，调用结束后删除，可产生任意多个，相对于基本工作空间而言是独立的、临时的.

2）编程

MATLAB 程序的编写主要有以下几种结构：

（1）if – else – end 分支结构（表 2 – 4）.

表 2 – 4　if – else – end 分支结构的使用方法

| 单分支 | 双分支 | 多分支 |
|---|---|---|
| if expr<br>　　（commands）<br>End | if expr<br>　　（command 1）<br>else<br>　　（command 2）<br>end | if expr1<br>　　（command 1）<br>elseif expr2<br>　　（command 2）<br>……<br>else<br>　　（command k）<br>end |
| 当 expr 为"逻辑 1"时，指令组（commands）被执行 | 当 expr 为"逻辑 1"时，指令组 1 被执行；否则，指令组 2 被执行 | expr1，expr2，……中，首先给出"逻辑 1"的分支被执行；否则，分支 k 被执行 |

expr 为控制分支的条件表达式，通常为关系、逻辑表达式，其运算结果为"标量逻辑值 1 或 0". 也可以为一般代数表达式，则任何非 0 值均等同于"逻辑 1".

expr 也可以进行数组间的关系、逻辑运算，其运算结果为逻辑数组，只有该数组不包含任何 0 元素时，expr 控制的分支才被执行.

expr 可为空数组，MATLAB 认为条件为"假"，分支不被执行.

（2）switch – case 控制结构（表 2 – 5）：

表 2 – 5　switch – case 控制结构的使用方法

| 指令格式 | 含　义 |
|---|---|
| switch expr<br>　　case value_1<br>　　　　（command1）<br>　　case value_2<br>　　　　（command2）<br>　　……<br>　　case value_k<br>　　　　（commandk）<br>　　otherwise<br>　　　　（commands）<br>end | expr 为根据此前给定的变量进行计算的表达式；<br>value_1 是给定的数值、字符串标量（或胞元数组）；<br>若 expr 结果与 value_1（或其中的胞元元素）相等，则执行 command1；<br><br><br><br><br>该项是以上各项的"并"的"补"，即以上所有的 case 均不发生，则执行该组指令 |

【说明】switch 后的表达式 expr 的值只能是标量数值或标量字符串. 对于标量数值, 比较: 表达式 == 检测值 i; 对于字符串, 利用 strcmp (表达式, 检测值 i) 比较.

case 后的检测值不仅可以是一个标量数值或字符串, 还可以是一个胞元数组. 此时将 expr 和胞元数组中的每一个元素比较, 如与某一胞元数组元素相等, 认为比较结果为真, 从而执行与该检测值相应的一组命令.

（3）for 循环和 while 循环结构 (表 2-6):

表 2-6　循环结构的使用方法

| for 循环 | while 循环 |
|---|---|
| for ix = array<br>　（commands）<br>end | while expression<br>　（commands）<br>end |
| ix 为循环变量, commands 为循环体;<br>ix 依次取 array 中元素, 每取一个元素, 执行循环体一次, 直到 ix 大于 array 的最后一个元素跳出循环;<br>for 循环的循环次数是确定的 | 检测 expression 的值, 若为逻辑真 (非 0) 则执行循环体, 否则结束循环;<br>while 循环的循环次数是不确定的 |

## 9. 插值与拟合

在生产和实验中, 由于函数 $f(x)$ 的表达式不便于计算或没有表达式而只有在给定点的函数值 (或其导数值), 为此, 人们希望建立一个简单而且便于计算的近似函数 $g(x)$ 来逼近函数 $f(x)$, 这就要用到差值与拟合方法.

1）插值

插值就是在离散数据的基础上补插连续函数, 使连续曲线通过全部给定的离散数据点. 插值是离散函数逼近的重要方法, 利用它可通过函数在有限个点处的取值状况估算函数在其他点处的近似值.

MATLAB 中的插值函数主要有以下几个:

（1）一维插值.

MATLAB 中用于一维数据插值的函数是 interp1, 其调用格式为:

```
yi = interp1(x, y, xi, 'method')
```

该函数用于找出由参量 x 决定的一元函数 $y = y(x)$ 在点 xi 处的值 yi. 其中 x, y 为插值节点的横坐标和纵坐标, yi 为在被插值点 xi 处的插值结果; x, y 为向量, 'method' 表示采用的插值方法, MATLAB 提供的插值方法有 4 种: 'nearest'——最近邻点插值算法, 'linear'——线性插值, 'spline'——三次样条插值, 'cubic'——立方插值, 缺省时表示线性插值.

**注意**: 所有的插值方法都要求 x 是单调的.

**例 2 - 18**　在一天 24 小时内，从零点开始每间隔 2 小时测得的环境温度数据分别为 12，9，9，10，18，24，28，27，25，20，18，15，13，试推测中午 13 时的温度.

**解**：采用三次样条插值，在命令窗口中输入：

```
x = 0:2:24;
x1 = 13;
y = [12 9 9 10 18 24 28 27 25 20 18 15 13];
y1 = interp1(x,y,x1,'spline')
```

输出结果为：

```
y1 =
    27.8725
```

（2）二维插值.

MATLAB 中用于二维插值的函数是 interp2，其调用格式为：

```
zi = interp2(x, y, z, xi, yi, 'method')
```

该函数用于找出由参量 x，y 决定的二元函数 $z = z(x, y)$ 在点（xi，yi）处的值 zi. 其中返回矩阵为 zi，其元素为对应于参量 xi 与 yi（可以是向量或同型矩阵）的元素，若 xi 与 yi 中有在 x 与 y 范围之外的点，则相应地返回 NaN(Not a Number)，'method' 和 interp1 函数一样，常用的是 'cubic'（双三次插值），缺省为 'linear'（双线性插值）.

例如，在命令窗口中输入：

```
[x,y] = meshgrid( -3:.25:3);
z = peaks(x,y);% 具有两个变量的采样函数,可产生一个凹凸有致的曲面,包含了 3
个局部极大点及 3 个局部极小点.
surf(x,y,z);
[xi,yi] = meshgrid( -3:.125:3);
zz = interp2(x,y,z,xi,yi);
surf(xi,yi,zz)
```

按 Enter 键，输出图形如图 2 - 8 所示.

（3）griddata 函数.

griddata 也是一种常用的二维插值方法，其调用格式为：

```
zi = griddata (x, y, z, xi, yi, 'method')
```

该函数用于找出由参量 x，y 决定的二元函数 $z = z(x, y)$ 在点（xi，yi）处的值 zi. 它和 interp2 的区别在于，interp2 的插值数据必须是矩形域，即已知数据点（x，y）组成规则的矩阵，可使用 meshgrid 生成. 而 griddata 函数的已知数据点（x，y）不要求规则排列，特别是对实验中随机没有规律采取的数据进行插值具有很好的效果.

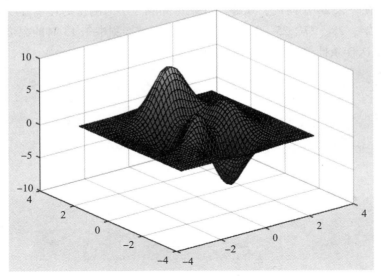

图 2 - 8  interp2 二维插值图形

'method' 包括：'nearest'（最近邻点插值）；'linear'（线性插值，为缺省算法）；'cubic'（基于三角形的三次插值）和 'v4'（MATLAB4 中的 griddata 算法）.

**例 2 - 19**  有一组散乱数据点矩阵如下：

A = [1.486，3.059，0.1；2.121，4.041，0.1；2.570，3.959，0.1；3.439，4.396，0.1；
4.505，3.012，0.1；3.402，1.604，0.1；2.570，2.065，0.1；2.150，1.970，0.1；
1.794，3.059，0.2；2.121，3.615，0.2；2.570，3.473，0.2；3.421，4.160，0.2；
4.271，3.036，0.2；3.411，1.876，0.2；2.561，2.562，0.2；2.179，2.420，0.2；
2.757，3.024，0.3；3.439，3.970，0.3；4.084，3.036，0.3；3.402，2.077，0.3；
2.879，3.036，0.4；3.421，3.793，0.4；3.953，3.036，0.4；3.402，2.219，0.4；
3.000，3.047，0.5；3.430，3.639，0.5；3.822，3.012，0.5；3.411，2.385，0.5；
3.103，3.012，0.6；3.430，3.462，0.6；3.710，3.036，0.6；3.402，2.562，0.6；
3.224，3.047，0.7；3.411，3.260，0.7；3.542，3.024，0.7；3.393，2.763，0.7]；
在命令窗口中输入：

```
x = A(:,1); y = A(:,2); z = A(:,3);
[X,Y,Z] = griddata(x,y,z,linspace(min(x),max(x),20)',linspace
(min(y),max(y),20),'v4');
mesh(X,Y,Z); hold on
plot3(x,y,z,'o'); hold off
```

按回车键，输出图形如图 2 - 9 所示.

2011 年全国大学生数学建模竞赛的 A 题"城市表层土壤重金属污染分析"，可用插值与拟合的方法获得各重金属污染物浓度的空间分布. 由于空间数据是不规则的，较好的方法是用散乱数据插值，例如 Kriging 插值、Shepard 插值等. 也可以用其他方法插值与拟合，但应明确所使用的方法，并作出分析，不能只简单套用软件.

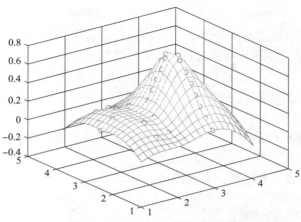

图 2 - 9　griddata 二维插值图形

（4）spline 函数.

该函数是利用三次样条对数据进行插值，其调用格式为：

$$yy = spline(x,y,xx)$$

该函数用三次样条插值计算出由向量 x 与 y 确定的一元函数 y = f(x) 在点 xx 处的值. 若参量 y 是一个矩阵，则以 y 的每一列和 x 配对，再分别计算由它们确定的函数在点 xx 处的值，则 yy 是一个阶数为 length(xx) * size(y,2) 的矩阵.

**例 2 - 20**　对离散地分布在 $y = e^x \sin x$ 函数曲线上的数据点进行样条插值.

**解：** 在命令窗口中输入：

```
x = [0 2 4 5 8 12 12.8 17.2 19.9 20];
y = exp(x). * sin(x);
xx = 0:25:20;
yy = spline(x,y,xx);
plot(x,y,'o',xx,yy)
```

按 Enter 键，输出图形如图 2 - 10 所示.

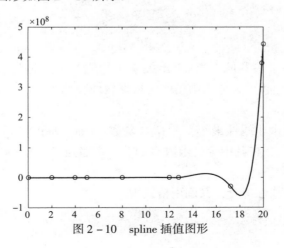

图 2 - 10　spline 插值图形

2）拟合

拟合就是用连续曲线近似地刻画或比拟平面上离散点组所表示的坐标之间的函数关系的一种数据处理方法．如果已知某函数的若干离散函数值 $\{f_1, f_2, \cdots, f_n\}$，通过调整该函数中若干待定系数 $f(\lambda_1, \lambda_2, \cdots, \lambda_n)$，使该函数与已知点集的差别（最小二乘意义）最小．如果待定函数是线性，就叫作线性拟合或者线性回归（主要在统计中），否则叫作非线性拟合或者非线性回归．

MATLAB 中提供了线性最小二乘拟合函数和非线性最小二乘拟合函数．

（1）polyfit 函数．

ployfit 函数是多项式拟合函数，其调用格式为：

```
p = polyfit(x,y,n)
```

其中 x，y 为长度相同的向量，n 为拟合多项式的次数，返回值 p 是拟合多项式的系数向量，幂次由高到低，拟合多项式在 x 处的值可以通过 y = polyval(p,x) 来计算．

**例 2 - 21** 2004 年全国大学生数学建模竞赛的 C 题"饮酒驾车"问题中时间和血液中酒精浓度的函数关系，可以利用 polyfit 进行拟合．

**解：**在命令窗口中输入：

```
t = [0.25 0.5 0.75 1 1.5 2 2.5 3 3.5 4 4.5 5 6 7 8 9 10 11 12 13 14 15 16]';
y = [30 68 75 82 82 77 68 68 58 51 50 41 38 35 28 25 18 15 12 10 7 7 4]';
plot(t,y,'*')
p = polyfit(t,y,7);
f = polyval(p,t);
hold on
plot(t,f)
hold off
```

输出 7 次多项式的系数向量为：

```
p =
    0.0002   - 0.0094    0.2359    - 3.0641    21.7381    - 81.3155
132.1181    10.3220
```

重庆文理学院的一个参赛队于 2004 年关于"饮酒驾车"问题获得一等奖后，研制了"酒后安全驾车时刻表"和"人体内酒精浓度反推软件"两个产品，并在重庆永川交警大队得到使用．

MATLAB 提供了两个非线性最小二乘拟合函数：lsqcurvefit 和 lsqnonlin．两个函数都要先建立 M 文件"fun.m"，在其中定义函数 f(x)，但两者定义 f(x) 的方式是不同的．

（2）lsqcurvefit 函数．

该函数用来进行非线性拟合，其调用格式为：

```
x = lsqcurvefit ('fun',x0,xdata,ydata,options);
```

其中, fun 为事先建立的拟合函数 F( x, xdata), 其中自变量 x 表示拟合函数中的待定参数, xdata 为已知拟合节点的 x 坐标, x0 为待定参数 x 的迭代初始值, xdata, ydata 为已知数据点的 x 和 y 坐标, options 是一些控制参数.

lsqcurvefit 函数用来求含参数 x (向量) 的向量值函数

$$F(x, xdata) = \{f(x, data_1), f(x, data_2), \cdots, f(x, data_n)\}$$

中的参数 x (向量), 使

$$\sum_{i=1}^{n} [f(x, xdata_i) - ydata_i]^2$$

最小.

**例 2 - 22** 根据表 2 - 7 中的数据, 利用 lsqcurvefit 函数拟合 $y(x) = a + be^{-0.02kx}$.

表 2 - 7  已知数据点

| $x$ | 100 | 200 | 300 | 400 | 500 | 600 | 700 | 800 | 900 | 1 000 |
|---|---|---|---|---|---|---|---|---|---|---|
| $y(\times 10^{-3})$ | 4.54 | 4.99 | 5.35 | 5.65 | 5.90 | 6.10 | 6.26 | 6.39 | 6.50 | 6.59 |

**解:** 首先建立拟合函数的 M 文件 "myfit1. m", 其内容如下:

```
function f = myfit1(x,xdata)
    f = x(1) + x(2) * exp( -0.02 * x(3) * xdata);
```

其中, x(1), x(2), x(3)分别表示拟合曲线中的参数 a, b, k.

然后在命令窗口中输入:

```
xdata = 100:100:1000;
ydata = 1e - 03 * [4.54,4.99,5.35,5.65,5.90,6.10,6.26,6.39,6.50,
6.59];
x0 = [0.2,0.05,0.05];
x = lsqcurvefit ('myfit1',x0,xdata,ydata)
f = myfit1(x,xdata)
```

(3) lsqnonlin 函数.

该函数用来进行非线性拟合, 其调用格式为:

```
x = lsqnonlin ('fun',x0,options);
```

其中 fun 为事先建立的拟合函数 f(x), 其中自变量 x 表示拟合函数中的待定参数, x0 为待定参数 x 的迭代初始值, options 是一些控制参数. 由于 lsqnonlin 中定义的拟合函数的自变量是 x, 所以已知参数 xdata, ydata 应写在该函数中.

lsqnonlin 函数用来求含参量 x (向量) 的向量值函数

$$f(x) = \{f_1(x), f_2(x), \cdots, f_n(x)\}$$

中的参量 x，使 $\sum_{i=1}^{n} f_i^2(x)$ 最小，其中

$$f_i(x) = f(x, xdata_i, ydayta_i) = F(x, xdata_i) - ydata_i.$$

**例 2 - 23**　根据表 2 - 7 中的数据，利用 lsqnonlin 函数拟合 $y(x) = a + be^{-0.02kx}$.

**解**：首先，建立拟合函数的 M 文件"myfit2. m"，其内容如下：

```
function f = myfit2(x)
xdata = 100:100:1000;
ydata = 1e - 03 * [4.54,4.99,5.35,5.65,5.90,6.10,6.26,6.39,6.50,
6.59];
f = x(1) + x(2) * exp( - 0.02 * x(3) * xdata) - ydata;
```

然后，在命令窗口中输入：

```
x0 = [0.2,0.05,0.05];
x = lsqnonlin('myfit2',x0)
f = myfit2(x)
```

该结果与 lsqcurvefit 函数拟合的结果相同.

## 10. 回归分析

MATLAB 中提供了一些线性和非线性回归分析函数.

1）regress 函数

一般地，称

$$\begin{cases} Y = X\beta + \varepsilon, \\ E(\varepsilon) = 0, \ \text{COV}(\varepsilon, \varepsilon) = \sigma^2 I_n \end{cases}$$

为高斯 - 马尔柯夫线性模型（k 元线性回归模型）.

$$Y = \begin{bmatrix} y_1 \\ \cdots \\ \cdots \\ y_n \end{bmatrix}, \ X = \begin{bmatrix} 1 & x_{11} & x_{12} & \cdots & x_{1k} \\ 1 & x_{21} & x_{22} & \cdots & x_{2k} \\ \cdots & \cdots & \cdots & \cdots & \cdots \\ 1 & x_{n1} & x_{n2} & \cdots & x_{nk} \end{bmatrix}, \ \beta = \begin{bmatrix} \beta_0 \\ \beta_1 \\ \cdots \\ \beta_k \end{bmatrix}, \ \varepsilon = \begin{bmatrix} \varepsilon_1 \\ \varepsilon_2 \\ \cdots \\ \varepsilon_n \end{bmatrix}.$$

MATLAB 提供了多元线性回归函数 regress，采用的是最小二乘估计，其调用格式有：

```
(1)b = regress (y,x)
```

返回值为线性模型 y = x * b 的回归系数向量. 其中 x 为 n × (k + 1) 矩阵，行对应于观测值，列对应于预测变量，y 为 n × 1 向量，为因变量，一元线性回归可取 k = 1.

```
(2)[b,bint,r,rint,stats] = regress(y,x,alpha)
```

其中 bint 是回归系数的区间估计，r 是残差，rint 是置信区间，stats 是用于检验回归模型的统计量，有 4 个数值——相关系数 $r^2$、F、与 F 对应的概率 P 和误差方差估计，alpha 是显著性水平（缺省的时候为 0.05）. 相关系数 $r^2$ 越接近 1，说明回归方程越显著；与 F 对应的概率 P < alpha 时候拒绝 H0，回归模型成立.

**例 2 – 24** 求线性回归模型 $y = a + bx_1 + cx_2 + dx_3$.

**解**：在命令窗口中输入：

```
y = [8.8818 8.9487 9.0541 9.1545 9.2693 9.4289 9.6160 9.8150 9.9825
10.1558 10.3193]';
x1 = [7.8381 7.9167 8.0048 8.1026 8.2556 8.5822 8.8287 9.0756 9.2175
9.4148  9.6198]';
x2 = [8.3871 8.3872 8.3935 8.3971 8.4025 8.4048 8.4079 8.4141 8.4261
8.4377  8.4444]';
x3 = [9.9551 9.9057 10.0972 9.9537 9.9370 9.9449 9.9636 10.1291
10.1573 10.2944 10.2093]';
x = [ones(size(x1)) x1 x2 x3];
[b,bint,r,rint,stats] = regress(y,x)
```

输出结果为：

```
b =
  -55.4988
   0.5644
   7.1254
   0.0222
stats =
 1.0e +003 *
   0.0010   2.1022   0.0000   0.0000
```

结果说明：stats 中的数据 $r^2 = 1$，F = 2.102 2，P = 0，由于 P < 0.05，可知回归模型 $y = -55.498\ 8 + 0.564\ 4x_1 + 7.125\ 4x_2 + 0.022\ 2x_3$ 成立.

2）rstool 函数

该函数是多元二项式回归函数，其调用格式为

```
rstool(x,y,'model',alpha)
```

其中 x 为 n × m 矩阵，y 为 n 维列向量（n 为数据点数，m 为元数），'model' 为以下 4 种模型：

（1）'linear'（线性，缺省）：$y = \beta_0 + \beta_1 x_1 + \cdots + \beta_m x_m$；

（2）'interaction'（交叉）：$y = \beta_0 + \beta_1 x_1 + \cdots + \beta_m x_m + \sum_{1 \le j \ne k \le m} \beta_{jk} x_j x_k$；

（3）'quadratic'（完全二次）：$y = \beta_0 + \beta_1 x_1 + \cdots + \beta_m x_m + \sum_{1 \leqslant j,k \leqslant m} \beta_{jk} x_j x_k$；

（4）'purequadratic'（纯二次）：$y = \beta_0 + \beta_1 x_1 + \cdots + \beta_m x_m + \sum_{j=1}^{n} \beta_{jj} x_j^2$.

alpha 为显著性水平，默认值为 0.05.

**例 2 - 25** 设某商品的需求量与消费者的平均收入、商品价格的统计数据如表 2 - 8 所示，建立多元二项式纯二次回归模型，并预测平均收入为 1 000、价格为 6 时的商品需求量.

表 2 - 8  需求量、平均收入和价格统计表

| 需求量 | 100 | 75 | 80 | 70 | 50 | 65 | 90 | 100 | 110 | 60 |
|---|---|---|---|---|---|---|---|---|---|---|
| 收入 | 1 000 | 600 | 1 200 | 500 | 300 | 400 | 1 300 | 1 100 | 1 300 | 300 |
| 价格 | 5 | 7 | 6 | 6 | 8 | 7 | 5 | 4 | 3 | 9 |

**解**：可直接使用多元二项式回归，在命令窗口中输入：

```
x1 = [1000 600 1200 500 300 400 1300 1100 1300 300];
x2 = [5 7 6 6 8 7 5 4 3 9];
y = [100 75 80 70 50 65 90 100 110 60]';
x = [x1' x2'];
rstool(x,y,'purequadratic')
```

其输出如图 2 - 11 所示.

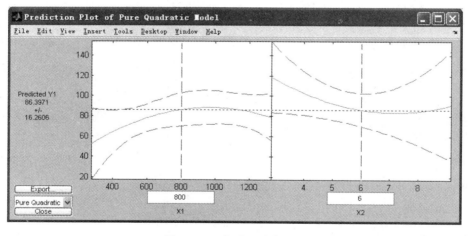

图 2 - 11  多元二项式回归

在图 2 - 11 中"x1"上面的方框中输入"1 000"，在"x2"上面的方框中输入"6"，在图形框左侧的"Predicted Y1"下方的数据变为 88.479 81，即预测出平均收入为 1 000、价格为 6 时的商品需求量为 88.479 1.

单击图形框左边的"Export"按钮，则出现图 2 - 12 所示对话框，可以将回归参数 beta、剩余标准差 rmse 和残差 residuals 传送到 MATLAB 的工作区中.

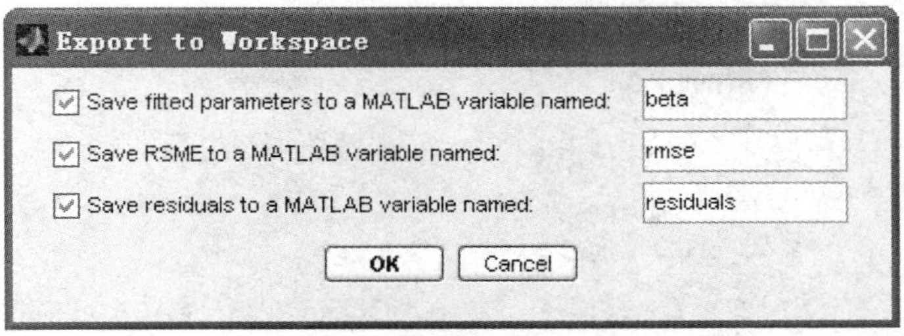

图 2 – 12　输出对话框

在命令窗口中输入：

```
beta
rmse
```

可知回归模型为：

$$y = 110.531\ 3 + 0.146\ 4x_1 - 26.570\ 9x_2 - 0.000\ 1x_1^2 + 1.847\ 5x_2^2,$$

剩余标准差为 4.536 2，说明此回归模型的显著性较好.

还可将该模型转化为多元线性回归模型，利用 regress 函数进行求解.

可输入：

```
x1 = [1000 600 1200 500 300 400 1300 1100 1300 300];
x2 = [5 7 6 6 8 7 5 4 3 9];
X = [ones(10,1) x1' x2' (x1.^2)' (x2.^2)'];
[b,bint,r,rint,stats] = regress(y,X);
b,stats
```

输出的回归参数和 rstool 函数的结果相同.

3）nlinfit 函数

nlinfit 函数用来确定非线性回归系数，调用格式为：

```
[beta, r, J] = nlinfit (x, y, 'modelfun', beta0)
```

其中输入数据 x，y 分别为 n×p 维矩阵和 n 维列向量，对于一元非线性回归，取 p = 1 即可；'modelfun' 为事先定义的非线性回归函数的 M 文件，是回归系数 beta 和 x 的函数；beta0 是回归系数的初值，输出参数 beta 是估计出的回归系数，r 为残差，J 为 Jacobain 矩阵.

**例 2 – 26**　根据表 2 – 7 中的数据，利用 nlinfit 函数进行非线性回归，回归函数为 $y(x) = a + be^{-0.02kx}$.

**解：**首先建立回归函数的 M 文件"myfit3. m"，内容如下：

```
function f = myfit3(beta,xdata)
    f = beta(1) + beta(2) * exp( -0.02 * beta(3) * xdata);
```

在命令窗口中输入：

```
xdata =100:100:1000;
ydata = 1e - 03 *[4.54,4.99,5.35,5.65,5.90,6.10,6.26,6.39,6.50,
6.59];
beta0 =[0.1 0.1 0.2];
[beta,r,J]=nlinfit(xdata,ydata,'myfit3',beta0);
beta
```

输出结果为：

```
beta =
    0.0070   -0.0030    0.1012
```

这与例 2 – 22 的结果（0.0069   – 0.0029   0.0809）很接近.

将其和例 2 – 22 的拟合曲线对比后可见，nlinfit 函数的回归效果明显优于 lsqcurvefit 函数，对比结果如图 2 – 13 所示［红色曲线（上方）为 nlinfit 函数得到的回归曲线，蓝色曲线（下方）的为 lsqcurvefit 函数得到的拟合曲线］.

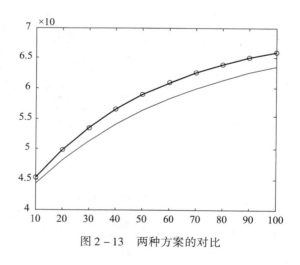

图 2 – 13　两种方案的对比

# 2.4　LINGO 软件简介

## 1. 初识 LINGO

在实验室的所有计算机中事先安装好 LINGO 5（或者 9、10、11）.

当在 Windows 系统下运行 LINGO 时，会得到图 2 – 14 所示的窗口.

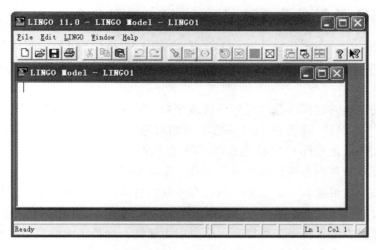

图 2 – 14　LINGO 主界面

外层是主框架窗口，包含所有菜单命令和工具条，其他所有窗口被包含在主窗口之下．在主窗口内标题为"LINGO Model – LINGO1"的窗口是 LINGO 的默认模型窗口，建立的模型都要在该窗口内编码实现．

**例 2 – 27**　在 LINGO 中求解如下问题：

$$\min = 2x_1 + 3x_2,$$

$$\text{s. t.} \begin{cases} x_1 + x_2 \geqslant 350, \\ x_1 \geqslant 100, \\ 2x_1 + x_2 \leqslant 600, \\ x_1, \ x_2 \geqslant 0. \end{cases}$$

在"LINGO Model – LINGO1"窗口中输入如下代码：

```
model:
  Min = 2 * x1 + 3 * x2;
  x1 + x2 >= 350;
  x1 >= 100;
  2 * x1 + x2 <= 600;
end
```

然后单击工具条上的 🔘 按钮即可．

**注意**：在 LINGO 中建立优化模型都是以 model 开始，以 end 结束；model 和 end 之间的每一个语句均以分号结束；编辑时字母不分大、小写；编辑完成后单击工具条上的 🔘 按钮即可运行．

## 2. LINGO 模型的基本构成

LINGO 模型均以 model 开始，以 end 结束，model 和 end 之间为中间语句，中间语句一般由四大部分（section）构成.

1）集部分（set）

对实际问题建模的时候，总会遇到一群或多群相联系的对象，比如工厂、消费者群体、交通工具和雇工等. LINGO 允许把这些相联系的对象聚合成集. 一旦把对象聚合成集，就可以利用集最大限度地发挥 LINGO 建模语言的优势.

集是一群互相联系的对象，这些对象也称为集的**成员**. 一个集可能是一系列产品、卡车或雇员. 每个集成员可能有一个或多个与之有关联的特征，这些特征称为**属性**. 属性值可以预先给定，也可以是未知的，有待于 LINGO 求解. 例如，产品集中的每个产品可以有一个价格属性；卡车集中的每辆卡车可以有一个牵引力属性；雇员集中的每位雇员可以有一个薪水属性，也可以有一个生日属性等.

集是 LINGO 模型的一个可选部分，这部分以"sets："开始，以"endsets"结束. 它的作用在于定义变量，包括已知变量和未知变量，以便于后面通过编程进行大规模计算.

LINGO 有两种类型的集：**原始集**（primitive set）和**派生集**（derived set）.

一个原始集是由一些最基本的对象组成的. 一个派生集是用一个或多个其他集来定义的，也就是说，它的成员来自其他已存在的集.

原始集定义的格式包括：

（1）集的名字；

（2）集的成员（可选）；

（3）集成员的属性（可选）.

定义一个原始集的语法格式如下：

```
setname[/1..n/][:attribute_list];
```

其中，"［］"表示该部分内容可选，下同；"setname"是标记集的名字，最好具有较强的可读性；"/1..n/"是集成员列表.

派生集定义的格式包括：

（1）集的名字；

（2）父集的名字；

（3）集成员的属性（可选）.

可用下面的语法格式定义一个派生集：

```
setname(set1,set2,…)[:attribute_list];
```

其中，"setname"是集的名字；"set1，set2，…"是父集的名字，是已定义的集的列表，有多个时必须用逗号隔开. 派生集的父集既可以是原始集，也可以是其他派生集.

**例 2-28**　某车辆调度中心下午 2 点有 4 个用车任务，此时中心共有 5 辆车可调度，它们均能在任务要求时间内到达任务申请地，已知每辆汽车完成每项任务的运输成本如表 2-9 所示，请编写任务、车辆和运输成本的集部分的程序.

表 2 - 9　每辆汽车完成每项任务的运输成本

|  | 第 1 辆车 | 第 2 辆车 | 第 3 辆车 | 第 4 辆车 | 第 5 辆车 |
|---|---|---|---|---|---|
| 第 1 项任务 | 20 | 12 | 13 | 25 | 19 |
| 第 2 项任务 | 15 | 20 | 25 | 12 | 14 |
| 第 3 项任务 | 25 | 15 | 24 | 17 | 25 |
| 第 4 项任务 | 30 | 25 | 28 | 16 | 18 |

编写程序如下：

```
sets:
  renwu/1..4/;
  che/1..5/;
  link(renwu,che):x,a;
endsets
```

如果要在程序中使用数组，就必须在该部分进行定义，否则可不需要该部分.

2）数据部分（data）

数据部分以"data:"开始，以"enddata"结束，其作用在于对集的属性（数组）输入必要的数值，其语法格式如下：

```
object_list = value_list;
```

对象列（object_list）包含要指定值的属性名、要设置集成员的集名，用逗号或空格隔开，一个对象列中至多有一个集名，而属性名可以有任意多个. 如果对象列中有多个属性名，那么它们的类型必须一致. 如果对象列中有一个集名，那么对象列中所有的属性的类型就是这个集.

数值列（value_list）包含要分配给对象列中的对象的值，用逗号或空格隔开. 注意属性值的个数必须等于集成员的个数.

例 2 - 29　某车辆调度中心下午 2 点有 4 个用车任务，此时中心共有 5 辆车可调度，它们均能在任务要求时间内到达任务申请地，已知每辆汽车完成每项任务的运输成本如表 2 - 9 所示，请编写数据部分的程序.

编写程序如下：

```
data:
  a = 20 12 13 25 19
      15 20 25 12 14
      25 15 24 17 25
      30 25 28 16 18;
enddata
```

3）初始化部分（init）

初始部分以"init:"开始，以"endinit"结束，它是 LINGO 提供的另一个可选部分. 对实际问题建模时，初始部分并不起到描述模型的作用，在初始部分输入的值仅被 LINGO 求解器当作初始点来用，并且仅对非线性模型有用，由于非线性规划求解时，通常得到的是局部最优解，而局部最优解受输入的初值影响，通常可改变初值来得到不同的解，从而发现更好的解. 和数据部分指定变量的值不同，LINGO 求解器可以自由改变初始部分初始化的变量的值.

4）目标与约束部分

这部分定义了目标函数、约束条件等，一般要用到 LINGO 的内部函数，可在后面的具体应用中体会其功能与用法. 求解优化问题时，该部分是必须的.

## 3. LINGO 的常用函数

用 LINGO 建立优化模型时可以引用大量的内部函数. LINGO 有 9 种类型的函数：算术运算符、数学函数、金融函数、概率函数、变量界定函数、集操作函数、集循环函数、数据输入和输出函数、辅助函数等. 下面主要介绍常用的算术运算符、数学函数、变量界定函数、集循环函数、输入和输出函数.

1）算术运算符

算术运算符是非常基本的，甚至可以不认为它们是一类函数，事实上，在 LINGO 中它们是非常重要的. 算术运算符是针对数值进行操作的，LINGO 提供了 5 种算术运算符，分别为乘方（^）、乘（*）、除（/）、加（+）、减（-）. 算术运算符从左到右按优先级高低来执行. 算术运算的次序可以用圆括号"（）"来改变.

2）数学函数

常用的数学函数如下：

@abs(x)，返回变量 x 的绝对数值.

@exp(x)，返回 $e^x$ 的值，其中 e 为自然对数的底，即 2.718 28…．

@floor(x)，向 0 靠近返回 x 的整数部分，如 @floor(3.7) 返回 3，@floor(-3.7) 返回 -3.

@log(x)，返回变量 x 的自然对数值.

@sign(x)，返回变量 x 的符号值，当 x<0 时为 -1，当 x>0 时为 1.

@sin(x)，返回 x 的正弦值，x 的单位为弧度.

@cos(x)，返回 x 的余弦值，x 的单位为弧度.

@tan(x)，返回 x 的正切值，x 的单位为弧度.

@smax(x1, x2, …, xn)，返回一列值 x1, x2, …, xn 的最大值.

@smin(x1, x2, …, xn)，返回一列值 x1, x2, …, xn 的最小值.

3）变量界定函数

变量界定函数对变量的取值范围附加限制，共有 4 种：

@bin(x)，限制 x 为 0 或 1.

@gin(x)，限制 x 为整数值.

@bnd(L, x, U)，限制 $L \leqslant x \leqslant U$.

@ free( x )，取消对 x 的符号限制（即可取任意实数值）.

4）集循环函数

集循环函数的语法格式如下：

```
set_operator (set_name |condition:expression)
```

其中，"set_oprator" 是集循环函数名，"set_name" 是数据集名，"expression" 是表达式，"|condition" 是条件，用逻辑表达式描述（无条件时可省略）. 逻辑表达式中可以有 3 种逻辑运算符 [#AND#（与）、#OR#（或）、#NOT（非）] 和 6 种关系符 [#EQ#（等于）、#NE#（不等于）、#GT#（大于）、#GE#（大于等于）、#LT#（小于）、#LE#（小于等于）].

（1）循环函数@ for.

该函数用来产生对集成员的约束. 基于建模语言的标量需要显式输入每个约束，不过@ for 函数允许只输入一个约束，然后 LINGO 自动产生每个集成员的约束.

**例 2 – 30** 产生序列 {1，4，9，16，25}，用 LINGO 程序表示.

```
model:
sets:
  number/1..5/:x;
endsets
  @ for(number(i): x(i) = i^2);
end
```

（2）求和函数 @ sum.

该函数返回遍历指定的集成员的一个表达式的和.

**例 2 – 31** 求向量 [5，1，3，4，6，10] 前 5 个数的和，用 LINGO 程序表示.

```
model:
sets:
  number/1..6/:x;
endsets
data:
  x = 5 1 3 4 6 10;
enddata
  s = @ sum(number(i) |i #le# 5: x);
end
```

5）输入和输出函数

输入和输出函数可以把模型和外部数据如文本文件、数据库和电子表格等连接起来.

（1）输入函数@ file.

该函数从外部文件中输入数据，可以放在模型中的任何地方. 该函数的语法格式为 @ file('filename')，这里 "filename" 是文件名，可以采用相对路径和绝对路径两种表示方式. @file 函数对同一文件的两种表示方式的处理和对两个不同的文件处理是一样的，这一点必须注意.

（2）输出函数 @text.

该函数被用在数据部分，用来把解输出至文本文件中. 它可以输出集成员和集属性值. 其语法格式为@text(['filename'])，这里"filename"是文件名，可以采用相对路径和绝对路径两种表示方式. 如果忽略"filename"，那么数据就被输出到标准输出设备（大多数情形下是屏幕）. @text 函数仅能出现在模型数据部分的一条语句的左边，右边是集名（用来输出该集的所有成员名）或集属性名（用来输出该集属性的值）.

把用接口函数产生输出的数据声明称为输出操作. 输出操作仅当 LINGO 求解器求解完模型后才执行，执行次序取决于其在模型中出现的先后次序.

## 4. LINGO 应用案例

**例 2 - 32** 某公司在各地有 4 项业务，选定了 4 位业务员去处理. 由于业务能力、经验和其他情况不同，4 位业务员去处理 4 项业务的费用各不相同，见表 2 - 10，应当怎样分派任务，才能使总的费用最小？

表 2 - 10　每个业务员完成每项任务的费用　　　　　　　　单位：元

| 业务<br>业务员 | 1 | 2 | 3 | 4 |
|---|---|---|---|---|
| 1 | 1 100 | 800 | 1 000 | 700 |
| 2 | 600 | 500 | 300 | 800 |
| 3 | 400 | 800 | 1 000 | 900 |
| 4 | 1 100 | 1 000 | 500 | 700 |

（1）模型分析与假设.

这是一个最优指派问题，引入如下变量：

$$x_{ij} = \begin{cases} 1, & \text{若分派第 } i \text{ 个人做第 } j \text{ 项业务,} \\ 0, & \text{若不分派第 } i \text{ 个人做第 } j \text{ 项业务.} \end{cases}$$

设矩阵 $a_{4\times4}$ 为指派矩阵，其中 $a_{ij}$ 为第 $i$ 个业务员做第 $j$ 项业务的费用.

（2）模型建立.

可以建立如下模型：

$$\min Z = \sum_{i=1}^{4} \sum_{j=1}^{4} a_{ij} x_{ij}.$$

$$\text{s. t.} \begin{cases} \sum_{i=1}^{4} x_{ij} = 1, & j = 1,2,3,4, \\ \sum_{j=1}^{4} x_{ij} = 1, & i = 1,2,3,4, \\ x_{ij} = 0 \text{ 或 } 1, & i,j = 1,2,3,4. \end{cases}$$

（3）模型求解.

LINGO 程序如下：

```
model:
sets:
person/1..4/;
task/1..4/;
assign(person,task):a,x;
endsets
data:
a =1100,800,1000,700,
    600,500,300,800,
    400,800,1000,900,
    1100,1000,500,700;
enddata
min = @sum(assign:a * x);
@for(person(i):@sum(task(j):x(i,j)) =1);
@for(task(j):@sum(person(i):x(i,j)) =1);
@for(assign(i,j):@bin(x(i,j)));
end
```

得到的结果如下：

```
x(1,1) =0,x(1,2) =0,x(1,3) =0,x(1,4) =1;
x(2,1) =0,x(2,2) =1,x(2,3) =0,x(2,4) =0;
x(3,1) =1,x(3,2) =0,x(3,3) =0,x(3,4) =0;
x(4,1) =0,x(4,2) =0,x(4,3) =1,x(4,4) =0;
```

第 1 个业余员做第 4 项业务，第 2 个业余员做第 2 项业务，第 3 个业余员做第 1 项业务，第 4 业余员做第 3 项业务时总费用达到最小，最小费用为 2 100 元.

**例 2 -33**　篮球队要选择 5 名队员上场，组成出场阵容参加比赛. 8 名篮球队员的身高及擅长位置见表 2 -11.

表 2 -11　篮球队员的身高及擅长位置

| 队员 | 1 | 2 | 3 | 4 | 5 | 6 | 7 | 8 |
|------|------|------|------|------|------|------|------|------|
| 身高/m | 1.92 | 1.90 | 1.88 | 1.86 | 1.85 | 1.83 | 1.80 | 1.78 |
| 擅长位置 | 中锋 | 中锋 | 前锋 | 前锋 | 前锋 | 后卫 | 后卫 | 后卫 |

出场阵容满足如下条件：

（1）只能有一名中锋上场；

（2）至少有一名后卫上场；

（3）如 1 号和 4 号均上场，则 6 号不上场；

（4）2 号和 8 号至少有 1 个不上场.

问：应当选择哪 5 名队员上场，才能使出场队员平均身高最高？

（1）模型分析与假设.

这是一个 0 - 1 整数规划问题. 设 0 - 1 变量 $x_i$ 如下：

$$x_i = \begin{cases} 1, & \text{第 } i \text{ 名队员被选上,} \\ 0, & \text{第 } i \text{ 名队员未选上.} \end{cases}$$

（2）模型建立.

设各队员的身高分别用 $a_i (i = 1, 2, \cdots, 8)$ 来表示，则很容易给出目标函数：

$$\max Z = \frac{1}{5} \sum_{i=1}^{8} a_i x_i.$$

较为复杂的问题是，如何根据题目条件给出约束条件，下面分析每一个条件并给出约束条件.

所选队员为 5 人，则

$$\sum_{i=1}^{8} x_i = 5.$$

只能有一名中锋上场，则

$$x_1 + x_2 = 1.$$

这样保证两名中锋恰好有一名上场.

至少有一名后卫上场，则

$$x_6 + x_7 + x_8 \geq 1.$$

如 1 号和 4 号均上场，则 6 号不上场，则可用如下约束来表达：

$$x_1 + x_4 + x_6 \leq 2.$$

当 $x_1 = 1$，$x_4 = 1$ 时，则 $x_6 = 0$，满足条件；当 $x_1 = 1$，$x_4 = 0$ 或 $x_1 = 0$，$x_4 = 1$ 时，$x_6$ 可为 0 或 1，也满足条件；当 $x_1 = 0$，$x_4 = 0$ 时，$x_6$ 可为 0 或 1，满足条件. 因此，用该约束条件完全可代表该条件.

2 号和 8 号至少有 1 个不上场，即 2 号和 8 号至多有 1 个上场. 用约束条件来表达就是：

$$x_2 + x_8 \leq 1.$$

因此，综合分析后建立数学模型如下：

$$\max Z = \frac{1}{5} \sum_{i=1}^{8} a_i x_i.$$

$$\text{s. t.} \begin{cases} \sum_{i=1}^{8} x_i = 5, \\ x_1 + x_2 = 1, \\ x_6 + x_7 + x_8 \geq 1, \\ x_1 + x_4 + x_6 \leq 2, \\ x_2 + x_8 \leq 1, \\ x_1, x_2, \cdots, x_8 = 0 \text{ 或 } 1. \end{cases}$$

（3）模型求解.

用 LINGO 编程如下：

```
model:
sets:
team/1..8/:a,x;
endsets
data:
a =1.92,1.90,1.88,1.86,1.85,1.83,1.80,1.78;! 给出身高数据;
enddata
max = @sum(team(i):a(i) * x(i))/5.0;
@sum(team(i):x(i)) =5;! 所选队员为 5 人;
x(1) + x(2) =1;! 只能有一名中锋上场;
x(6) + x(7) + x(8) >=1;! 至少有一名后卫上场;
x(1) + x(4) + x(6) <=2;! 如果 1 号和 4 号上场,则 6 号不上场;
x(2) + x(8) <=1;! 2 号和 8 号至少有一个不上场,即出场人数至多为 1 个;
@for(team(i):@bin(x(i)));! 所有变量为 0 -1 变量;
end
```

所得到的解为：

$x(1) =0$, $x(2) =1$, $x(3) =1$, $x(4) =1$, $x(5) =1$, $x(6) =1$, $x(7) =0$, $x(8) =0$

即第 2 号、3 号、4 号、5 号、6 号队员被选上，最大平均身高为 $Z =1.864$ m.

# 第三章　最优化模型

最优化问题是人们在日常生产、社会生活、科学研究、经济管理等诸多领域中最常遇到的一类问题. 它一般是指在满足一系列主客观条件下，寻求"最好"方案，使用或分配有限的资源（即劳动力、原材料、机器、资金等）使付出最小或者收益最大的问题. 例如，调度员要在满足物资需求和装载的条件下，安排供应点和需求点的运量和路线，使运输总费用最低；销售商要根据市场需求和生产成本确定产品价格，使收益最高；投资者要考虑资金周转和市场回报率，决策投资领域，使收益最大、风险最小；等等. 针对实际生活和工作中要解决的最优化问题，根据已知条件建立最优化模型是至关重要的，本章着重介绍最常用的线性规划模型的建立和求解方法.

## 3.1　一般问题的引入

在介绍线性规划问题的一般模型和求解方法之前，先看如下两个具体案例.

### 1. 司乘人员配备问题

1）问题的提出

某昼夜服务的公交路线每天各时段内所需司机和乘务人员见表 3-1.

**表 3-1　每天各时段所需司机和乘务人员人数**

| 班次 | 时间 | 最少需要人数 |
| --- | --- | --- |
| 1 | 6：00—10：00 | 60 |
| 2 | 10：00—14：00 | 70 |
| 3 | 14：00—18：00 | 60 |
| 4 | 18：00—22：00 | 50 |
| 5 | 22：00—2：00 | 20 |
| 6 | 2：00—6：00 | 30 |

设司机和乘务人员分别在各时段一开始上班，并连续工作 8 小时，问该公交路线最少配备多少名司机和乘务人员？

2）问题的分析与假设

注意每天 6 个班次，所以每个班次 4 小时，每人连续工作 8 小时，所以每人连续上 2 个班次；若每一班次开始上班人数为 $x_i (i=1, \cdots, 6)$，则每班次上班人数中既包括上一班次开始上班的人数，还包括本班次开始上班的人数.

3）模型的建立

已假设每一班次开始上班人数为 $x_i(i=1,\cdots,6)$，则最少应配备司机和乘务人员人数 $z$ 为

$$\min z = x_1 + x_2 + x_3 + x_4 + x_5 + x_6 = \sum_{i=1}^{6} x_i.$$

若每一班次开始上班人数为 $x_i(i=1,\cdots,6)$，则每一班次上班人数应大于等于上一班次开始上班的人数和本班次开始上班的人数，即

$$\text{s.t.}\begin{cases} x_6 + x_1 \geqslant 60, \\ x_1 + x_2 \geqslant 70, \\ x_2 + x_3 \geqslant 60, \\ x_3 + x_4 \geqslant 50, \\ x_4 + x_5 \geqslant 20, \\ x_5 + x_6 \geqslant 30, \\ x_1, x_2, \cdots, x_6 \geqslant 0. \end{cases}$$

4）模型的求解

市场上求解优化模型的数学软件多种多样，这里主要介绍用 LINGO 软件求解线性规划模型. LINGO 软件是专业的优化软件，功能强大，编程简单易学，计算效果良好，执行速度快速，在求解最优化模型中具有明显的优势.

一般来说，在 LINGO 中建立优化模型都是以 model 开始，以 end 结束；model 和 end 之间的每一个语句均以分号结束，因此建立 LINGO 程序如下：

```
model:
  min = x1 + x2 + x3 + x4 + x5 + x6;
  x6 + x1 >= 60;
  x1 + x2 >= 70;
  x2 + x3 >= 60;
  x3 + x4 >= 50;
  x4 + x5 >= 20;
  x5 + x6 >= 30;
end
```

运行 LINGO 程序，则模型结果如下：

$$x1 = 60, \ x2 = 10, \ x3 = 50, \ x4 = 0, \ x5 = 30, \ x6 = 0$$

所以配备的司机和乘务人员最少为 150 人.

## 2. 农场种植问题

1）问题的提出

某地区有 3 个农场共用一条灌渠，每个农场的可灌溉地及分配到的最大用水量见表 3 - 2.

表 3 – 2　每个农场的可灌溉地及分配到的最大用水量

| 农场 | 可灌溉地/亩 | 最大用水量/百立方 |
|---|---|---|
| 1 | 400 | 600 |
| 2 | 600 | 800 |
| 3 | 300 | 375 |

各农场均可种植甜菜、棉花和高粱 3 种作物,各种作物的用水量、净收益及国家规定的该地区各种作物种植总面积最高限额见表 3 – 3.

表 3 – 3　各种作物用水量、净收益及种植总面积最高限额

| 作物种类 | 种植限额/亩 | 耗水量/(百立方·亩$^{-1}$) | 净收益/(元·亩$^{-1}$) |
|---|---|---|---|
| 甜菜 | 600 | 3 | 400 |
| 棉花 | 500 | 2 | 300 |
| 高粱 | 325 | 1 | 100 |

3 个农场达成协议,它们的播种面积与其可灌溉面积相等,而各种农场种何种作物并无限制. 问:如何制定各农场种植计划才能在上述限制条件下使本地区的 3 个农场的总净收益最大?

2) 问题的分析与假设

设农场 1 种植的甜菜、棉花和高粱分别为 $x_1$,$y_1$,$z_1$ 亩,农场 2 种植的甜菜、棉花和高粱分别为 $x_2$,$y_2$,$z_2$ 亩,农场 3 种植的甜菜、棉花和高粱分别为 $x_3$,$y_3$,$z_3$ 亩. $Z$ 表示 3 个农场的总收益.

3) 模型的建立

根据题目条件,可建立如下线性模型:

$$\max Z = 400(x_1 + x_2 + x_3) + 300(y_1 + y_2 + y_3) + 100(z_1 + z_2 + z_3).$$

$$\text{s. t.}\begin{cases} x_1 + x_2 + x_3 \leqslant 600, \\ y_1 + y_2 + y_3 \leqslant 500, \\ z_1 + z_2 + z_3 \leqslant 325, \\ x_1 + y_1 + z_1 \leqslant 400, \\ x_2 + y_2 + z_2 \leqslant 600, \\ x_3 + y_3 + z_3 \leqslant 300, \\ 3x_1 + 2y_1 + z_1 \leqslant 600, \\ 3x_2 + 2y_2 + z_2 \leqslant 800, \\ 3x_3 + 2y_3 + z_3 \leqslant 375, \\ x_1, x_2, x_3, y_1, y_2, y_3, z_1, z_2, z_3 \geqslant 0. \end{cases}$$

4）模型的求解

为了求解模型，建立 LINGO 程序如下：

```
model:
    max = 400 * (x1 + x2 + x3) + 300 * (y1 + y2 + y3) + 100 * (z1 + z2 + z3);
    x1 + x2 + x3 <= 600;
    y1 + y2 + y3 <= 500;
    z1 + z2 + z3 <= 325;
    x1 + y1 + z1 <= 400;
    x2 + y2 + z2 <= 600;
    x3 + y3 + z3 <= 300;
    3 * x1 + 2 * y1 + z1 <= 600;
    3 * x2 + 2 * y2 + z2 <= 800;
    3 * x3 + 2 * y3 + z3 <= 375;
end
```

运行 LINGO 程序，则模型结果如下：

农场 1：$x1 = 133.3$，$y1 = 100$，$z1 = 0$，

农场 2：$x2 = 0$，$y2 = 400$，$z2 = 0$，

农场 3：$x3 = 125$，$y3 = 0$，$z3 = 0$，

即农场 1 种植甜菜 133.3 亩，种植棉花 100 亩，不种植高粱；农场 2 种植棉花 400 亩，不种植甜菜和高粱；农场 3 种植甜菜 125 亩；最大总净收益为 253 333.3 元.

以上两个问题均属于最优化问题，建立的求解模型具有以下共同特征：

（1）都有一组决策变量，即该问题要求解的未知量，不妨用 $n$ 维向量 $\boldsymbol{x} = (x_1, x_2, \cdots, x_n)^{\mathrm{T}}$ 来表示；

（2）都有一个目标函数，可以用决策变量的线性函数来表示；

（3）都有若干约束条件，可以用若干线性等式或不等式来表示.

这类问题称为**线性规划问题**，解决这类问题建立的模型称为**线性规划模型**.

# 3.2  线性规划模型

建立最优化问题的数学模型，首先要确定问题的**决策变量**，用 $n$ 维向量 $\boldsymbol{x} = (x_1, x_2, \cdots, x_n)^{\mathrm{T}}$ 表示，然后构造模型的**目标函数** $f(\boldsymbol{x})$ 和允许取值的范围 $\boldsymbol{x} \in \boldsymbol{\Omega}$，$\boldsymbol{\Omega}$ 称为**可行域**，常用一组不等式（或等式）$g_i(\boldsymbol{x}) \leqslant \boldsymbol{0}$，$(i = 1, 2, \cdots, m)$ 来界定，称为**约束条件**. 一般地，这类模型可表示为如下形式：

目标函数：
$$\min_{x} z = f(\boldsymbol{x});\tag{3-1}$$

约束条件：
$$\text{s. t.}\quad g_i(\boldsymbol{x}) \leqslant \boldsymbol{0}\quad (i = 1, 2, \cdots, m).\tag{3-2}$$

由式（3-1）、式（3-2）组成的模型属于**约束优化模型**，若只有式（3-1）就是**无约束优化模型**.

若目标函数是用决策变量的线性函数来表示的，即

$$\max(\min)z = \sum_{i=1}^{n} c_i x_i, \tag{3-3}$$

且约束条件是可以用若干线性等式或不等式来表示的，即

$$\text{s. t.} \begin{cases} \sum_{j=1}^{n} a_{ij}x_j \leqslant (\geqslant, =)b_i(i = 1,\cdots,m), \\ x_j \geqslant 0(j = 1,\cdots,n), \end{cases} \tag{3-4}$$

则由式（3-3）、式（3-4）组成的模型称为**线性规划模型**.

决策变量 $\boldsymbol{x} = (x_1, x_2, \cdots, x_n)^{\mathrm{T}}$ 只取整数时，称为**整数规划**，特别地，决策变量只取 0 和 1 的整数规划，称为 **0-1 规划**.

## 1. 投资项目选择

1）问题的提出

公司有一笔 22 亿元的闲置资金可用于投资，现有 6 个项目可供选择，各项目所需投资金额和预计年收益见表 3-4，问：如何选择投资项目使年总收益最大？

表 3-4　各项目投资金额和预计年收益　　　　　　　　　　单位：亿元

| 项　　目 | 1 | 2 | 3 | 4 | 5 | 6 |
|---|---|---|---|---|---|---|
| 投资 | 5 | 2 | 6 | 4 | 6 | 8 |
| 年总收益 | 0.5 | 0.4 | 0.6 | 0.5 | 0.9 | 1 |

2）问题分析与假设

若 $a_i$ 表示第 $i(i=1, 2, 3, 4, 5, 6)$ 个项目的投资金额，$b_i$ 表示第 $i$ 个项目投资的预期年收益，$Z$ 表示年总收益，假设每个项目只能投一份，$x_i$ 表示第 $i$ 个项目投资与否，即

$$x_i = \begin{cases} 1, & \text{表示投资第 } i \text{ 个项目}, \\ 0, & \text{表示不投资第 } i \text{ 个项目}, \end{cases}$$

3）模型的建立

目标函数为投资项目使年总收益最大，即

$$\max Z = \sum_{i=1}^{6} b_i x_i,$$

但是总收益不可能无限大，因为只有 22 亿元的闲置资金可用于投资，即

$$\sum_{i=1}^{6} a_i x_i \leqslant 22.$$

综上，建立如下线性规划模型：

$$\max Z = \sum_{i=1}^{6} b_i x_i,$$

$$\text{s. t.} \begin{cases} \sum_{i=1}^{6} a_i x_i \leqslant 22, \\ x_i = 0 \text{ 或 } 1. \end{cases}$$

4）模型的求解

当数据量增大时，在 LINGO 程序中必须建立集合部分，因此一个完整的 LINGO 模型包含 4 个部分——集部分、数据部分、初始部分和目标与约束部分，详细介绍参考第二章的"LINGO 模型的基本构成"．编写 LINGO 程序如下：

```
model:
  sets:
  item/1..6/:x,a,c;
  endsets
  data:
  a=5,2,6,4,6,8;
  c=0.5,0.4,0.6,0.5,0.9,1;
  enddata
  max = @sum(item(i):c*x);
  @sum(item(i):a*x)<=22;
  @for(item(i):@bin(x));
end
```

运行 LINGO 程序，则模型结果如下：

$$x_1=0, \ x_2=1, \ x_3=1, \ x_4=0, \ x_5=1, \ x_6=1, \ \max z=2.9,$$

即投资项目 2、3、5、6，最大收益为 2.9 亿元.

## 2. 车辆调度问题

1）问题的提出

某车辆调度中心下午 2 点有 4 个用车请求，此时中心共有 5 辆车可调度，它们均能在任务要求时间内到达任务申请地，已知每辆汽车完成每项任务的运输成本见表 3-5. 每个任务只能由一辆汽车完成，每辆汽车最多承担一个任务，第 1 辆汽车必须分配到一项任务，第 4 辆汽车不能承担第 4 项任务. 问：如何调度车辆才能使完成这 4 项任务所消耗的总运输成本最小？

表 3-5　每辆汽车完成每项任务的运输成本

|  | 第 1 辆汽车 | 第 2 辆汽车 | 第 3 辆汽车 | 第 4 辆汽车 | 第 5 辆汽车 |
|---|---|---|---|---|---|
| 第 1 项任务 | 20 | 12 | 13 | 25 | 19 |
| 第 2 项任务 | 15 | 20 | 25 | 12 | 14 |
| 第 3 项任务 | 25 | 15 | 24 | 17 | 25 |
| 第 4 项任务 | 30 | 25 | 28 | 16 | 18 |

2）模型的分析与假设

设用 $i=1,2,3,4$ 分别表示 4 项任务，用 $j=1,2,3,4,5$ 分别表示 5 辆汽车. $a_{ij}$ 表

示第 $j$ 辆汽车完成第 $i$ 项任务的成本, $Z$ 表示完成任务需要的总运输成本. 假设 $x_{ij}$ 表示第 $j$ 辆汽车是否完成第 $i$ 项任务, 即

$$x_{ij} = \begin{cases} 1, & \text{表示第 } j \text{ 辆车完成第 } i \text{ 项任务,} \\ 0, & \text{表示第 } j \text{ 辆车不完成第 } i \text{ 项任务.} \end{cases}$$

3) 模型的建立

目标函数为完成这 4 项任务所消耗的总运输成本最小, 即

$$\min Z = \sum_{i=1}^{5} \sum_{j=1}^{4} a_{ij} x_{ij},$$

但是总运输成本不能无限小, 也是有约束条件的. 首先, 每项任务只能由一辆汽车完成, 即

$$\sum_{j=1}^{5} x_{ij} = 1;$$

其次, 每辆汽车最多只能完成一项任务, 即

$$\sum_{i=1}^{4} x_{ij} \leq 1;$$

再有, 第 1 辆汽车必须分到一项任务, 第 4 辆汽车不能完成第 4 项任务, 即

$$\sum_{i=1}^{4} x_{i1} \leq 1, \quad x_{44} = 0.$$

综上, 建立如下线性规划模型:

$$\min Z = \sum_{i=1}^{5} \sum_{j=1}^{4} a_{ij} x_{ij}.$$

$$\text{s. t.} \begin{cases} \sum\limits_{j=1}^{5} x_{ij} = 1, \\ \sum\limits_{i=1}^{4} x_{ij} \leq 1, \\ \sum\limits_{i=1}^{4} x_{i1} = 1, \\ x_{44} = 0, \\ x_{ij} = 0 \text{ 或 } 1. \end{cases}$$

4) 模型的求解

针对已经建立的线性规划模型, 编写 LINGO 程序如下:

```
model:
  sets:
  renwu/1..4/;
  che/1..5/;
  link(renwu,che):x,a;
endsets
```

```
data:
  a = 20 12 13 25 19
     15 20 25 12 14
     25 15 24 17 25
     30 25 28 16 18;
enddata
min = @sum(link(i,j):a * x);
@for(renwu(i):@sum(che(j):x(i,j)) = 1);
@for(che(j): @sum(renwu(i):x(i,j)) < = 1);
x(4,4) = 0;
@sum(renwu(i):x(i,1)) = 1;
@for(link(i,j):@bin(x));
end
```

运行 LINGO 程序，则模型结果如下：

$$x(1,3) = x(2,1) = x(3,2) = x(4,5) = 1,$$

即第 1 项任务由第 3 辆汽车完成，第 2 项任务由第 1 辆汽车完成，第 3 项任务由第 2 辆汽车完成，第 4 项任务由第 5 辆汽车完成，运输成本最小为 61 元.

# 3.3 应用案例分析

## 1. 任务分配问题

分配甲、乙、丙、丁 4 个人去完成 A、B、C、D、E 5 项任务，每个人完成各项任务的时间见表 3-6. 由于任务数多于人数，故考虑：

（1）任务 E 必须完成，其他 4 项任务中可选 3 项完成；

（2）其中有一人完成两项，其他每人完成 1 项；

（3）任务 A 由甲或丙完成，任务 C 由丙或丁完成，任务 E 由甲、乙或丁完成，且规定 4 人中丙或丁完成两项任务，其他每人完成 1 项任务.

试分别确定最优分配方案，使完成任务的总时间最少.

表 3-6  每人完成任务的时间

| 人 ＼ 任务 | A | B | C | D | E |
|---|---|---|---|---|---|
| 甲 | 25 | 29 | 31 | 42 | 37 |
| 乙 | 39 | 38 | 26 | 20 | 33 |
| 丙 | 34 | 27 | 28 | 40 | 32 |
| 丁 | 24 | 42 | 36 | 23 | 45 |

1）问题 1 的求解

设用 $i = 1$，2，3，4 分别表示甲、乙、丙、丁 4 个人，$j = 1$，2，3，4，5 分别表示 A、B、C、D、E 5 项任务. $t_{ij}$ 表示第 $i$ 人完成第 $j$ 项任务的时间，$Z$ 表示完成任务需要的总时间. 假设 $x_j$ 表示第 $j$ 项任务是否被完成，即

$$x_j = \begin{cases} 1, & \text{表示完成第 } j \text{ 项任务,} \\ 0, & \text{表示不完成第 } j \text{ 项任务.} \end{cases}$$

假设 $y_{ij}$ 表示第 $i$ 个人是否完成第 $j$ 项任务，即

$$y_{ij} = \begin{cases} 1, & \text{表示第 } i \text{ 个人完成第 } j \text{ 项任务,} \\ 0, & \text{表示第 } i \text{ 个人不完成第 } j \text{ 项任务.} \end{cases}$$

目标函数为完成任务的总时间最少，即

$$\min Z = \sum_{i=1}^{4} \sum_{j=1}^{5} t_{ij} y_{ij}.$$

建立约束条件，首先，任务 E 必须完成，其他 4 项任务完成 3 项任务，即

$$x_5 = 1, \quad x_1 + x_2 + x_3 + x_4 = 3;$$

其次，确定每个任务是否被完成，即

$$\sum_{i=1}^{4} y_{ij} = x_j.$$

综上，建立如下线性规划模型：

$$\min Z = \sum_{i=1}^{4} \sum_{j=1}^{5} t_{ij} y_{ij}.$$

$$\begin{cases} x_5 = 1, \\ x_1 + x_2 + x_3 + x_4 = 3, \\ \sum_{i=1}^{4} y_{ij} = x_j, \\ x_j = 0 \text{ 或 } 1 \quad (j = 1,2,3,4,5), \\ y_{ij} = 0 \text{ 或 } 1 \quad (j = 1,2,3,4,5). \end{cases}$$

针对以上线性规划模型，建立 LINGO 模型如下：

```
model:
  sets:
  person/1..4/;
    task/1..5/:x;
    link(person,task):y,c;
    endsets
    data:
    c =25 29 31 42 37
       39 38 26 20 33
       34 27 28 40 32
       24 42 36 23 45;
```

```
enddata
min = @sum(link(i,j):c*y);
x(5) =1;
x(1) +x(2) +x(3) +x(4) =3;
@for(task(j):@sum(person(i):y(i,j)) =x(j));
@for(task(j):@bin(x));
@for(link(i,j):@bin(y));
end
```

运行 LINGO 程序, 则模型结果如下:

$$x_1 =1, \ x_2 =0, \ x_3 =1, \ x_4 =1, \ x_5 =1,$$

$$y_{23} =1, \ y_{24} =1, \ y_{35} =1, \ y_{41} =1,$$

即不选择任务 B, 选择任务 A、C、D、E, 乙完成任务 C、D, 丙完成任务 E, 丁完成任务 A, 可使完成任务的总时间最少为 102.

2) 问题 2 的求解

假设用 $x_i$ 表示第 $i$ 个人是完成 1 项任务还是两项任务, 即

$$x_i = \begin{cases} 1, & \text{表示第 } i \text{ 个人只完成 1 项任务,} \\ 0, & \text{否则.} \end{cases}$$

假设 $y_{ij}$ 表示第 $i$ 个人是否完成第 $j$ 项任务, 即

$$y_{ij} = \begin{cases} 1, & \text{表示第 } i \text{ 个人完成第 } j \text{ 项任务,} \\ 0, & \text{表示第 } i \text{ 个人不完成第 } j \text{ 项任务.} \end{cases}$$

目标函数为完成任务的总时间最少, 即

$$\min Z = \sum_{i=1}^{4} \sum_{j=1}^{5} t_{ij} y_{ij}.$$

根据题意建立约束条件, 首先, 4 人中 1 人完成两项任务, 其他 3 人完成一项任务, 即

$$\sum_{i=1}^{4} x_i = 3;$$

其次, 每项任务只由一人完成, 即

$$\sum_{i=1}^{4} y_{ij} = 1;$$

第三, 每个人要么完成两项任务, 要么完成 1 项任务, 即

$$\sum_{j=1}^{5} y_{ij} = 2 - x_i.$$

综上, 建立如下的线性规划模型:

$$\min Z = \sum_{i=1}^{4} \sum_{j=1}^{5} t_{ij} y_{ij}.$$

$$\text{s. t.} \begin{cases} \sum_{j=1}^{5} y_{ij} = 2 - x_i, \\ \sum_{i=1}^{4} x_i = 3, \\ \sum_{i=1}^{4} y_{ij} = 1, \\ x_i = 0 \text{ 或 } 1, \\ y_{ij} = 0 \text{ 或 } 1. \end{cases}$$

针对以上线性规划模型，建立 LINGO 模型如下：

```
model:
    sets:
    person/1..4/:x;
        task/1..5/;
        link(person,task):t,y;
    endsets
    data:
     t =25 29 31 42 37
        39 38 26 20 33
        34 27 28 40 32
        24 42 36 23 45;
    enddata
    min = @sum(link(i,j):t * y);
    @for(person(i):@sum(task(j):y(i,j)) =2 -x(i));
    @sum(person(i):x(i)) =3;
    @for(task(j):@sum(person(i):y(i,j)) =1);
    @for(person(i):@bin(x));
    @for(link(i,j):@bin(y));
end
```

运行 LINGO 程序，则模型结果如下：

$$x_1 = 1, \ x_2 = 0, \ x_3 = 1, \ x_4 = 1,$$
$$y_{12} = 1, \ y_{23} = 1, \ y_{24} = 1, \ y_{35} = 1, \ y_{41} = 1,$$

即甲、丙、丁只完成 1 项任务，乙完成两项任务；甲完成任务 B，乙完成任务 C 和 D，丙完成任务 E，丁完成任务 A，可使完成任务的总时间最少为 131.

3）问题 3 的求解

假设用 $x_i$ 表示第 $i$ 个人是完成 1 项任务还是两项任务，即

$$x_i = \begin{cases} 1, & \text{表示第 } i \text{ 个人只完成 1 项任务,} \\ 0, & \text{否则.} \end{cases}$$

假设 $y_{ij}$ 表示第 $i$ 个人是否完成第 $j$ 项任务,即

$$y_{ij} = \begin{cases} 1, & \text{表示第 } i \text{ 个人完成第 } j \text{ 项任务}, \\ 0, & \text{表示第 } i \text{ 个人不完成第 } j \text{ 项任务}. \end{cases}$$

目标函数为完成任务的总时间最少,即

$$\min Z = \sum_{i=1}^{4} \sum_{j=1}^{5} t_{ij} y_{ij}.$$

其约束条件为

$$\text{s. t.} \begin{cases} y_{11} + y_{31} = 1, \\ y_{33} + y_{43} = 1, \\ y_{15} + y_{25} + y_{45} = 1, \\ \sum_{j=1}^{5} y_{ij} = 2 - x_i \quad (i = 3 \text{ 或 } i = 4), \\ x_3 + x_4 = 1, \\ x_1 + x_2 = 2, \\ \sum_{i=1}^{4} y_{ij} = 1, \\ x_i = 0 \text{ 或 } 1, \\ y_{ij} = 0 \text{ 或 } 1. \end{cases}$$

针对以上线性规划模型,建立 LINGO 模型如下:

```
model:
    sets:
    person/1..4/:x;
      task/1..5/;
          link(person,task):t,y;
    endsets
    data:
      t =25 29 31 42 37
          39 38 26 20 33
          34 27 28 40 32
          24 42 36 23 45;
    enddata
    min = @sum(link(i,j):t*y);
    y(1,1) +y(3,1) =1;
     y(3,3) +y(4,3) =1;
    y(1,5) +y(2,5) +y(4,5) =1;
    @for(person(i) |i#eq#3 #or#i#eq#4:@sum(task(j):y(i,j)) =2 -x(i));
```

```
    x(3) +x(4) =1;
    x(1) +x(2) =2;
    @for(task(j):@sum(person(i):y(i,j)) =1);
    @for(person(i):@bin(x));
    @for(link:@bin(y));
 end
```

运行 LINGO 程序，则模型结果如下：

$$x_1 = 1, \ x_2 = 1, \ x_3 = 0, \ x_4 = 1,$$

$$y_{11} = 1, \ y_{25} = 1, \ y_{32} = 1, \ y_{33} = 1, \ y_{44} = 1,$$

即甲、乙、丁只完成 1 项任务，丙完成两项任务；甲完成任务 A，乙完成任务 E，丙完成任务 B 和 C，丁完成任务 D，可使完成任务的总时间最少为 136.

## 2. 便民超市的网点布设

某市规划在其远郊建一卫星城镇，下设 20 个街区，如图 3 – 1 所示，各街区居民数预期为 1、4、9、13、17、20 各 12 000 人；2、3、5、8、11、14、19 各 14 000 人；6、7、10、12、15、16、18 各 15 000 人. 便民超市准备在上述街区进行布点. 根据方便就近的原则，在某一街区设点，该点将服务于该街区及相邻街区. 例如在编号为 3 的街区设一便民超市点，它服务的街区为 1、2、3、4、6. 由于受经费的限制，便民超市将在上述 20 个街区先设两个点，请提供建议：在哪两个街区设点，使其服务范围的居民人数最多？

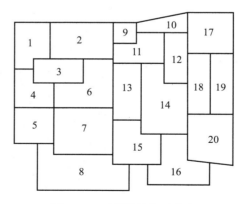

图 3 – 1 卫星城镇街区分布

假设用 $i = 1, 2, 3, \cdots, 20$ 表示 20 个街区，用 $x_i$ 表示便民超市是否要建在第 $i$ 个街区，即

$$x_i = \begin{cases} 1, & \text{表示便民超市设在第 } i \text{ 个街区,} \\ 0, & \text{表示便民超市不设在第 } i \text{ 个街区.} \end{cases}$$

用 $y_{ij}$ 表示第 $i$ 个街区与第 $j$ 个街区是否相邻，即

$$y_{ij} = \begin{cases} 1, & \text{表示第 } i \text{ 个街区与第 } j \text{ 个街区相邻,} \\ 0, & \text{表示第 } i \text{ 个街区与第 } j \text{ 个街区不相邻.} \end{cases}$$

$d_i$ 表示第 $i$ 街区的预期人数，$Z$ 表示便民超市服务范围的居民人数.

目标函数为使便民超市服务范围的居民人数最多，即

$$\max Z = \sum_{i=1}^{20} \sum_{j=1}^{20} x_i y_{ij} d_j.$$

只能在两个街区建立便民超市，因此约束条件为

$$\text{s. t.} \begin{cases} \sum_{i=1}^{20} x_i = 2, \\ x_i = 0 \text{ 或 } 1. \end{cases}$$

针对以上线性规划模型，建立 LINGO 模型如下：

```
model:
    sets:
    jiequ/1..20/:d,x;
    link(jiequ,jiequ):y;  ! y(i,j)=1 表示第 i 个街区和第 j 个街区相邻;
    endsets
    data:
    d =12000 14000 14000 12000 14000 15000 15000 14000 12000 15000
        14000 15000 12000 14000 15000 15000 12000 15000 14000 12000;
    y =@file(F:bmcsdata.txt);  ! 街区间产生的相邻矩阵,提前存在 F 盘中;
    enddata
    max =@sum(link(i,j):x(i)*y(i,j)*d(j));  ! 第 i 个街区及相邻街
区的人口数之和最大;
    @sum(jiequ(i):x)=2;  ! 只有两个超市;
    @for(jiequ(i):@ bin(x));  ! x 是 0-1 变量;
end
```

**注意**：邻接矩阵可由图形统计出数据

$$
\begin{aligned}
y = &1\ 1\ 1\ 1\ 0\ 0\ 0\ 0\ 0\ 0\ 0\ 0\ 0\ 0\ 0\ 0\ 0\ 0\ 0\ 0 \\
&1\ 1\ 1\ 0\ 0\ 1\ 0\ 0\ 1\ 0\ 0\ 0\ 0\ 0\ 0\ 0\ 0\ 0\ 0\ 0 \\
&1\ 1\ 1\ 1\ 0\ 1\ 0\ 0\ 0\ 0\ 0\ 0\ 0\ 0\ 0\ 0\ 0\ 0\ 0\ 0 \\
&1\ 0\ 1\ 1\ 1\ 1\ 0\ 0\ 0\ 0\ 0\ 0\ 0\ 0\ 0\ 0\ 0\ 0\ 0\ 0 \\
&0\ 0\ 0\ 1\ 1\ 0\ 1\ 1\ 0\ 0\ 0\ 0\ 0\ 0\ 0\ 0\ 0\ 0\ 0\ 0 \\
&0\ 1\ 1\ 1\ 0\ 1\ 1\ 0\ 0\ 1\ 0\ 1\ 0\ 0\ 0\ 0\ 0\ 0\ 0\ 0 \\
&0\ 0\ 0\ 0\ 1\ 1\ 1\ 0\ 0\ 0\ 1\ 0\ 1\ 0\ 0\ 0\ 0\ 0\ 0\ 0 \\
&0\ 0\ 0\ 0\ 1\ 0\ 1\ 1\ 0\ 0\ 0\ 0\ 1\ 0\ 0\ 0\ 0\ 0\ 0\ 0 \\
&0\ 1\ 0\ 0\ 0\ 0\ 0\ 1\ 1\ 1\ 0\ 0\ 0\ 0\ 0\ 0\ 0\ 0\ 0\ 0 \\
&0\ 0\ 0\ 0\ 0\ 0\ 0\ 0\ 1\ 1\ 1\ 1\ 0\ 0\ 0\ 0\ 1\ 0\ 0\ 0 \\
&0\ 1\ 0\ 0\ 0\ 1\ 0\ 0\ 1\ 1\ 1\ 1\ 1\ 0\ 0\ 0\ 0\ 0\ 0 \\
&0\ 0\ 0\ 0\ 0\ 0\ 0\ 0\ 0\ 1\ 1\ 1\ 0\ 1\ 0\ 0\ 1\ 1\ 0\ 0 \\
\end{aligned}
$$

$$0\ 0\ 0\ 0\ 0\ 1\ 1\ 0\ 0\ 0\ 1\ 0\ 1\ 1\ 1\ 0\ 0\ 0\ 0\ 0$$
$$0\ 0\ 0\ 0\ 0\ 0\ 0\ 0\ 0\ 1\ 1\ 1\ 1\ 1\ 1\ 0\ 1\ 0\ 1$$
$$0\ 0\ 0\ 0\ 0\ 1\ 1\ 0\ 0\ 0\ 1\ 1\ 1\ 1\ 0\ 0\ 0\ 0$$
$$0\ 0\ 0\ 0\ 0\ 0\ 0\ 0\ 0\ 0\ 0\ 1\ 1\ 1\ 0\ 0\ 0\ 1$$
$$0\ 0\ 0\ 0\ 0\ 0\ 0\ 0\ 1\ 0\ 1\ 0\ 0\ 0\ 1\ 1\ 1\ 0$$
$$0\ 0\ 0\ 0\ 0\ 0\ 0\ 0\ 1\ 0\ 1\ 0\ 1\ 0\ 0\ 1\ 1\ 1\ 1$$
$$0\ 0\ 0\ 0\ 0\ 0\ 0\ 0\ 0\ 0\ 0\ 0\ 0\ 0\ 0\ 1\ 1\ 1\ 1$$
$$0\ 0\ 0\ 0\ 0\ 0\ 0\ 0\ 0\ 0\ 0\ 0\ 1\ 0\ 1\ 0\ 1\ 1\ 1;$$

运行 LINGO 程序, 则模型结果如下:

$$x_{11} = 1, \ x_{14} = 1, \ \max Z = 223\ 000,$$

即超市设在第 11 个和第 14 个街区, 可使服务的居民人数最多为 223 000.

## 3. 商场招租问题

长江综合商场有 5 000 m² 营业面积招租, 拟吸引表 3 – 7 所示的 5 类商店入租. 已知各类商店开设一个店铺占用的面积、在该商场内最多与最少开设的个数, 以及各类商店开设不同个数的店铺时每个商店的每月预计利润, 见表 3 – 7. 商场除按租用面积每月收取 100 元/m² 租金外, 还按利润的 10% 按月收取物业管理费. 问: 该商场应招租上述各类商店各多少个, 使预期收入最大?

表 3 – 7  已知信息

| 代号 | 商店类别 | 一个店铺面积/m² | 开设数 | | 开设不同数时的利润/万元 | | |
|---|---|---|---|---|---|---|---|
| | | | 最少 | 最多 | 1 | 2 | 3 |
| 1 | 服装 | 250 | 1 | 3 | 9 | 8 | 7 |
| 2 | 鞋帽 | 350 | 1 | 2 | 10 | 9 | – |
| 3 | 百货 | 600 | 1 | 3 | 27 | 20 | 20 |
| 4 | 图书 | 300 | 0 | 2 | 16 | 10 | – |
| 5 | 餐饮 | 400 | 1 | 3 | 17 | 15 | 12 |

1) 模型分析与假设

商场预期收入由两部分组成: 租金和物业管理费. 租金与租用面积有关, 租用面积越大, 租金越多; 物业管理费与利润有关, 而利润又与店铺的个数有关, 店铺的个数越多, 利润越大. 因此, 招租的店铺个数越多越好, 租用的面积越大越好.

设 $a_i$ 为各类商店一个店铺的面积, $b_i$ 为各类商店开设店铺的最少数, $c_i$ 为各类商店开设店铺的最多数. 设 $x_i$ 为招租第 $i$ 类商店的个数 $(i = 1, \cdots, 5)$.

2) 模型建立

根据题意, 建立线性模型如下:

$$\max Z_1 = \sum_{i=1}^{5} x_i, \ \max Z_2 = \sum_{i=1}^{5} a_i x_i.$$

$$\text{s. t. } \begin{cases} Z_2 \leqslant 5\,000, \\ b_i \leqslant x_i \leqslant c_i, \\ x_i \text{ 取整}(i = 1,2,\cdots,5). \end{cases}$$

3）模型求解

如果先考虑利润最大，那么开设店铺数越多利润越大，以总店铺数最多为目标，则 LINGO 程序如下（方案 1）：

```
model:
    sets:
    dian/1..5/:x,a,b,c;
    endsets
    data:
    a =250,350,600,300,400;
    b =1,1,1,0,1;
    c =3,2,3,2,3;
    enddata
    max = z1;
    z1 = @sum(dian(i):x(i));
    z2 = @sum(dian(i):x(i) * a(i));
    z2 <=5000;
    @for(dian(i): x(i) >=b(i);x(i) <=c(i));
    @for(dian(i):@gin(x(i)));
end
```

运行 LINGO 程序，则模型结果如下：

$$z1 = 12, \quad z2 = 4\,450,$$

$$x(1) = 3, x(2) = 2, x(3) = 2, x(4) = 2, x(5) = 3,$$

即招租服装店 3 个、鞋帽店 2 个、百货店 2 个、书店 2 个、餐饮店 3 个，共计 12 个店铺，总的租用面积为 4 450 m². 预期收入计算如下：

$$R_1 = (3 \times 7 + 2 \times 9 + 2 \times 20 + 2 \times 10 + 3 \times 12) \times 10\% + 0.01 \times 4\,450$$
$$= 58 \text{（万元）}.$$

方案 2：由方案 1 得知，最多可开设 12 个店铺. 当开设店铺总数最大时，如果租用的面积越大，租金会越高，则影响收入会增大，以店铺总面积最大为目标，则 LINGO 程序如下：

```
model:
    sets:
    dian/1..5/:x,a,b,c;
    endsets
```

```
data:
a =250,350,600,300,400;
b =1,1,1,0,1;
c =3,2,3,2,3;
enddata
max =z2;
z2 =@sum(dian(i):x(i)*a(i));
z1 =@sum(dian(i):x(i));
z2 <=5000;
z1 =12;
@for(dian(i): x(i) >=b(i);x(i) <=c(i));
@for(dian(i):@gin(x(i)));
end
```

运行 LINGO 程序, 则模型结果如下:

$$z2 =4\,800, \ z1 =12,$$

$$x(1) =2, \ x(2) =2, \ x(3) =3, \ x(4) =2, \ x(5) =3,$$

即招租服装店 2 个、鞋帽店 2 个、百货店 3 个、书店 2 个、餐饮店 3 个, 共计 12 个店铺, 总的租用面积为 4 800 $m^2$.

预期收入计算如下:

$$R_2 = (2 \times 8 +2 \times 9 +3 \times 20 +2 \times 10 +3 \times 12) \times 10\% +0.01 \times 4\,800$$

$$=63 \ (万元)$$

通过比较可知, $R_1 < R_2$, 即按方案 2 招租可使预期收入达到最大.

## 练一练:

一项工作一周 7 天都需要有人做 (比如护士工作), 每天 (周一至周日) 所需的最少职员数为 20、16、13、16、19、14、12, 并要求每个职员一周连续工作 5 天, 试求每周所需最少职员数.

# 第四章 层次分析法（AHP）

层次分析法简称 AHP（The Analytic Hierarchy Process），是由美国运筹学家 T. L. Saaty 等人于 20 世纪 70 年代创立的一种定性与定量相结合的、系统的、层次化的分析方法. 它是将半定型、半定量问题转化为定量问题的有效方法，其主要思路是将复杂问题分解成多个组成因素，并将多个因素按支配关系形成递阶层次结构，通过逐层比较，确定决策方案相对重要度的总排序，从而为分析、决策、预测或控制事物的发展提供定量依据. 因此，层次分析法应用广泛，特别适合解决难以用完全定量方法解决的复杂问题，在优选排序、制定计划、资源分配、决策预报等领域中有着重要的应用.

## 4.1 一般问题的引入

在实际生活和工作中，人们常常需要作各种选择和决策，例如，考大学时选择学校和专业、毕业时选择就业单位、企业决策者选择合作伙伴、投资人决定投资项目、一个单位选优评先时需要对参评人进行综合评价排序等. 下面先看几个具体案例.

**例 4 - 1 最优投资地的选择**

现实生活中，投资项目选址有众多备选区域，并不是每个备选区域中的所有因素都能达到投资者的期望，每个因素的影响也不一样，其中部分因素还是不可量化的. 投资者在选择项目投资地的时候，地区工资水平、办公成本、市场规模、便利性是其最为看重的因素.

现有一外商欲到某地投资，该地有多个区域对他的投资表示欢迎，并且提供了各种不同的优惠条件，在对这多个区域的各种条件进行了初步的分析后，该投资商将他的选择集中到了 3 个区域：A 区、B 区、C 区. 3 个区域的相关信息见表 4 - 1.

表 4 - 1 3 个区域的相关信息

| 选择因素 | 选择变量 | | |
| --- | --- | --- | --- |
| | A 区 | B 区 | C 区 |
| 工资水平 | 13 000/[元·（人·年）⁻¹] | 11 200/[元·（人·年）⁻¹] | 9 500/[元·（人·年）⁻¹] |
| 商务楼租金 | 2.5/[元·（米²·天）⁻¹] | 3.0/[元·（米²·天）⁻¹] | 4.0/[元·（米²·天）⁻¹] |
| 市场规模 | 高 | 中 | 中 |
| 交通便捷 | 堵塞 | 通畅 | 通畅 |

请问外商应该选择投资哪个区？

**例 4 - 2 优秀大学生评选**

学校为了培养德、智、体全面发展的优秀人才，根据国家相关文件和学校的具体情况，每学年都会在各班级评选出若干名优秀大学生，因此建立一套客观公正、科学合理的优秀大学生评价体系是至关重要的. 通常在选择优秀大学生时学校会考虑学生的思想道德素质、社交表达、学业成绩、实践操作、体育技能等因素. 请从一个班级的 3 名大学生中，合理地选择出一名优秀大学生，并为这名学生向学校写封推荐信. 3 名学生的相关信息见表 4 - 2.

表 4 - 2  3 名学生的相关信息

| 选择因素 | 选择对象 | | |
|---|---|---|---|
| | 甲 | 乙 | 丙 |
| 思想道德素质 | 一般 | 好 | 一般 |
| 社交表达 | 好 | 较好 | 一般 |
| 各科平均成绩 | 90 | 88 | 85 |
| 实训成绩 | 84 | 87 | 92 |
| 体育技能 | 一般 | 较好 | 好 |

### 例 4 - 3  合理选择手机

手机现在已经成为每个人不可或缺的生活必需品，但是现在的手机品牌众多、型号各异，想要选择一款适合自己的手机不是一件容易的事. 一般手机的选择主要从以下几个方面考虑：手机价格，外观，前、后摄像头的像素，待机时机，显示屏大小等. 建立数学模型，为自己选择一款手机.

### 例 4 - 4  利润的合理利用

某工厂有一笔企业留成利润，要由厂领导和职工代表大会决定如何利用，可供选择的方案有：发奖金、扩建福利设施、引用新设备. 为进一步促进企业发展，如何合理使用这笔利润？

实际中，要处理诸如上面这些多层次、多因素的综合选优排序和评价问题，一般需要全面综合分析问题所涉及的因素和指标，而这些因素和指标往往涉及面极广，有定性的因素，也有定量的因素，因此，这种半定性、半定量的问题如何全面转化为定量问题呢？ T. L. Satty 等人总结提炼了一种层次化的思维方法，专门解决这类评价问题，这个方法称为层次分析法，本书将在后面的章节中详细介绍层次分析的一般方法.

# 4.2  层次分析的一般方法

层次分析法是把复杂问题分解成各个组成因素，再将这些因素按支配关系分组形成递阶层次结构，通过两两比较的方式确定各个因素相对重要性，然后综合决策者的判断，确定决策方案相对重要性的总排序. 运用层次分析法进行系统分析、设计、决策时，可分为 4 个步骤进行：

（1）分析系统中各因素之间的关系，建立系统的递阶层次结构；

（2）对同一层次的各元素关于上一层次中某一准则的重要性进行两两比较，构造两两比较的判断矩阵；

（3）由判断矩阵计算被比较元素对于该准则的相对权重；

（4）计算各层次元素对系统目标的合成权重，并进行排序.

下面具体说明上面 4 个步骤的实现方法.

## 1. 层次结构图的建立

在模型中，复杂问题被分解，分解后各组成部分称为元素，这些元素又按属性分成若干组，形成不同的层次. 层次分析法解决问题的第一步就是分析问题涉及的元素及其相互之间的关系，将各元素条理化、层次化，构造出一个树状的层次结构模型，称为层次结构图. 同一层次的元素作为准则对下一层次的某些元素起支配作用，同时它又受上面层次元素的支配. 层次可分为 3 类：

（1）最高层（O）：这一层次中只有一个元素，它是问题的预定目标或理想结果，因此也叫目标层.

（2）中间层（C）：这一层次包括要实现目标所涉及的中间环节中需要考虑的准则. 该层可由若干层次组成，因此有准则和子准则之分，这一层也叫作准则层.

（3）最底层（P）：这一层次包括为实现目标可供选择的各种措施、决策方案等，因此也称为措施层或方案层.

层次结构的好坏对于解决问题极为重要，当然，层次结构建立得好坏与决策者对问题的认识是否全面、深刻有很大关系.

例如，对于例 4-1 "最优投资地的选择" 问题，可以构造图 4-1 所示的层次结构图.

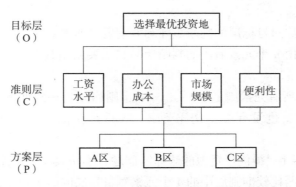

图 4-1　"最优投资地的选择" 问题的层次结构图

最高层（目标层）为选择最优投资地；中间层（准则层）是选择投资地时要考虑的因素，即工资水平、办公成本、市场规模和便利性；最底层（方案层）是待选择的 3 个区域：A 区、B 区和 C 区.

值得注意的是，在层次结构图中，各层次之间的元素有的关联，有的不关联，各层次的元素个数也不一定相同，在实际问题中，要根据问题的性质及各相关元素的类别来确定.

## 2. 判断矩阵的构造

在层次结构图中，设上一层次元素 $C$ 为准则，所支配的下一层次元素为 $c_1$，$c_2$，$\cdots$，$c_n$ 对于准则层相对重要性即权重. 这通常可分两种情况：

（1）如果 $c_1$，$c_2$，$\cdots$，$c_n$ 对 $C$ 的重要性可定量（如可以使用货币、重量等），其权重可直接确定；

（2）如果问题复杂，$c_1$，$c_2$，$\cdots$，$c_n$ 对于 $C$ 的重要性无法直接定量，而只能定性，那么确定权重用两两比较方法，其方法是：对于准则 $C$，元素 $u_i$ 和 $u_j$ 哪一个更重要，重要的程度如何，通常按 $1 \sim 9$ 比例标度对重要性程度赋值，表 $4-3$ 中列出了 $1 \sim 9$ 比例标度的含义.

表 4 – 3　标度的含义

| 比例标度 | 含义 |
| --- | --- |
| 1 | 表示两个元素相比，具有同样的重要性 |
| 3 | 表示两个元素相比，前者比后者稍重要 |
| 5 | 表示两个元素相比，前者比后者明显重要 |
| 7 | 表示两个元素相比，前者比后者强烈重要 |
| 9 | 表示两个元素相比，前者比后者极端重要 |
| 2，4，6，8 | 表示上述相邻判断的中间值 |
| 倒数 | 若元素 $i$ 与元素 $j$ 的重要性之比为 $a_{ij}$，那么元素 $j$ 与元素 $i$ 重要性之比为 $a_{ji} = 1/a_{ij}$ |

对于准则层，$n$ 个元素之间相对重要性的比较得到一个两两比较的**判断矩阵**：

$$A = (a_{ij})_{n \times n},$$

其中 $a_{ij}$ 就是元素 $u_i$ 和 $u_j$ 相对于 $C$ 的重要性的比例标度. 判断矩阵 $A$ 具有下列性质：$a_{ij} > 0$，$a_{ji} = 1/a_{ij}$，$a_{ii} = 1$.

判断矩阵有准则层对目标层的判断矩阵和方案层对准则层的判断矩阵. 由判断矩阵所具有的性质可知，一个由 $n$ 个元素做出的判断矩阵只需要给出其上（或下）三角的 $n(n-1)/2$ 个元素就可以了.

若判断矩阵 $A$ 的所有元素满足 $a_{ij} \cdot a_{jk} = a_{ik}$，则称 $A$ 为**一致性矩阵**. 不是所有的判断矩阵都满足一致性条件，也没有必要这样要求，其只是在特殊情况下才有可能满足一致性条件.

例如，对于例 $4-1$ "最优投资地的选择"问题，不妨假设根据投资商的需求及 $1 \sim 9$ 比例标度，通过建立两两比较准则层中的 4 个元素对目标层的影响程度，可得到下面的准则层对目标层的判断矩阵：

$$A = \begin{bmatrix} 1 & 3 & 2 & 2 \\ \dfrac{1}{3} & 1 & \dfrac{1}{4} & \dfrac{1}{4} \\ \dfrac{1}{2} & 4 & 1 & \dfrac{1}{2} \\ \dfrac{1}{2} & 4 & 1 & 1 \end{bmatrix}.$$

判断矩阵 $A$ 中元素 $a_{11} = 1$ 表示两个元素对决策变量的影响相同，影响之比为 $1:1$；$a_{12} = 3$ 表示工资水平比办公成本对决策变量的影响稍强，影响之比为 $3:1$；$a_{21} = \dfrac{1}{3}$ 表示办公成本和工资水平对决策变量的影响之比是工资水平和办公成本对决策变量影响之比的倒数，即 $1:3$. 其他取值的含义可按表 $4-3$ 类似给出，此处不再一一列出.

若记图 $4-1$ 中方案层中 3 个区对准则层中 4 个因素的判断矩阵分别为 $A_1$，$A_2$，$A_3$ 和 $A_4$，于是根据表 $4-1$ 中的信息，用与确定判断矩阵 $A$ 相同的方法可以构造出判断矩阵 $A_1$，$A_2$，$A_3$ 和 $A_4$：

$$A_1 = \begin{bmatrix} 1 & \frac{1}{3} & \frac{1}{5} \\ \frac{1}{3} & 1 & \frac{1}{3} \\ \frac{1}{5} & 3 & 1 \end{bmatrix}, \quad A_2 = \begin{bmatrix} 1 & \frac{1}{2} & \frac{1}{5} \\ 2 & 1 & \frac{1}{3} \\ 5 & 3 & 1 \end{bmatrix},$$

$$A_3 = \begin{bmatrix} 1 & 3 & 3 \\ \frac{1}{3} & 1 & 1 \\ \frac{1}{3} & 1 & 1 \end{bmatrix}, \quad A_4 = \begin{bmatrix} 1 & \frac{1}{5} & \frac{1}{5} \\ 5 & 1 & 1 \\ 5 & 1 & 1 \end{bmatrix}.$$

总之，一般情况下，在实际问题中，对于定性因素通常用 $1 \sim 9$ 比例标度确定判断矩阵.

### 3. 确定判断矩阵的相对权向量和一致性检验

1）确定相对权向量

常见的确定相对权向量的方法有 3 种：特征根法、和法（算术平均法）和根法（几何平均法）. 这里重点介绍特征根法.

设 $A$ 是准则层对目标层的判断矩阵，如果 $A$ 是一致阵，则 $A$ 有唯一非零特征根 $\lambda = n$，这时可以用特征根 $n$ 对应的归一化特征向量 $w$ 作为准则层因素 $c_1$，$c_2$，$\cdots$，$c_n$ 对目标层的权重，这个向量称为相对权向量. 如果 $A$ 不是一致阵，但在不一致的允许范围内，T. L. Satty 等人提出可以用 $A$ 的最大特征根 $\lambda_{\max}$ 对应的归一化特征向量 $w$ 作为相对权向量，即满足

$$Aw = \lambda_{\max} w$$

的特征向量 $w$（归一化后）作为准则层因素 $c_1$，$c_2$，$\cdots$，$c_n$ 对目标层的权重，根据此权重的大小，便可确定该层次因素的排序. 这种由判断矩阵求权重向量的方法称为特征根法.

2）确定判断矩阵的一致性检验

在计算单准则下的权向量时，还必须进行一致性检验. 在判断矩阵的构造中，并不要求判断矩阵具严格的一致性，这是由客观事物的复杂性与人的认识的多样性所决定的. 但要求判断矩阵满足大体上的一致性也是应该的. 如果出现"甲比乙极端重要，乙比丙极端重要，而丙又比甲极端重要"的判断，则显然是违反常识的，一个混乱的、经不起推敲的判断矩阵有可能导致决策上的失误. 因此要对判断矩阵的一致性进行检验，具体步骤如下：

（1）计算一致性指标 CI（Consistency Index）：

$$CI = \frac{\lambda_{\max} - n}{n - 1}.$$

（2）在表 $4-4$ 中查找相应的平均随机一致性指标 RI（Random Index）.

| 矩阵阶数 | 1 | 2 | 3 | 4 | 5 | 6 | 7 | 8 |
|---|---|---|---|---|---|---|---|---|
| RI | 0 | 0 | 0.52 | 0.89 | 1.12 | 1.26 | 1.36 | 1.41 |
| 矩阵阶数 | 9 | 10 | 11 | 12 | 13 | 14 | 15 | — |
| RI | 1.46 | 1.49 | 1.52 | 1.54 | 1.56 | 1.58 | 1.59 | — |

（3）计算一致性比率 CR（Consistency Ratio）：

$$CR = \frac{CI}{RI}.$$

当 $CR < 0.1$ 时，认为判断矩阵的一致性是可以接受的；当 $CR \geq 0.1$ 时，应该对判断矩阵作适当修正.

例如，利用 MATLAB 软件，可求出例 4−1 "最优投资地的选择"问题中准则层因素 $c_1$，$c_2$，$\cdots$，$c_n$ 对目标层的最大特征根 $\lambda_{\max} = 4.1833$，对应的特征向量为

$$\bar{w}^{(2)} = (0.7275,\ 0.1495,\ 0.3879,\ 0.5458)^{\mathrm{T}},$$

将 $\bar{w}^{(2)}$ 归一化处理可得准则层因素 $c_1$，$c_2$，$\cdots$，$c_n$ 对目标层的相对权向量为

$$w^{(2)} = (0.4018,\ 0.0826,\ 0.2142,\ 0.3014)^{\mathrm{T}},$$

其中，$\bar{w}^{(2)}$ 上标中的 2 表示权重向量为第二层次的相对权向量.

用相同的方法可以计算出判断矩阵 $A_1$，$A_2$，$A_3$ 和 $A_4$ 的最大特征根和相应的相对权向量，计算结果见表 4−5.

表 4−5　例 4−1 中 $A_k$ 的相对权向量和最大特征根

| | $A_1$ | $A_2$ | $A_3$ | $A_4$ |
|---|---|---|---|---|
| $w_k^{(3)}$ | 0.1047<br>0.2583<br>0.6370 | 0.1220<br>0.2297<br>0.6483 | 0.6<br>0.2<br>0.2 | 0.0909<br>0.4545<br>0.4545 |
| $\lambda_k$ | 3.0385 | 3.0037 | 3 | 3 |
| $CR_k$ | 0.0332 | 0.0032 | 0 | 0 |

对于上面的计算过程，可用 MATLAB 编程实现，MATLAB 程序如下：

```
A = [1 3 2 2;1/3 1 1/4 1/4;1/2 4 1 1/2;1/2 4 2 1];
[V,D] = eig(A);
[lam,k] = max(eig(A));
vk = V(:,k);
w0 = vk/sum(vk);
CI = (lam - 4)/3;
RI = 0.90;
CR = CI/RI;
CI,CR,lam,w0
```

## 4. 确定组合权向量和组合一致性检验

1）确定组合权向量

上面得到的是一组元素对其上一层次中某元素的相对权向量，最终要得到各元素对于目标的排序权重，即所谓总排序权重，从而进行方案的选择. 总排序权重要自上而下地对单准则下的权重进行合成，并逐层进行总的判断一致性检验.

首先，确定准则层因素 $c_1$，$c_2$，$\cdots$，$c_n$ 对目标层的相对权向量

$$\boldsymbol{w}^{(2)} = [\,\boldsymbol{w}_1^{(2)}\,,\ \boldsymbol{w}_2^{(2)}\,,\ \cdots\,,\ \boldsymbol{w}_n^{(2)}\,]^{\mathrm{T}},$$

其次，确定方案层 $u_1$，$u_2$，$\cdots$，$u_m$ 对准则层因素 $c_1$，$c_2$，$\cdots$，$c_n$ 的相对权向量

$$\boldsymbol{w}_i^{(3)} = [\,\boldsymbol{w}_1^{(3)}\,,\ \boldsymbol{w}_2^{(3)}\,,\ \cdots\,,\ \boldsymbol{w}_m^{(3)}\,]^{\mathrm{T}}\ (i = 1,\ 2,\ \cdots,\ n),$$

则得 $m$ 行 $n$ 列的矩阵

$$\boldsymbol{W}^{(3)} = [\,\boldsymbol{w}_1^{(3)}\,,\ \boldsymbol{w}_2^{(3)}\,,\ \cdots\,,\ \boldsymbol{w}_n^{(3)}\,]_{m \times n},$$

那么组合权向量为

$$\boldsymbol{w}^{(3)} = \boldsymbol{W}^{(3)}\boldsymbol{w}^{(2)}.$$

2）确定组合一致性检验

组合一致性检验可以逐层进行，设方案层的一致性指标为 $\mathrm{CI}_1^{(3)}$，$\mathrm{CI}_2^{(2)}$，$\cdots$，$\mathrm{CI}_m^{(2)}$，随机一致性指标为 $\mathrm{RI}_1^{(3)}$，$\mathrm{RI}_2^{(2)}$，$\cdots$，$\mathrm{RI}_m^{(2)}$，则方案层的组合一致性指标为

$$\mathrm{CI}^{(3)} = [\,\mathrm{CI}_1^{(3)}\,,\ \mathrm{CI}_2^{(2)}\,,\ \cdots\,,\ \mathrm{CI}_m^{(2)}\,]\boldsymbol{w}^{(2)},$$

方案层的组合随机一致性指标为

$$\mathrm{RI}^{(3)} = [\,\mathrm{RI}_1^{(3)}\,,\ \mathrm{RI}_2^{(2)}\,,\ \cdots\,,\ \mathrm{RI}_m^{(2)}\,]\boldsymbol{w}^{(2)},$$

组合一致性比率为

$$\mathrm{CR}^{(3)} = \mathrm{CR}^{(2)} + \frac{\mathrm{CI}^{(3)}}{\mathrm{RI}^{(3)}}.$$

当 $\mathrm{CR} < 0.1$ 时，则认为整个层次通过一致性检验，则方案层对目标层的组合权向量可以作为决策的依据.

例如，对于例 4 - 1 "最优投资地的选择" 问题，其组合权向量为

$$\boldsymbol{W} = (\boldsymbol{w}_1, \boldsymbol{w}_2, \boldsymbol{w}_3, \boldsymbol{w}_4) * \boldsymbol{w}_0 = \begin{bmatrix} 0.104\,7 & 0.122\,0 & 0.6 & 0.090\,9 \\ 0.258\,3 & 0.229\,7 & 0.2 & 0.454\,5 \\ 0.637\,0 & 0.648\,3 & 0.2 & 0.454\,5 \end{bmatrix} * \begin{bmatrix} 0.401\,8 \\ 0.082\,6 \\ 0.214\,2 \\ 0.301\,4 \end{bmatrix},$$

则有 $\boldsymbol{W} = [\,0.208\,1,\ 0.302\,6,\ 0.489\,3\,]$.

方案层所有方案的组合一致性比率 $\mathrm{CR}^{(3)} = \dfrac{\sum\limits_{j=1}^{4} w_j \mathrm{CI}_j^{(3)}}{\mathrm{RI}} = 0.013\,6 < 0.1$，方案层 P 对目标层 O 的组合一致性比率为

$$CR = CR0 + CR^{(3)} = 0.067\ 9 + 0.013\ 6 = 0.081\ 5 < 0.1.$$

因此总的一致性检验通过，得到的权向量可以作为最终决策的依据. 从计算结果来看，选择地的优先排列顺序为 C > B > A. C 区的总权重最大为 0.489 3，因此，最优选择地应为 C 区，其次是 B 区、A 区. 在计算过程中，所有的判断矩阵都满足一致性检验，保证了结果的可靠性和正确性.

本章精选了历年校赛题中的部分题目，这些问题看起来简单，却又不好下手，有一种"山重水复疑无路"的感觉，然而采用合适的数学方法或数学工具后，突然有一种"柳暗花明又一村"的感觉．通过对这些题目得讲解，读者可了解全国大学生数学建模竞赛论文写作的基本框架．

## 5.1 菜篮子工程问题

某市是一个人口不到 15 万人的小城市．根据该市的蔬菜种植情况，分别在花市 A、城乡路口 B 和下塘街 C 设 3 个蔬菜收购点．清晨 5 点前菜农将蔬菜送至各收购点，再由各收购点分送到全市的 8 个菜市场．该市道路情况、各路段距离（单位：100 m）及各收购点、菜市场 1~8 的具体位置如图 5-1 所示.

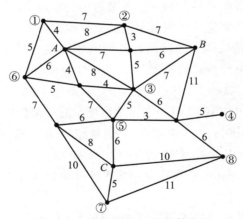

图 5-1 菜市场 1~8 的具体位置

按常年情况，A、B、C 3 个收购点每天的收购量分别为 200、170、160（单位：100 kg），各菜市场每天的需求量及发生供应短缺时带来的损失（元/100 kg）见表 5-1.

表 5-1 菜市场每天的需求量及供应短缺时带来的损失

| 菜市场 | 每天的需求量/100 kg | 短缺损失/[元·(100 kg)$^{-1}$] |
| --- | --- | --- |
| 1 | 75 | 10 |
| 2 | 60 | 8 |
| 3 | 80 | 5 |
| 4 | 70 | 10 |
| 5 | 100 | 10 |

| 菜市场 | 每天的需求量/100 kg | 短缺损失/[元·(100 kg)$^{-1}$] |
|---|---|---|
| 6 | 55 | 8 |
| 7 | 90 | 5 |
| 8 | 80 | 8 |

设从收购点至各菜市场的调运费用为 1 元/(100 kg·100 m)．请利用数学模型解决以下问题：

（1）为该市设计一个从各收购点至各菜市场的定点供应方案，使用于蔬菜调运的费用及预期的短缺损失最小；

（2）若规定各菜市场短缺量一律不超过需求量的20%，重新设计定点供应方案；

（3）为满足城市居民的蔬菜供应，该市的领导规划增加蔬菜种植面积，试问增产的蔬菜每天应分别向 A、B、C 3 个收购点各供应多少最经济合理．

## 菜篮子工程最优方案

### 摘 要

本文主要讨论了如何分配从各收购点至各菜市场的定点供应方案，研究了实际范围内的最优方案，以达到用于蔬菜调运的费用及预期的短缺损失最小，得到了切实、可行的方案．

**问题一**：针对"用于蔬菜调运的费用及预期的短缺损失最小"这一问题，以最短路径及最少短缺损失为条件建立线性规划模型．用 LINGO 编程求得：

最少费用为 4 610 元．收购点（花市 A）送往菜市场 1 的蔬菜数量为 75（100 kg），送往菜市场 3 的蔬菜数量为 40（100 kg），送往菜市场 5 的蔬菜数量为 30（100 kg），送往菜市场 6 的蔬菜数量为 55（100 kg）；收购点（城乡路口 B）送往菜市场 2 的蔬菜数量为 60（100 kg），送往菜市场 3 的蔬菜数量为 40（100 kg），送往菜市场 4 的蔬菜数量为 70（100 kg）；收购点（下塘街 C）送往菜市场 5 的蔬菜数量为 70（100 kg），送往菜市场 7 的蔬菜数量为 90（100 kg）．

**问题二**：在模型一的基础上增加各菜市场短缺量一律不超过需求量的 20% 的约束条件求得：

最少费用为 4 806 元．收购点（花市 A）送往菜市场 1 的蔬菜数量为 75（100 kg），送往菜市场 3 的蔬菜数量为 10（100 kg），送往菜市场 5 的蔬菜数量为 60（100 kg），送往菜市场 6 的蔬菜数量为 55（100 kg）；收购点（城乡路口 B）送往菜市场 2 的蔬菜数量为 60（100 kg），送往菜市场 3 的蔬菜数量为 54（100 kg），送往菜市场 4 的蔬菜数量为 56（100 kg）；收购点（下塘街 C）送往菜市场 5 的蔬菜数量为 24（100 kg），送往菜市场 7 的蔬菜数量为 72（100 kg），送往菜市场 8 的蔬菜数量为 64（100 kg）．

**问题三**：针对"为满足城市居民的蔬菜供应"的实际情况，得出只能增大收购量来满足菜市场的需求量．由此只需要菜农给收购点的蔬菜总数满足菜市场的需求量即不会产生蔬菜的短缺损失，求得：

最少费用为 4 770 元．收购点（花市 A）送往菜市场 1 的蔬菜数量为 75（100 kg），送往菜市场2的蔬菜数量为40（100 kg），送往菜市场5的蔬菜数量为30（100 kg），送往菜市场6的蔬菜数量为55（100 kg）；收购点（城乡路口B）送往菜市场2的蔬菜数量为20（100 kg），送往菜市场3的蔬菜数量为80（100 kg），送往菜市场4的蔬菜数量为70（100 kg）；收购点（下塘街C）送往菜市场5的蔬菜数量为70（100 kg），送往菜市场7的蔬菜数量为90（100 kg），送往菜市场8的蔬菜数量为80（100 kg）. 因此，收购点（花市A）的收购量应为200（100 kg），收购点（城乡路口B）的收购量应为170（100 kg），收购点（下塘街C）的收购量应为240（100 kg）.

关键词：线性规划 LINGO 最短距离 短缺损失

## 一、问题重述

某市是一个人口不到15万人的小城市. 根据该市的蔬菜种植情况，分别在花市A、城乡路口B和下塘街C设3个蔬菜收购点. 清晨5点前菜农将蔬菜送至各收购点，再由各收购点分送到全市的8个菜市场. 该市道路情况、各路段距离（单位：100 m）及各收购点、菜市场1~8的具体位置如图5-1所示.

按常年情况，A、B、C 3个收购点每天的收购量分别为200、170、160（单位：100 kg），各菜市场每天的需求量及发生供应短缺时带来的损失（元/100 kg）见表5-1.

设从收购点至各菜市场的调运费用为1元/（100 kg·100 m）. 请利用数学模型解决以下问题：

（1）为该市设计一个从各收购点至各菜市场的定点供应方案，使用于蔬菜调运的费用及预期的短缺损失最小；

（2）若规定各菜市场短缺量一律不超过需求量的20%，重新设计定点供应方案；

（3）为满足城市居民的蔬菜供应，该市的领导规划增加蔬菜种植面积，试问增产的蔬菜每天应分别向A、B、C 3个收购点各供应多少最经济合理.

## 二、模型假设

（1）假设在运输途中不产生其他费用；

（2）假设蔬菜收购点至各菜市场均已采用最近路线；

（3）假设蔬菜收购点可以同时将蔬菜发往各菜市场（例：收购点A可以同时将蔬菜发往菜市场1~8，并不是收购点A将蔬菜先后发往菜市场1~8）.

## 三、符号说明

符号说明见表5-2.

表 5-2 符号说明

| $x_{ij}$ | 第 $i$ 个收购点到第 $j$ 个菜市场的距离（最近的距离） |
|---|---|
| $y_{ij}$ | 第 $i$ 个收购点到第 $j$ 菜市场的单位运量 |
| $m_{ij}$ | 第 $i$ 个收购点向第 $j$ 个菜市场供应的蔬菜量 |
| $a_i$ | 第 $i$ 个收购点每天收购蔬菜量 |
| $b_j$ | 第 $j$ 个菜市场每天供应短缺时带来的损失 |
| $c_j$ | 第 $j$ 个菜市场每天的需求量 |
| $Z$ | 蔬菜调运费用及短缺损失值 |

### 四、问题分析

本题要求解决蔬菜供应问题以使蔬菜调运费用及预期的短缺损失最小. 对于该市如何制定从各收购点至各菜市场的定点供应方案, 其中距离和短缺损失是决定因素, 而最关键的是最短距离. 对已知数据进行整理, 见表 5 – 3.

表 5 – 3    已知数据

| 最短距离/100 m    菜市场<br><br>收购点 | 1 | 2 | 3 | 4 | 5 | 6 | 7 | 8 | 收购量/100 kg |
|---|---|---|---|---|---|---|---|---|---|
| A | 4 | 8 | 8 | 19 | 11 | 6 | 22 | 26 | 200 |
| B | 14 | 7 | 7 | 16 | 12 | 16 | 23 | 17 | 170 |
| C | 20 | 19 | 11 | 14 | 6 | 15 | 5 | 10 | 160 |
| 每天的需求量/100 kg | 75 | 60 | 80 | 70 | 100 | 55 | 90 | 80 | — |
| 短缺损失/[元·(100 kg)$^{-1}$] | 10 | 8 | 5 | 10 | 10 | 8 | 5 | 8 | — |

对于本题, 决策变量是蔬菜调运费用及预期的短缺损失, 目标函数是总损失最小.

### 五、模型建立与求解

**问题一**: 收购点到菜市场的蔬菜调运问题: 如何安排才能使蔬菜调运费用及预期的短缺损失少. 求蔬菜调运的费用及预期的短缺损失最小值 $Z$:

$$\min Z = \sum_{i=1}^{3} \sum_{j=i}^{8} m_{ij} x_{ij} y_{ij} + \sum_{j=1}^{8} b_j \left( c_j - \sum_{i=1}^{3} m_{ij} \right) (i = 1, 2, 3; j = 1, 2, 3, 4, 5, 6, 7, 8).$$

收购点送往菜市场的蔬菜数量应等于收购点的收购量:

$$\sum_{j=1}^{8} m_{ij} = a_i (i = 1, 2, 3).$$

收购点送往菜市场的蔬菜数量不应超过其需求量:

$$\sum_{i=1}^{3} m_{ij} \leqslant c_j (j = 1, 2, 3, 4, 5, 6, 7, 8).$$

收购点送往各菜市场的蔬菜数量应为正数:

$$m_{ij} \geqslant 0 (i = 1, 2, 3; j = 1, 2, 3, 4, 5, 6, 7, 8).$$

综上所述,

$$\min Z = \sum_{i=1}^{3} \sum_{j=i}^{8} m_{ij} x_{ij} y_{ij} + \sum_{j=1}^{8} b_j \left( c_j - \sum_{i=1}^{3} m_{ij} \right) (i = 1, 2, 3; j = 1, 2, 3, 4, 5, 6, 7, 8).$$

$$\text{s. t.} \begin{cases} \sum_{i=1}^{3} m_{ij} = a_i (i = 1, 2, 3), \\ \sum_{i=1}^{3} m_{ij} \leqslant c_j (j = 1, 2, 3, 4, 5, 6, 7, 8), \\ m_{ij} \geqslant 0 (i = 1, 2, 3. j = 1, 2, 3, 4, 5, 6, 7, 8). \end{cases}$$

利用 LINGO 程序进行求解 (见程序 5 – 1), 得到如下结果:

$$Z = 4\,610, \quad m_{11} = 75, \quad m_{13} = 40, \quad m_{15} = 30, \quad m_{16} = 55,$$
$$m_{22} = 60, \quad m_{23} = 40, \quad m_{24} = 70, \quad m_{35} = 70, \quad m_{37} = 90.$$

蔬菜调运费用及预期的短缺损失最小值为 4 610 元. 收购点（花市 A）送往菜市场 1 的蔬菜数量为 75（100 kg），送往菜市场 3 的蔬菜数量为 40（100 kg），送往菜市场 5 的蔬菜数量为 30（100 kg），送往菜市场 6 的蔬菜数量为 55（100 kg）；收购点（城乡路口 B）送往菜市场 2 的蔬菜数量为 60（100 kg），送往菜市场 3 的蔬菜数量为 40（100 kg），送往菜市场 4 的蔬菜数量为 70（100 kg）；收购点（下塘街 C）送往菜市场 5 的蔬菜数量为 70（100 kg），送往菜市场 7 的蔬菜数量为 90（100 kg）.

**问题二**：问题二和问题一紧密关联，而有所改变的是限制了各菜市场短缺量一律不超过需求量的 20%，所以只需要在问题一的约束条件上加上此限制，即可算出蔬菜调运费用及预期的短缺损失最小值 $Z$：

$$\min Z = \sum_{i=1}^{3} \sum_{j=i}^{8} m_{ij} x_{ij} y_{ij} + \sum_{j=1}^{8} b_j \left( c_j - \sum_{i=1}^{3} m_{ij} \right) (i=1,2,3; j=1,2,3,4,5,6,7,8).$$

收购点送往菜市场的蔬菜数量应等于收购点的收购量：

$$\sum_{i=1}^{3} m_{ij} = a_i (i=1,2,3).$$

收购点送往菜市场的蔬菜数量不应超过其需求量：

$$\sum_{i=1}^{3} m_{ij} \leqslant c_j (j=1,2,3,4,5,6,7,8).$$

收购点送往各菜市场的蔬菜数量应为正数：

$$m_{ij} \geqslant 0 (i=1,2,3; j=1,2,3,4,5,6,7,8).$$

各菜市场短缺量一律不超过需求量的 20%：

$$\sum_{j=1}^{8} m_{ij} \geqslant 0.8 c_j (j=1,2,3,4,5,6,7,8).$$

综上所述，

$$\min Z = \sum_{i=1}^{3} \sum_{j=i}^{8} m_{ij} x_{ij} y_{ij} + \sum_{j=1}^{8} b_j \left( c_j - \sum_{i=1}^{3} m_{ij} \right) (i=1,2,3; j=1,2,3,4,5,6,7,8).$$

$$\text{s. t.} \begin{cases} \sum_{i=1}^{3} m_{ij} = a_i (i=1,2,3), \\ \sum_{i=1}^{3} m_{ij} \leqslant c_j (j=1,2,3,4,5,6,7,8), \\ m_{ij} \geqslant 0 (i=1,2,3. j=1,2,3,4,5,6,7,8), \\ \sum_{j=1}^{8} m_{ij} \geqslant 0.8 c_j (j=1,2,3,4,5,6,7,8). \end{cases}$$

利用 LINGO 程序求解（见程序 5-2），得到如下结果：

$$Z=4\,806, \quad m_{11}=75, \quad m_{13}=10, \quad m_{15}=60, \quad m_{16}=55,$$
$$m_{22}=60, \quad m_{23}=54, \quad m_{24}=56, \quad m_{35}=24, \quad m_{37}=72,$$
$$m_{38}=64.$$

蔬菜调运费用及预期的短缺损失最小值为 4 806 元. 收购点（花市 A）送往菜市场 1 的蔬菜数量为 75（100 kg），送往菜市场 3 的蔬菜数量为 10（100 kg），送往菜市场 5 的蔬菜数量为 60（100 kg），送往菜市场 6 的蔬菜数量为 55（100 kg）；收购点（城乡路口 B）送往菜市场 2 的蔬菜数量为 60 （100 kg），送往菜市场 3 的蔬菜数量为 54 （100 kg），送往菜市场 4 的蔬菜数量为 56 （100 kg）；收购点（下塘街 C）送往菜市场 5 的蔬菜数量为 24 （100 kg），送往菜市场 7 的蔬菜数量为 72 （100 kg），送往菜市场 8 的蔬菜数量为 64 （100 kg）.

**问题三**：已知菜农供给收购点的蔬菜数量是 530 （100 kg），而菜市场需求蔬菜量为 610 （100 kg），为了满足城市居民的蔬菜供应，只能增大收购量来满足菜市场的需求量. 由此只需要菜农供给收购点的蔬菜总数满足菜市场的需求量，即不会产生蔬菜的短缺损失，所以只需考虑最小运费：

$$\min Z = \sum_{i=1}^{3} \sum_{j=1}^{8} m_{ij} x_{ij} y_{ij} (i=1,2,3.j=1,2,3,4,5,6,7,8).$$

收购点送往菜市场的蔬菜数量不少于原收购点的收购量：

$$\sum_{i=1}^{3} m_{ij} \geq a_i (i=1,2,3).$$

收购点送往菜市场的蔬菜数量应满足菜市场的需求量：

$$\sum_{i=1}^{3} m_{ij} = c_j (j=1,2,3,4,5,6,7,8).$$

收购点送往各菜市场的蔬菜数量应为正数：

$$m_{ij} \geq 0 (i=1,2,3; j=1,2,3,4,5,6,7,8).$$

综上所述，

$$\min Z = \sum_{i=1}^{3} \sum_{j=i}^{8} m_{ij} x_{ij} y_{ij} (i=1,2,3; j=1,2,3,4,5,6,7,8).$$

$$\text{s. t.} \begin{cases} \sum_{i=1}^{3} m_{ij} \geq a_i (i=1,2,3), \\ \sum_{i=1}^{3} m_{ij} = c_j (j=1,2,3,4,5,6,7,8), \\ m_{ij} \geq 0 (i=1,2,3; j=1,2,3,4,5,6,7,8). \end{cases}$$

利用 LINGO 程序求解（见程序 5-3），得到如下结果：

$$Z=4\,770, m_{11}=75, m_{12}=40, m_{15}=30, m_{16}=55,$$
$$m_{22}=20, m_{23}=80, m_{24}=70, m_{35}=70, m_{37}=90,$$
$$m_{38}=80, A=200, B=170, C=240.$$

蔬菜调运费用及预期的短缺损失最小值为 4 770 元. 收购点（花市 A）送往菜市场 1 的蔬菜数量为 75 （100 kg），送往菜市场 2 的蔬菜数量为 40 （100 kg），送往菜市场 5 的蔬菜数量为 30 （100 kg），送往菜市场 6 的蔬菜数量为 55 （100 kg）；收购点（城乡路口 B）送往菜市场 2 的蔬菜数量为 20 （100 kg），送往菜市场 3 的蔬菜数量为 80 （100 kg），送往菜市场 4 的蔬菜数量为 70 （100 kg）；收购点（下塘街 C）送往菜市场 5 的蔬菜数量为 70 （100 kg），送往菜市场 7 的蔬菜数量为 90 （100 kg），送往菜市场 8 的蔬菜数量为 80 （100 kg）. 因此收购点（花市 A）的收购量应为 200 （100 kg），收购点（城乡路口 B）的收购量应为 170 （100 kg），收购点（下塘街 C）的收购量应为 240 （100 kg）.

### 六、模型的评价以推广

本文较好地解决了蔬菜供应问题，得到了具体合理的方案. 该模型考虑了多方面的因素，经过多重分析得到的结果具有科学性和合理性.

### 6.1 优点

（1）运用优化模型知识建模，应用 LINGO 软件求解模型，得出合理的选择方案，使蔬菜调运费用及预期的短缺损失最小.

（2）重点考虑收购点蔬菜分配的问题，将建立的数学模型应用 LINGO 软件求出最优方案.

（3）在确定方案中能够紧密联系所求问题与实际情况，并在 LINGO 软件求解过程中对一些细节的处理作了许多改进，使结果最优.

### 6.2 缺点

本方案只适用于理想状况，而实际生活中可能会出现一些突发情况，所选方案就会有所欠缺，所获得最优解将会发生变化.

### 6.3 模型的推广

本模型稍作修改可以应用于零件加工、人力资源、学生考试课程分配等任务分配类问题.

### 七、参考文献

[1] 肖华勇. 实用数学建模与软件应用［M］. 西安：西北工业大学出版社，2008.

## 附 录

程序 5 - 1：

```
model:
sets:
shougoudian/1..3/:a;
caishichang/1..8/:b,c;
link(shougoudian,caishichang):m,x,y;
endsets
data:
a =200,170,160;
b =10,8,5,10,10,8,5,8;
c =75,60,80,70,100,55,90,80;
x =4,8,8,19,11,6,22,26,
    14,7,7,16,12,16,23,17,
    20,19,11,14,6,15,5,10;
y =1,1,1,1,1,1,1,1,
    1,1,1,1,1,1,1,1,
    1,1,1,1,1,1,1,1;
enddata
min =@sum(link(i,j):m*x*y) +@sum(caishichang(j):b(j)*(c(j) -
@sum(shougoudian(i):m(i,j))));
```

```
@for(shougoudian(i):@sum(caishichang(j):m(i,j)) = a(i));
@for(caishichang(j):@sum(shougoudian(i):m(i,j)) <= c(j));
end
```

程序 5 - 2:

```
model:
sets:
shougoudian/1..3/:a;
caishichang/1..8/:b,c;
link(shougoudian,caishichang):m,x,y;
endsets
data:
a = 200,170,160;
b = 10,8,5,10,10,8,5,8;
c = 75,60,80,70,100,55,90,80;
x = 4,8,8,19,11,6,22,26,
    14,7,7,16,12,16,23,17,
    20,19,11,14,6,15,5,10;
y = 1,1,1,1,1,1,1,1,
    1,1,1,1,1,1,1,1,
    1,1,1,1,1,1,1,1;
enddata
min = @sum(link(i,j):m * x * y) + @sum(caishichang(j):b(j) * (c(j) -
@sum(shougoudian(i):m(i,j))));
    @for(shougoudian(i):@sum(caishichang(j):m(i,j)) = a(i));
    @for(caishichang(j):@sum(shougoudian(i):m(i,j)) <= c(j));
    @for(caishichang(j):@sum(shougoudian(i):m(i,j)) >= 0.8 * c(j));
    end
```

程序 5 - 3:

```
model:
sets:
shougoudian/1..3/:a;
caishichang/1..8/:b,c;
link(shougoudian,caishichang):m,x,y;
endsets
```

```
data:
a=200,170,160;
b=10,8,5,10,10,8,5,8;
c=75,60,80,70,100,55,90,80;
x=4,8,8,19,11,6,22,26,
   14,7,7,16,12,16,23,17,
   20,19,11,14,6,15,5,10;
y=1,1,1,1,1,1,1,1,
   1,1,1,1,1,1,1,1,
   1,1,1,1,1,1,1,1;
enddata
min=@sum(link(i,j):m*x*y);
@for(shougoudian(i):@sum(caishichang(j):m(i,j))>=a(i));
@for(caishichang(j):@sum(shougoudian(i):m(i,j))=c(j));
end
```

# 5.2 选择手机问题

手机现在已经成为每个人不可或缺的生活必需品，但是现在的手机品牌众多、型号各异，想要选择一款适合自己的手机不是一件容易的事. 一般手机的选择主要从以下几个方面考虑：手机价格，外观，前、后摄像头的像素，待机时机，显示屏大小等. 请尝试解决以下问题：

**问题一**：具体选择 3 款手机（具体到品牌和型号），查阅相关资料，整理出需要的信息.

**问题二**：建立数学模型，为自己选择一款手机.

## 合理选择手机

### 摘 要

本文研究了选择手机问题，目的是选择一部花费最少，同时性价比最高的手机. 文中提出了一个解决本问题的新颖的模型. 通过分析可知，想要选择一部适合自己的手机，影响因素众多，主要有手机价格，外观，前、后摄像头的像素，待机时间，显示屏大小. 针对题目所给数据进行一系列分析处理，初步建立了直观的层次分析图和各层成对比较矩阵，然后利用 MATLAB 软件确定各个因素的权重，对各个因素进行量化，最后确定组合权向量和组合一致性检验，得到最优手机的结果.

针对问题一：根据个人喜好选取 3 款手机（三星 GALAXY S6、iPhone 6、华为 P8），通过查阅资料，对 3 款手机的购买因素进行整理，初步选择 6 个因素（手机价格、外观、前摄像头的像素、后摄像头的像素、待机时间、显示屏大小）并对其关系进行分析，建立系统的递阶层次结构，分别为目标层、准则层（6 个因素）、方案层（3 款手机）.

针对问题二：首先，借助 1～9 级比例标度建立各层成对比较矩阵；其次，利用 MAT-LAB 求解，确定判别矩阵的一致性检验；最后，计算方案层对目标层的组合权向量，经过一致性检验，得出 3 个方案相对目标层的组合权向量值分别为 $y1 = 0.1977$，$y2 = 0.2276$，$y3 = 0.5746$. 比较 3 个权值的大小，知 $y3 > y2 > y1$，并经过一致性检验得出选择 P3（华为 P8）最为合理.

通过计算结果得知，影响人们选择手机的最重要的因素为手机价格和外观. 人们的购买情况说明假设是合理的.

**关键词：**层次分析法　组合权向量　一致性检验　选择手机

**一、问题重述**

手机现在已经成为每个人不可或缺的生活必需品，但是现在的手机品牌众多、型号各异，想要选择一款适合自己的手机不是一件容易的事. 一般手机的选择主要从以下几个方面考虑：手机价格，外观，前、后摄像头的像素，待机时机，显示屏大小等. 请尝试解决以下问题：

**问题一：**具体选择 3 款手机（具体到品牌和型号），查阅相关资料，整理出需要的信息.

**问题二：**建立数学模型，为自己选择一款手机.

**二、模型假设**

（1）假设买方有绝对的购买能力.

（2）假设买方除题目所给条件外，不注重其他因素.

（3）假设买方对所购买的手机（三星 GALAXY S6、iPhone 6、华为 P8）的选择没有主观因素，例如对某一款手机的喜好或偏好.

**三、符号说明**

符号说明见表 5 – 4.

表 5 – 4　符号说明

| 符号 | 代表意义 | 符号 | 代表意义 |
| --- | --- | --- | --- |
| $O$ | 合理如何选择手机 | $C5$ | 待机时间 |
| $C1$ | 手机价格 | $C6$ | 显示屏大小 |
| $C2$ | 外观 | $P1$ | 三星 GALAXY S6 |
| $C3$ | 前摄像头的像素 | $P2$ | iPhone 6 |
| $C4$ | 后摄像头的像素 | $P3$ | 华为 P8 |

**四、问题分析**

手机作为现代人最亲密的伴侣，在人们的生活与工作中起着不可小觑的作用. 不同的人购买手机有不同的选择，不同的选择有不同的结果. 根据初步分析，考虑以下购买因素：手机价格、外观、前摄像头的像素、后摄像头的像素、待机时间、显示屏大小. 对三星 GAL-AXY S6、iPhone 6、华为 P8 3 款手机（手机品牌可根据个人喜好选择）的相关参数进行分析，选出符合自己的手机.

### 五、模型的建立与求解

对这 3 款手机的手机价格、外观、前摄像头的像素、后摄像头的像素、待机时间、显示屏大小等因素进行分析，通过层次分析法确定 5 个因素的权重，对 $P1$、$P2$、$P3$（$P1$：GAL-AXY S6；$P2$：iPhone 6；$P3$：华为 P8）3 个手机的相关因素进行分析.

（1）建立层次结构模型.

对于上述各款手机的不同因素的分析，进行因素分层，从而建立层次分析法的层次结构模型如下：

目标层：合理选择手机（$O$）；

准则层：手机价格（$C1$）、外观（$C2$）、前摄像头的像素（$C3$）、后摄像头的像素（$C4$）、待机时间（$C5$）、显示屏大小（$C6$）；

方案层：三星 GALAXY S6（$P1$）、iPhone 6（$P2$）、华为 P8（$P3$）.

选择手机的层次结构图如图 5-2 所示.

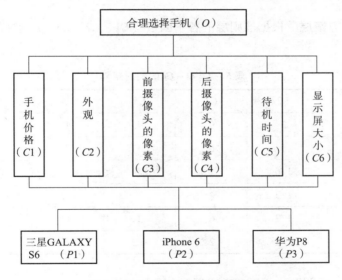

图 5-2　选择手机的层次结构图

3 款手机的参数见表 5-5.

表 5-5　3 款手机的参数

| | 手机价格 | 外观 | 前摄像头的像素 | 后摄像头的像素 | 待机时间 | 显示屏大小 |
|---|---|---|---|---|---|---|
| 三星 GALAXY S6 | 5 088 元 | 较好 | 500 万 | 1 600 万 | 约 251 小时 | 5.1 英寸① |
| iPhone 6 | 5 288 元 | 好 | 120 万 | 800 万 | 250 小时 | 4.7 英寸 |
| 华为 P8 | 3 800 元 | 一般 | 800 万 | 1 300 万 | 490 小时 | 5.2 英寸 |

---

① 1 英寸 = 0.025 4 米.

（2）建立判别矩阵.

首先利用 $1\sim9$ 比例标度建立各层次的判断矩阵（表 5-6），并利用 MATLAB（程序 5-4）计算判断矩阵的最大特征值及其对应的特征向量.

表 5-6  $1\sim9$ 比例标度

| 1 | 两个元素比较，具有同等的重要性 |
|---|---|
| 3 | 两个元素比较，一个比另一个稍显重要 |
| 5 | 两个元素比较，一个比另一个明显重要 |
| 7 | 两个元素比较，一个比另一个强烈重要 |
| 9 | 两个元素比较，一个比另一个绝对重要 |
| 2, 4, 6, 8 | 上述两相邻判断的中值 |
| 1, 1/2, …, 1/9 | 相应两个元素交换次序比较的重要性 |

对于目标层~方案层，根据准则层的各个因素（$C1$、$C2$、$C3$、$C4$、$C5$）可得到表 5-7 所示矩阵.

表 5-7  $O-Ci$ 的判断矩阵

| $O$ | $C1$ | $C2$ | $C3$ | $C4$ | $C5$ | $C6$ | $W0$ |
|---|---|---|---|---|---|---|---|
| $C1$ | 1 | 3 | 9 | 7 | 4 | 8 | 0.470 8 |
| $C2$ | 1/3 | 1 | 6 | 3 | 2 | 5 | 0.213 8 |
| $C3$ | 1/9 | 1/6 | 1 | 1/4 | 1/6 | 1/2 | 0.030 0 |
| $C4$ | 1/7 | 1/3 | 4 | 1 | 1/3 | 2 | 0.076 9 |
| $C5$ | 1/4 | 1/2 | 6 | 3 | 1 | 5 | 0.164 0 |
| $C6$ | 1/8 | 1/5 | 2 | 1/2 | 1/5 | 1 | 0.044 5 |

计算得出 $\lambda_{\max}=6.229\,5$，$\mathrm{CI}_0^{(5)}=0.045\,9$.

一致性比率 $\mathrm{CR}_0^{(5)}=0.037\,0<0.1$，因此通过一致性检验.

$C1-Pi$ 的判断矩阵见表 5-8.

表 5-8  $C1-Pi$ 的判断矩阵

| $C1$ | $P1$ | $P2$ | $P3$ | $W1$ |
|---|---|---|---|---|
| $P1$ | 1 | 2 | 1/6 | 0.142 8 |
| $P2$ | 1/2 | 1 | 1/9 | 0.078 6 |
| $P3$ | 6 | 9 | 1 | 0.778 6 |

计算得出 $\lambda_{\max}=3.009\,2$，$\mathrm{CI}_1^{(3)}=0.004\,6$.

一致性比率 $\mathrm{CR}_1^{(3)}=0.009\,2<0.1$，因此通过一致性检验.

$C2-Pi$ 的判断矩阵见表 5-9.

**表 5 – 9    C2 – Pi 的判断矩阵**

| C2 | P1 | P2 | P3 | W2 |
|----|----|----|----|----|
| P1 | 1 | 1/6 | 2 | 0.146 8 |
| P2 | 6 | 1 | 8 | 0.769 2 |
| P3 | 1/2 | 1/8 | 1 | 0.084 0 |

计算得出 $\lambda_{max} = 3.018\ 3$，$CI_2^{(3)} = 0.009\ 1$.

一致性比率 $CR_2^{(3)} = 0.018\ 3 < 0.1$，因此通过一致性检验.

$C3 - Pi$ 的判断矩阵见表 5 – 10.

**表 5 – 10    C3 – Pi 的判断矩阵**

| C3 | P1 | P2 | P3 | W3 |
|----|----|----|----|----|
| P1 | 1 | 4 | 1/3 | 0.262 8 |
| P2 | 1/4 | 1 | 1/7 | 0.078 6 |
| P3 | 3 | 7 | 1 | 0.658 6 |

计算得出 $\lambda_{max} = 3.032\ 4$，$CI_3^{(3)} = 0.016\ 2$.

一致性比率 $CR_3^{(3)} = 0.032\ 4 < 0.1$，因此通过一致性检验.

$C4 - Pi$ 的判断矩阵见表 5 – 11.

**表 5 – 11    C4 – Pi 的判断矩阵**

| C4 | P1 | P2 | P3 | W4 |
|----|----|----|----|----|
| P1 | 1 | 8 | 3 | 0.670 8 |
| P2 | 1/8 | 1 | 1/4 | 0.073 2 |
| P3 | 1/3 | 4 | 1 | 0.256 0 |

计算得出 $\lambda_{max} = 3.018\ 3$，$CI_4^{(3)} = 0.009\ 1$.

一致性比率 $CR_4^{(3)} = 0.0183 < 0.1$，因此通过一致性检验.

$C5 - Pi$ 的判断矩阵见表 5 – 12.

**表 5 – 12    C5 – Pi 的判断矩阵**

| C5 | P1 | P2 | P3 | W5 |
|----|----|----|----|----|
| P1 | 1 | 2 | 1/6 | 0.151 2 |
| P2 | 1/2 | 1 | 1/7 | 0.090 5 |
| P3 | 6 | 7 | 1 | 0.758 2 |

计算得出 $\lambda_{max} = 3.032\ 4$，$CI_5^{(3)} = 0.016\ 2$.

一致性比率 $CR_5^{(3)} = 0.032\ 4 < 0.1$，因此通过一致性检验.

$C6 - Pi$ 的判断矩阵见表 5 – 13.

表 5 - 13　C6 - Pi 的判断矩阵

| C6 | P1 | P2 | P3 | W6 |
|---|---|---|---|---|
| P1 | 1 | 5 | 1/2 | 0.333 2 |
| P2 | 1/5 | 1 | 1/7 | 0.075 1 |
| P3 | 2 | 7 | 1 | 0.591 7 |

计算得出 $\lambda_{max} = 3.014\ 2$，$CI_6^{(3)} = 0.007\ 1$.

一致性比率 $CR_2^{(3)} = 0.014\ 2 < 0.1$，因此通过一致性检验.

权向量和一致性检验指标见表 5 - 14.

表 5 - 14　权向量和一致性检验指标

| | W1 | W2 | W3 | W4 | W5 | W6 | W0 |
|---|---|---|---|---|---|---|---|
| $W_k$ | 0.142 8<br>0.078 6<br>0.778 6 | 0.146 8<br>0.769 2<br>0.084 0 | 0.262 8<br>0.078 6<br>0.658 6 | 0.670 8<br>0.073 2<br>0.256 0 | 0.151 2<br>0.090 5<br>0.758 2 | 0.333 2<br>0.075 1<br>0.591 7 | 0.470 8<br>0.213 8<br>0.030 0<br>0.076 9<br>0.164 0<br>0.044 5 |
| $\lambda_k$ | 3.009 2 | 3.018 3 | 3.032 4 | 3.018 3 | 3.032 4 | 3.014 2 | 6.229 5 |
| $CI_k$ | 0.004 6 | 0.009 1 | 0.016 2 | 0.009 1 | 0.016 2 | 0.007 1 | 0.045 9 |
| $CR_k$ | 0.009 2 | 0.018 3 | 0.032 4 | 0.018 3 | 0.032 4 | 0.014 2 | 0.037 0 |

（3）求组合一致性比率和组合权向量.

方案层所有方案的一致性比率 $CR^{(3)} = \dfrac{\sum\limits_{j=1}^{4} w_j CI_j^{(3)}}{RI} = 0.016\ 5 < 0.1$.

方案层对目标层的组合一致性比率为

$$CR = CR_0 + CR^{(3)} = 0.037\ 0 + 0.016\ 5 = 0.053\ 5 < 0.1.$$

因此总的一致性检验通过，得到的权向量可以作为最终决策的依据.

计算组合权向量如下：

$$W = (W1, W2, W3, W4, W5, W6) * W0$$

$$= \begin{bmatrix} 0.142\ 8 & 0.146\ 8 & 0.262\ 8 & 0.670\ 8 & 0.151\ 2 & 0.333\ 2 \\ 0.078\ 6 & 0.769\ 2 & 0.078\ 6 & 0.073\ 2 & 0.090\ 5 & 0.075\ 1 \\ 0.778\ 6 & 0.084\ 0 & 0.658\ 6 & 0.256\ 0 & 0.758\ 2 & 0.591\ 7 \end{bmatrix} * \begin{bmatrix} 0.470\ 8 \\ 0.213\ 8 \\ 0.030\ 0 \\ 0.076\ 9 \\ 0.164\ 0 \\ 0.044\ 5 \end{bmatrix},$$

$$W = \begin{bmatrix} 0.197\ 7 & 0.227\ 6 & 0.574\ 6 \end{bmatrix}^{T}.$$

计算方案层对目标层的组合权向量和组合一致性检验，从而得出 3 个方案相对目标层的

权向量值分别为 $y1 = 0.1977$，$y2 = 0.2276$，$y3 = 0.5746$．比较 3 个权向量值的大小，知 $y3 > y2 > y1$，所以选择手机的优先排列顺序为 $P3 > P2 > P1$，$P3$ 的权向量最大为 $0.5746$，因此，最优的手机为 $P3$（华为 P8），其次是 $P2$（iPhone 6）、$P1$（三星 GALAXY S6）．

### 六、模型的评价及推广

本文建立了一个合理选择手机的模型．首先利用层次分析法确定各个因素影响的权重，然后将各个因素进行量化，建立了一个合理选择手机的最优模型，很好地解决了手机选择的问题．

#### 1. 优点

本模型中参考当下市场上的热门机型进行科学分析，且运用层次分析法确定影响因素的权重，能够很好地把定性分析与定量分析结合，具有很强的实际应用功能．

#### 2. 缺点

本方案易受主观因素的影响，如个人对某款手机的偏好．

#### 3. 推广价值

（1）在人们面临手机的多种选择时，运用本模型可为作出更加合理的选择．

（2）本模型在进行多因素分析时可选择主要因素而剔除次要因素，使问题简化并提高效率．

（3）本模型稍作修改可运用于旅游地的选择、选修专业的选择、投资理财的选择等．

### 七、参考文献

[1] 肖华勇．实用数学建模与软件应用［M］．西安：西北工业大学出版社，2008．

## 附　录

程序 5 - 4：准则层对目标层的权重与一致性检验．

```
A =[1 3 9 7 4 8;
1/3 1 6 3 2 5;
1/9 1/6 1 1/4 1/6 1/2;
1/7 1/3 4 1 1/3 2;
1/4 1/2 6 3 1 5;
1/8 1/5 2 1/2 1/5 1];
[V,D] = eig(A);          % D 是以 A 的特征值为对角线构成的对角阵
                         % V 是以特征向量为列构成的矩阵

[lam,k] = max(eig(A));   % 找出最大特征值 lam 及其所在位置第 k 列
v = V(:,k);              % 提取矩阵 V 中的第 k 列,即最大特征向量
w = v/sum(v);            % 将最大特征向量 v 归一化,得到权向量 w
n = 6;                   % 矩阵 A 的阶数
CI = (lam - n)/(n - 1);  % 计算矩阵 A 的一致性指标
RI = 1.24;               % 查表 n = 4 时的平均随机一致性指标
CR = CI/RI               % 计算一致性比率,当 CR < 0.1 时,一致性检验通过
CI,lam,w
```

程序 5-5：方案层对准则层 C1（手机价格）的权重和一致性检验.

```
A =[1 2 1/6;
1/2 1 1/9;
6 9 1];
[V,D] = eig(A);              % D 是以 A 的特征值为对角线构成的对角阵
                            % V 是以特征向量为列构成的矩阵
[lam,k] = max(eig(A));      % 找出最大特征值 lam 及其所在位置第 k 列
v = V(:,k);                 % 提取矩阵 V 中的第 k 列,即最大特征向量
w = v/sum(v);               % 将最大特征向量 v 归一化,得到权向量 w
n = 3;                      % 矩阵 A 的阶数
CI = (lam-n)/(n-1);         % 计算矩阵 A 的一致性指标
RI = 0.50;                  % 查表 n =4 时的平均随机一致性指标
CR = CI/RI                  % 计算一致性比率,当 CR <0.1 时,一致性检验通过
CI,lam,w
```

程序 5-6：方案层对准则层 C2（外观）的权重和一致性检验.

```
A =[1 1/6 2;
6 1 8;
1/2 1/8 1];
[V,D] = eig(A);              % D 是以 A 的特征值为对角线构成的对角阵
                            % V 是以特征向量为列构成的矩阵
[lam,k] = max(eig(A));      % 找出最大特征值 lam 及其所在位置第 k 列
v = V(:,k);                 % 提取矩阵 V 中的第 k 列,即最大特征向量
w = v/sum(v);               % 将最大特征向量 v 归一化,得到权向量 w
n = 3;                      % 矩阵 A 的阶数
CI = (lam-n)/(n-1);         % 计算矩阵 A 的一致性指标
RI = 0.50;                  % 查表 n =4 时的平均随机一致性指标
CR = CI/RI                  % 计算一致性比率,当 CR <0.1 时,一致性检验通过
CI,lam,w
```

程序 5-7：方案层对准则层 C3（前摄像头的像素）的权重和一致性检验.

```
A =[ 1 4 1/3;
1/4 1 1/7;
3 7 1];
[V,D] = eig(A);              % D 是以 A 的特征值为对角线构成的对角阵
                            % V 是以特征向量为列构成的矩阵
[lam,k] = max(eig(A));      % 找出最大特征值 lam 及其所在位置第 k 列
```

```
v = V(:,k);                        % 提取矩阵 V 中的第 k 列,即最大特征向量
w = v/sum(v);                      % 将最大特征向量 v 归一化,得到权向量 w
n = 3;                             % 矩阵 A 的阶数
CI = (lam-n)/(n-1);                % 计算矩阵 A 的一致性指标
RI = 0.50;                         % 查表 n = 4 时的平均随机一致性指标
CR = CI/RI                         % 计算一致性比率,当 CR < 0.1 时,一致性检验通过
CI,lam,w
```

程序 5-8：方案层对准则层 *C*4（后摄像头的像素）的权重和一致性检验.

```
A = [1 8 3;
1/8 1 1/4;
1/3 4 1];
[V,D] = eig(A);                    % D 是以 A 的特征值为对角线构成的对角阵
                                   % V 是以特征向量为列构成的矩阵
[lam,k] = max(eig(A));             % 找出最大特征值 lam 及其所在位置第 k 列
v = V(:,k);                        % 提取矩阵 V 中的第 k 列,即最大特征向量
w = v/sum(v);                      % 将最大特征向量 v 归一化,得到权向量 w
n = 3;                             % 矩阵 A 的阶数
CI = (lam-n)/(n-1);                % 计算矩阵 A 的一致性指标
RI = 0.50;                         % 查表 n = 4 时的平均随机一致性指标
CR = CI/RI                         % 计算一致性比率,当 CR < 0.1 时,一致性检验通过
CI,lam,w
```

程序 5-9：方案层对准则层 *C*5（待机时间）的权重和一致性检验.

```
A = [1 2 1/6;
1/2 1 1/7;
6 7 1];
[V,D] = eig(A);                    % D 是以 A 的特征值为对角线构成的对角阵
                                   % V 是以特征向量为列构成的矩阵
[lam,k] = max(eig(A));             % 找出最大特征值 lam 及其所在位置第 k 列
v = V(:,k);                        % 提取矩阵 V 中的第 k 列,即最大特征向量
w = v/sum(v);                      % 将最大特征向量 v 归一化,得到权向量 w
n = 3;                             % 矩阵 A 的阶数
CI = (lam-n)/(n-1);                % 计算矩阵 A 的一致性指标
RI = 0.50;                         % 查表 n = 4 时的平均随机一致性指标
CR = CI/RI                         % 计算一致性比率,当 CR < 0.1 时,一致性检验通过
CI,lam,w
```

程序 5-10：方案层对准则层 C6（显示屏大小）的权重和一致性检验.

```
A = [1 5 1/2;
1/5 1 1/7;
2 7 1];
[V,D] = eig(A);              % D 是以 A 的特征值为对角线构成的对角阵
                             % V 是以特征向量为列构成的矩阵

[lam,k] = max(eig(A));       % 找出最大特征值 lam 及其所在位置第 k 列
v = V(:,k);                  % 提取矩阵 V 中的第 k 列,即最大特征向量
w = v/sum(v);                % 将最大特征向量 v 归一化,得到权向量 w
n = 3;                       % 矩阵 A 的阶数
CI = (lam - n)/(n - 1);      % 计算矩阵 A 的一致性指标
RI = 0.50;                   % 查表 n = 4 时的平均随机一致性指标
CR = CI/RI                   % 计算一致性比率,当 CR < 0.1 时,一致性检验通过
CI,lam,w
```

程序 5-11：计算 $CR^{(3)}$ 的值.

```
w0 = [0.4708 0.2138 0.0300 0.0769 0.1640 0.0445]';
CI = [0.0046 0.0091 0.0162 0.0091 0.0162 0.0071];
RI = [0.50 0.50 0.50 0.50 0.50 0.50];
CI2 = CI * w0;
RI2 = RI * w0;
CR = CI2/RI2
```

程序 5-12：计算组合一致性比率.

```
CR0 = 0.0370
CR(3) = 0.0165
CR = CR0 + CR(3) = 0.0535
```

程序 5-13：计算组合权向量.

```
w0 = [0.4708 0.2138 0.0300 0.0769 0.1640 0.0445]';
w1 = [0.1428 0.0786 0.7786]';
w2 = [0.1468 0.7692 0.0840]';
w3 = [0.2628 0.0786 0.6586]';
w4 = [0.6708 0.0732 0.2560]';
w5 = [0.1512 0.0905 0.7582]';
w6 = [0.3332 0.0751 0.5917]';
W = [w1,w2,w3,w4,w5,w6] * w0
```

## 6.1  化工厂巡检路径规划与建模

**（2017 年西安铁路职业技术学院"高教社杯"全国大学生数学建模竞赛论文）**

### 摘　要

本文主要研究化工厂巡检路径规划与排班问题. 为提高巡检效率, 优化资源分配, 需制定科学合理的巡检路径. 通过对化工厂巡检工作内容和特点的分析, 制定相应的目标体系及约束条件, 建立最短路径的多目标规划模型, 使用 LINGO 和 Excel 求解, 得到巡检人员最少的优化方案.

针对问题一：以每班需巡检人员尽可能少, 工人工作量尽可能平衡为目标条件, 以固时上班、无休息时间、每条路线周期不超过 35 min、每天三班制、每班工作 8 h 左右为约束条件, 建立多目标规划模型, 用图论法求解. 先考虑分区, 以路线周期内包含尽可能多巡检点与最短路径为目标, 将所给巡检点连通图分组, 得到 5 条巡检路线, 最少需 5 名巡检人员, 如路线：

$$22 - 21 - 4 - 2 - 1 - 3 - 6 - 14 - 21$$

（具体巡检路线见正文图 6, 巡检时间表见附表 1、2、3）. 为使每条路线在一段时间内的总行走时间均衡, 引入均衡度, 越小越合理. 该模型均衡度为 0.35（较大）, 为满足要求, 故采用五线三班轮倒制. 考虑到该模型在巡检人员每个周期的回程中浪费大量时间, 所以不分区处理, 利用最短路径和巡检耗时, 得到将巡检点全部巡检的最少用时. 用巡检一周的最少用时与 35 min 的比值, 得到最少巡检人数 4 名, 该优化模型在固时上班条件下, 第二班次巡检人员无法在指定时间到达指定点, 无法形成班次循环, 但可在错时上班条件下应用.

针对问题二：在问题一模型的基础上, 新增每 2 h 左右巡检人员休息 5～10 min、在中午 12 时和下午 6 时需进餐 30 min 的约束条件, 经分析, 巡检人员每 2 h 的休息时间, 可通过减少巡检周期大于 35 min 的巡检点的巡检次数得到, 若路线中无巡检周期大于 35 min 的巡检点或压缩时间太少, 可将路线分段并增加巡检人员. 最终得到共 6 条路线, 最少需要 6 名巡检人员, 如路线：

$$22 - 21 - 4 - 2 - 1 - 2 - 3 - 6 - 14 - 21$$

（具体巡检路线见正文图 8, 巡检时间表见附表 4、5、6）. 为使进餐时能正常工作, 给需进餐的班次增加人员, 轮换进餐, 维持正常巡检. 经分析, 将两次进餐时间段都放入同一班次的上班时间内, 可最大限度地减少人力资源浪费, 且 6 条巡检路线中有一条可在进餐后仍在指定时间到达指定地点. 因此, 得到第一班次共需 11 人, 第二、三班次分别需 6 人. 该模型均衡度较大, 所以采用三班轮倒制.

针对问题三：对于问题一, 在错时上班条件下, 可利用问题一中建立的优化模型直接进行求解, 得到巡检路线 1 条, 共需巡检人员 4 人. 与问题一的结果比较, 减少了人力资源浪费.

对于问题二，在错时上班条件下，调整各班次上、下班时间即可减少人力资源浪费，得到每班次巡检人员 6 人，且路线不变，仍为 6 条巡检路线．与问题二的结果比较，减少了资源浪费．

**关键词：** 多目标规划　巡检路径　最短路径　图论法　均衡度

## 一、问题重述

某化工厂现有 26 个工作点需要进行巡检来保证正常生产，每个工作点的巡检周期、巡检耗时、各点之间的连通关系及行走所需时间在附件中给出．

工人可以固时上班，也可以错时上班，在调度中心（XJ0022）得到巡检任务后以调度中心为起点开始巡检，且每个工作点每次巡检只需一名工人．试建立模型来安排巡检人数和巡检路线，使所有工作点都能按要求完成巡检任务，并且巡检人数尽可能少，同时每名工人在一时间段内（如一周或一月等）的工作量尽可能均衡．

**问题 1：** 在每天三班制，每班工作时间为 8 h 左右，且上、下班时间固定，不考虑工人的休息时间等条件下，建立模型．安排巡检路线，给出工人的巡检路线和巡检时间表．

**问题 2：** 在工人每工作 2 h 左右休息一次、休息时间为 5~10 min、中午 12 时和下午 6时进餐一次及每次进餐时间为 30 min 等条件下，仍采用每天三班制，试建立模型，确定每班需要多少人及巡检路线，并给出巡检人员的巡检路线和巡检时间表．

**问题 3：** 如果错时上班，重新讨论问题 1 和问题 2，并分析错时上班能否使巡检人数更少．

## 二、模型假设

（1）假设巡检过程中不会出现错检、漏检．
（2）假设设备是由工人第一次上班时启动．
（3）假设设备开启时间可以忽略．
（4）假设行走过程中没有特殊情况耽误，能够准时到达．

## 三、符号说明

符号说明见表 1.

**表 1　符号说明**

| | |
|---|---|
| $i$ | 巡检点序号 |
| $j$ | 巡检路线序号 |
| $L_j$ | 第 $j$ 条巡检路线行走总时间 |
| $t_i$ | 第 $i$ 个巡检点巡检耗时 |
| $K$ | 巡检人员数 |
| $T$ | 路线总耗时 |
| $R$ | 时间冗余 |
| $t_h$ | 各路线回程行走耗时 |

## 四、问题分析

化工厂生产中使用的原料、半成品和成品种类繁多，绝大部分是易燃、易爆、有毒、有腐蚀性的危险品，在生产、运输、使用中管理不当，就会发生火灾、爆炸、中毒和烧伤事故，给工作人员的生命财产安全和化工厂生产造成重大影响．因此，建立数学模型来解决巡检人员的巡检路线及排班问题，以保证化工生产安全是极为重要的．

**针对问题一：**以每班需要巡检人员尽可能少与工人工作量尽可能平衡为目标条件；以固时上班、巡检人员无休息时间、每条路线周期小于等于 35 min、每天三班制、每班工作 8 h 左右为约束条件，建立多目标规划模型．可使用图论法对该模型进行求解，然后通过分区巡检与不分区巡检两种模型的对比，得到最优模型．

**针对问题二：**在问题一模型的基础上，新增巡检人员每 2 h 左右休息 5 ~ 10 min、在中午 12 时和下午 6 时需要进餐 30 min 的约束条件，经分析，巡检人员每 2 h 的休息时间可以通过减少巡检周期大于 35 min 的巡检点的巡检次数得到；若路线中没有巡检周期大于 35 min 的巡检点或压缩时间太少，可将路线分段并增加巡检人员．为使进餐时也能正常工作，给需要进餐的班次增加巡检人员，轮换进餐，以维持正常巡检．

**针对问题三：**在问题一、问题二模型的基础上，采用错时上班，并分别重新建立模型，分析错时上班是否能使巡检人员更少．对于问题一，在错时上班条件下，可利用问题一中建立的优化模型直接求解；对于问题二，在错时上班条件下，调整各班次上、下班时间即可减少人力资源浪费．

**五、模型的建立及求解**

**1．问题一：固时上班无休息模型**

**1）建立模型：**

要求巡检人数最少的巡检路线方案，只需让每个工人在其巡检点的最小周期内巡检尽可能多的巡检点并原路返回第一个巡检点，在下一个巡检周期再从第一个巡检点出发，就可得到巡检人数最少的巡检路线方案．

**寻找 XJ0022 到各点的最短路线：**

首先，引入 0 – 1 变量，设 $S_{ij}$ 表示第 $i$ 个巡检点与第 $j$ 个巡检点是否直接连通，即

$$S_{ij} = \begin{cases} 1, & \text{第 } i \text{ 个巡检点与第 } j \text{ 个巡检点直接连通,} \\ 0, & \text{第 } i \text{ 个巡检点与第 } j \text{ 个巡检点不直接连通,} \end{cases} \quad (i, j = 1, 2, \cdots, 26).$$

各巡检点之间的行走耗时赋权图的邻接矩阵为 $\boldsymbol{W}$，其中 $W_{ij} = P$ 表示巡检点 $i$ 到巡检点 $j$ 的权值为 $P$．建立最短路线模型如下：

$$\min Z = \sum_{i=1}^{26} \sum_{j=1}^{26} W_{ij} S_{ij}.$$

$$\text{s. t} \begin{cases} \sum\limits_{i=1}^{26} S_{kj} = \sum\limits_{j=1}^{26} S_{ij}, \\ \sum\limits_{j=1}^{26} S_{aj} = 1, \\ \sum\limits_{k=1}^{26} S_{ka} = 0, \\ \sum\limits_{k=1}^{26} S_{kb} = 1, \\ \sum\limits_{j=1}^{26} S_{bj} = 0, \\ S_{ij} \leqslant W_{ij} (i, j = 1, 2, \cdots, n), \\ S_{ij} = 0 \text{ 或 } 1. \end{cases}$$

其中，$a$，$b$ 分别为起始点和目标点.

利用 LINGO 程序求解（见附录程序）得到表 2 所示的 XJ0022 到各点的最短路线.

表 2　XJ0022 到每个点的最短路线

| 到达点 | 经过路线 | 最短时间/min |
|---|---|---|
| 1 | 22 − 21 − 4 − 2 − 1 | 8 |
| 2 | 22 − 21 − 4 − 2 | 6 |
| 3 | 22 − 21 − 4 − 2 − 3 | 7 |
| 4 | 22 − 21 − 4 | 3 |
| 5 | 22 − 21 − 4 − 2 − 3 − 5 | 8 |
| 6 | 22 − 21 − 4 − 2 − 3 − 6 | 8 |
| 7 | 22 − 21 − 4 − 2 − 3 − 5 − 7 | 10 |
| 8 | 22 − 23 − 24 − 9 − 25 − 17 − 8 | 9 |
| 9 | 22 − 23 − 24 − 9 | 4 |
| 10 | 22 − 21 − 4 − 2 − 3 − 6 − 10 | 13 |
| 11 | 22 − 21 − 4 − 2 − 3 − 6 − 10 − 11 | 15 |
| 12 | 22 − 23 − 24 − 9 − 25 − 26 − 15 − 12 | 18 |
| 13 | 22 − 21 − 4 − 2 − 3 − 6 − 10 − 11 − 13 | 17 |
| 14 | 22 − 21 − 4 − 2 − 3 − 6 − 14 | 9 |
| 15 | 22 − 23 − 24 − 9 − 25 − 26 − 15 | 16 |
| 16 | 22 − 21 − 4 − 2 − 3 − 6 − 10 − 11 − 13 − 16 | 19 |
| 17 | 22 − 23 − 24 − 9 − 25 − 17 | 8 |
| 18 | 22 − 23 − 24 − 9 − 25 − 26 − 15 − 18 | 18 |
| 19 | 22 − 20 − 19 | 4 |
| 20 | 22 − 20 | 2 |
| 21 | 22 − 21 | 2 |
| 22 | 0 | 0 |
| 23 | 22 − 23 | 1 |
| 24 | 22 − 23 − 24 | 2 |
| 25 | 22 − 23 − 24 − 9 − 25 | 7 |
| 26 | 22 − 23 − 24 − 9 − 25 − 26 | 10 |

找出最短路线中包含巡检点较多的几条巡检路线，并以最小周期 35 min 为各条路线的周期，然后筛选出其中总耗时 $T$ 小于或等于 35 min 的巡检路线.

因为最小周期不能被 8 整除，所以每班上班时间采用 13 周期制或 14 周期制.

考虑到工作量要均衡，所以以每条巡检路线行走总时间为工作量，建立如下模型：

$$a = \frac{\max(L_j) - \min(L_j)}{\max(L_j)}.$$

其中，$L_j$ 为最终确立的巡检路线行走的总时间.

最后，由题意要求，假设各巡检点巡检所耗时间为 $t_i$，巡检人数为 $K$，则可得到目标规划模型如下：

$$\min = K,$$
$$\text{s. t} \begin{cases} T = \sum_{i=1}^{26} \sum_{j=1}^{26} (T_{ij} + t_i), \\ T \leq 35. \end{cases}$$

其中，$i = 1, 2, \cdots; 26; j = 1, 2, \cdots, 26$.

2）求解模型

假设工人第一天上班时，第一天上班时间为 8：00，各巡检点设备由巡检人员开启，每班上班 8 h 左右，以最短路线中包含巡检点较多的几条巡检路线为主要排查对象，并用最小周期 35 min 为各条路线的周期来筛选巡检路线.

下面用图论法求解该模型.

**路线 1**：鉴于最小路线周期中巡检尽可能多的点及优先考虑只连通一个点的目标，所以尝试从起始点（XJ0022）出发，不巡检 XJ0022，依次经过 XJ0021、XJ0004、XJ0002、XJ0001、XJ0003、XJ0006、XJ0014 等巡检点. 因为不巡检 XJ0022，所以最终回到 XJ0021 即可. 因为该路线中耗时为 37 min，而路线耗时要控制在 35 min 及以下，经观察可以将 XJ0002 或 XJ0004 放在其他路线中巡检，又因为 XJ0002 为各条最短路线的交集点，所以选择 XJ0002 为路线 1 中不巡检的点，此时巡检路线周期刚好为 35 min. 易知当路线周期为 35 min时，每班工作周期为 14 次，由此得到路线 1 的循环路线图，如图 1 所示.

图 1　路线 1 的循环路线图

路线 1：$22 \to 21 \to 4 \to \boxed{2} \to 1 \to 3 \to 6 \to 14 \to 21$.

行走时间：$C1 = 20$ min，$\boxed{2}$ 表示只路过不巡检，从 $21 \to 21$ 循环巡检一周耗时 35 min.

各巡检点具体时间算法：

到达时间 = 前一个点离开时间 + 行走所耗时间

离开时间 = 该点到达时间 + 巡检所耗时间

**路线 1 安排**：第一天上班时间为 8：00，不巡检 XJ0022，直接从 XJ0022 到 XJ0021 耗时为 2 min，所以到达 XJ0021 的时间为 8：02，然后开始巡检 XJ0021，所耗时间为 3 min，所以离开时间为 8：05，到 XJ0004 行走所耗时间为 1 min，所以到达时间为 8：06，巡检所耗时间为 2 min，所以离开时间为 8：08. 依此类推，得到该路线中各点的所有到达时间及离开时间表.

具体巡检时间见表 3.

表 3　路线 1 工人到各巡检点的时间

| 巡检点序号 | 第 1 次巡检时间段 | 第 2 次到达时间 | …… | 第 13 次到达时间 | 第 14 次到达时间 |
|---|---|---|---|---|---|
| XJ0021 | 8：02—8：05 | 8：37 | …… | 15：02 | 15：37 |
| XJ0004 | 8：06—8：08 | 8：41 | …… | 15：06 | 15：41 |
| XJ0002 | 8：11—8：11 | 8：46 | …… | 15：11 | 15：46 |
| XJ0001 | 8：13—8：16 | 8：48 | …… | 15：13 | 15：48 |
| XJ0003 | 8：19—8：22 | 8：54 | …… | 15：19 | 15：54 |
| XJ0006 | 8：23—8：26 | 8：58 | …… | 15：23 | 15：58 |
| XJ0014 | 8：27—8：30 | 9：02 | …… | 15：27 | 16：02 |

观察表 3，发现路线 1 在 8 小时内可以巡检 14 次.

**路线 2 安排：** 再次从起始点（XJ0022）出发，与路线 1 相同，不巡检 XJ0022 时，巡检点最多，且时间刚好为 35 min，所以不巡检 XJ0022，并依次经过 XJ0020、XJ0019、XJ0002、XJ0003、XJ0005、XJ0007 等巡检点. 同样，因为不巡检 XJ0022，所以最后回到 XJ0020 即可，除了 XJ0003 在路线 1 中已经巡检，故不再巡检只是路过，其余点全部巡检. 总共耗时恰好也是 35 min. 由此得到路线 2 的循环路线图，如图 2 所示.

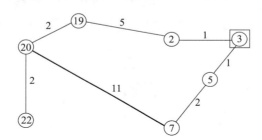

图 2　路线 2 的循环路线图

路线 2：22→20→19→2→$\boxed{3}$→5→7→20.

行走时间：$C2 = 24$ min，$\boxed{3}$表示只路过不巡检，从 20→20 循环巡检一周耗时 35 min.

具体巡检时间见表 4.

表 4　路线 2 工人到达各巡检点的时间

| 巡检点序号 | 第 1 次巡检时间段 | 第 2 次到达时间 | …… | 第 13 次到达时间 | 第 14 次到达时间 |
|---|---|---|---|---|---|
| XJ0020 | 8：02—8：05 | 8：37 | …… | 15：02 | 15：37 |
| XJ0019 | 8：07—8：09 | 8：42 | …… | 15：07 | 15：42 |

续表

| 巡检点<br>序号 | 第1次巡检时间段 | 第2次<br>到达时间 | …… | 第13次<br>到达时间 | 第14次<br>到达时间 |
|---|---|---|---|---|---|
| XJ0002 | 8：14—8：16 | 8：49 | …… | 15：14 | 15：49 |
| XJ0003 | 8：17—8：17 | 8：52 | …… | 15：17 | 15：48 |
| XJ0005 | 8：18—8：20 | 8：53 | …… | 15：18 | 15：53 |
| XJ0007 | 8：22—8：24 | 8：57 | …… | 15：22 | 15：57 |

　　观察表4可得，路线2在8小时内也可以巡检14次.

　　**路线3 安排：** 再次从 XJ0022 出发，依次经过 XJ0023、XJ0024、XJ0009、XJ0025、XJ0026 并巡检各点，因为时间不够，所以不去 XJ0027，原路返回 XJ0022. 经计算，该周期时间为 33 min. 观察发现，将 XJ0022 一起巡检时，刚好达到 35 min 的最小周期. 由此得到路线3的循环路线图，如图3所示.

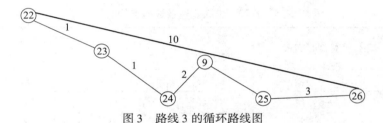

图3　路线3的循环路线图

　　路线3：22→24→9→25→26→22.

　　行走时间：$C3 = 20$ min，从 22→22 循环巡检一周耗时 35 min.

　　具体巡检时间见表5.

表5　路线3工人到达各巡检点的时间

| 巡检点<br>序号 | 第1次巡检时间段 | 第2次<br>到达时间 | …… | 第13次<br>到达时间 | 第14次<br>到达时间 |
|---|---|---|---|---|---|
| XJ0022 | 8：00—8：02 | 8：35 | …… | 15：00 | 15：35 |
| XJ0023 | 8：03—8：06 | 8：38 | …… | 15：03 | 15：38 |
| XJ0024 | 8：07—8：09 | 8：42 | …… | 15：07 | 15：42 |
| XJ0009 | 8：11—8：15 | 8：46 | …… | 15：11 | 15：46 |
| XJ0025 | 8：18—8：20 | 8：53 | …… | 15：18 | 15：53 |
| XJ0026 | 8：23—8：25 | 8：58 | …… | 15：23 | 15：58 |

　　**路线4 安排：** 再次从 XJ0022 出发，依次经过 XJ0023、XJ0024、XJ0009、XJ0025 且不巡检，再依次经过 XJ0017、XJ0008、XJ0006、XJ0010、XJ0012、XJ0015 等点，不巡检 XJ0006，之后直接路过 XJ0026、XJ0025 回到第一个巡检点 XJ0017. 后面的周期中，直接从 XJ0017 出发，并经过 XJ0026、XJ0025 回到 XJ0017 即可. 由此得到路线4的循环路线图.

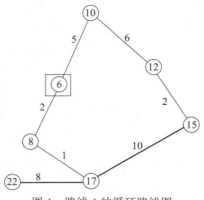

图 4　路线 4 的循环路线图

路线 4：22→17→8→6→10→12→15→17.

行走时间：$C4 = 20$ min，6 表示只路过不巡检，从 17→17 循环巡检一周耗时 35 min.

具体巡检时间见表 6.

表 6　路线 4 工人到达各巡检点的时间

| 巡检点<br>序号 | 第 1 次巡检时间段 | 第 2 次<br>到达时间 | …… | 第 13 次<br>到达时间 | 第 14 次<br>到达时间 |
|---|---|---|---|---|---|
| XJ0017 | 8：08—8：10 | 8：43 | …… | 15：08 | 15：43 |
| XJ0008 | 8：11—8：14 | 8：46 | 15：11 | 15：46 | — |
| XJ0010 | 8：21—8：23 | 8：56 | 15：21 | 15：56 | — |
| XJ0012 | 8：29—8：31 | 9：04 | 15：29 | 16：04 | — |
| XJ0015 | 8：33—8：35 | 9：08 | 15：33 | 16：08 | — |

**路线 5 安排**：再次从 XJ0022 出发，依次经过 XJ0023、XJ0024、XJ0009、XJ0025、XJ0026、XJ0015 等点，且不巡检，再依次巡检 XJ0018、XJ0016、XJ0013、XJ0011 等点，之后回到第一个巡检点 XJ0018. 后面的周期中，直接在 XJ0018 到 XJ0011 之间往返. 由此得到路线 5 的循环路线图，如图 5 所示.

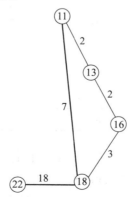

图 5　路线 5 的循环路线图

路线 5：22→18→16→13→11→18.

行走时间：$C5 = 27$ min，从 18→18 循环巡检一周耗时 35 min.

具体巡检时间见表 7.

表 7　路线 5 工人到达各巡检点的时间

| 巡检点序号 | 第 1 次巡检时间段 | 第 2 次到达时间 | …… | 第 13 次到达时间 | 第 14 次到达时间 |
|---|---|---|---|---|---|
| XJ0018 | 8：18—8：20 | 8：53 | …… | 15：18 | 15：53 |
| XJ0016 | 8：23—8：26 | 8：58 | …… | 15：23 | 15：58 |
| XJ0013 | 8：28—8：33 | 9：03 | …… | 15：28 | 16：03 |
| XJ0011 | 8：35—8：38 | 9：10 | …… | 15：35 | 16：10 |

此时，5 条路线刚好把 26 个巡检点全部巡检.

因此得到具体路线如图 6 所示，具体路线行走总时间等数据见表 8.

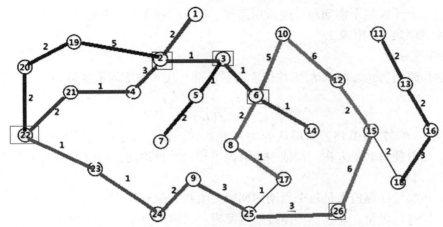

图 6　固时上班 5 条路线巡检路线图

( 图 6 说明：颜色相同的为一条巡检路线，巡检点边框颜色代表同颜色路线巡检，其他路线中颜色不同的点仅为路过. )

根据图 6，可知每班最少需要 5 人，且 5 个人的巡检路线为：

第一个人：22→21→4→2→1→2→3→6→14→6→3→2→4→21；

第二个人：22→20→19→2→3→5→7→5→3→2→19→20；

第三个人：22→23→24→9→25→26→25→9→24→23→22；

第四个人：22→17→8→10→12→15→26→25→17；

第五个人：22→18→16→13→11→13→16→18.

5 条巡检路线的巡检方案见表 8.

表 8　5 条巡检路线的巡检方案

| 路线 | 路线行走时间/min | 巡检耗时/min | 单次往返时间/min | 巡检点个数 |
|---|---|---|---|---|
| 22→21→4→2→1→2→3→<br>6→14→6→3→2→4→21 | 20 | 17 | 35 | 6 |

续表

| 路线 | 路线行走时间/min | 巡检耗时/min | 单次往返时间/min | 巡检点个数 |
|---|---|---|---|---|
| 22→20→19→2→3→5→7<br>→5→3→2→19→20 | 24 | 11 | 35 | 5 |
| 22→23→24→9→25→26→<br>25→9→24→23→22 | 20 | 15 | 35 | 6 |
| 22→17→8→10→12→15→<br>26→25→17 | 26 | 13 | 35 | 5 |
| 22→18→16→13→11→13<br>→16→18 | 32 | 15 | 35 | 4 |

观察表 8 可得，每班最少需要 5 个人，且第一班为 13 周期班，第二、三班为 14 周期班，最后，鉴于工作量平衡问题，应采用路线、班次轮换制. 3 个班次总的具体巡检路线及巡检时间表见附表 1 ~ 附表 3.

3）均衡度分析

以各巡检路线行走总时间 $L_j$ 为均衡度衡量标准，代入如下均衡度模型：

$$a = \frac{\max(L_j) - \min(L_j)}{\max(L_j)},$$

求得均衡度 $a = 0.375 > 0.15$，所以认为均衡度不好，鉴于对巡检人员上班进行三班、五线轮倒排班，也可使每名工人在一周或一个月内工作量尽量均衡，所以不再重新求解模型.

4）模型优化

鉴于上述模型在巡检人员每个周期的回程中浪费大量时间，尝试对该模型以缩短回程行走时间为目标进行优化，观察巡检路线图可发现，只需让每个人从起始点出发，沿着同样的路线，绕最大的圈，巡检所有的巡检点，使所有巡检点在同一条路线之中，然后回到起始点，就能减少原模型中周期回程浪费的时间，提高人力资源利用率，降低生产成本.

重新规划路线，得到图 7 所示的巡检路线图.

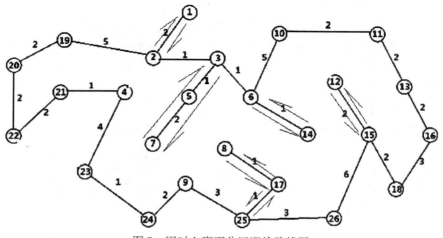

图 7　固时上班不分区巡检路线图

经过观察发现，该巡检路线模型虽然可以有效缩短回程时间，但是因为固时上班的限制，所以每次上班时，都要巡检人员先按顺序走到其第一个周期内负责的区域才能正式开始工作，而第一班次的巡检人员下班之后，下一班次的巡检人员还要再次先走到第一班次巡检人员第一个周期负责的区域才能正式开始工作，另外，第一班次之后的设备不可能等巡检人员到达之后才启动，所以舍弃这种优化模型.

该优化模型不可用于固时上班情况，故舍去.

### 2. 问题二：固时上班可休息进餐模型

1）建立模型

首先，针对题目新增的每 2 h 休息 10 min 这个条件，引入时间冗余 $R$. 时间冗余定义如下：

$$R = q - T.$$

其中，$q$ 为固时上班模型中每条路线的周期，$T$ 为该路线的总耗时.

在问题一固时上班无休息模型的基础上，以每 2 h 时间冗余为 5 ~ 10 min（作为休息时间）为约束条件，得到目标规划模型如下：

$$\min = K,$$

$$\text{s. t} \begin{cases} R_c \geq 5, \\ T = \sum_{i=1}^{26} \sum_{j=1}^{26} (T + t), \\ T \leq 35, \end{cases}$$

其中，$R_c$ 表示该路线第 $c$ 个周期之后的时间冗余.

2）求解固时上班可休息进餐模型

首先在固时上班无休息模型的基础上进行分析，发现该模型中每条路线的每个周期的时间冗余都太小，无法满足每两小时后的时间冗余大于等于 5 min，所以考虑在该模型 5 条路线的基础上，巡检人数逐级递增，直到满足条件要求.

对于 12 点和 6 点进餐时间为 30 min 的问题，因为各巡检点的最小巡检周期为 35 min，而且是固时上班，所以认为在这 30 min 内，必须有人顶替巡检人员继续工作，否则设备就有可能损坏. 另外，设定 12：00 与 20：00 为第 1 班次与第 2 班次上班时间，且第 3 班次的上班时间为凌晨 4：00.

下面使用图论法求解模型.

（1）休息模型.

**路线 1**：从起始点（XJ0022）出发，为使路线包含更多巡检点，且周期为 35min，所以不巡检 XJ0022，并依次经过 XJ0021、XJ0004、XJ0002、XJ0001、XJ0003、XJ0006、XJ0014等巡检点，同样，因为不巡检 XJ0022，所以最后回到 XJ0021 即可，此时发现 XJ0021 的巡检周期为 80 min，所以只需要每 2 个周期回 XJ0021 一次，故该路线在上班 2 h 的时间冗余为 8 min，可以用于休息，即满足每 2 h 休息 5 ~ 10 min 的要求.

观察表 9 可知，每 2 个周期都可以休息一次，每 2 h 左右可休息 8 min，满足每 2 h 休息5 ~ 10 min 的条件，故采用该路线方案.

表9　路线1巡检时间表

| 巡检点序号 | 第1次巡检时间段 | 第4次巡检时间段 | …… | 第13次到达时间 | 第14次到达时间 |
|---|---|---|---|---|---|
| XJ0021 | 3：52—3：55 | 可休息8 min | …… | 可休息 | 11：32 |
| XJ0004 | 3：56—3：59 | 5：41—5：44 | …… | 11：01 | 11：36 |
| XJ0001 | 4：03—4：05 | 5：48—5：50 | …… | 11：08 | 11：43 |
| XJ0003 | 4：09—4：11 | 5：54—5：56 | …… | 11：14 | 11：49 |
| XJ0006 | 4：13—4：15 | 5：58—6：00 | …… | 11：18 | 11：53 |
| XJ0014 | 4：17—4：20 | 6：02—6：05 | …… | 11：22 | 11：57 |

　　**路线2**：再次从起始点（XJ0022）出发，同路线1相同，不巡检XJ0022时，巡检点最多，且时间刚好为35 min，所以不巡检XJ0022，并依次经过XJ0020、XJ0019、XJ0002、XJ0003、XJ0005、XJ0007等巡检点，同样，因为不巡检XJ0022，所以最后回到XJ0020即可，此时发现XJ0005的巡检周期为720 min，每20个周期巡检一次即可，XJ0007的巡检周期为80 min，每2个周期巡检一次即可，所以每2个周期巡检XJ0007一次即可，每2 h可休息10 min，即满足条件.

　　观察表10可知，每2 h可休息10 min，故该路线可采用.

表10　路线2巡检时间表

| 巡检点序号 | 第1次巡检时间段 | 第4次巡检时间段 | …… | 第13次到达时间 | 第14次到达时间 |
|---|---|---|---|---|---|
| XJ0020 | 3：52—3：55 | 5：37—5：40 | …… | 10：57 | 11：32 |
| XJ0019 | 3：57—3：59 | 5：42—5：44 | …… | 11：02 | 11：37 |
| XJ0002 | 4：04—4：06 | 5：49—5：51 | …… | 11：09 | 11：44 |
| XJ0005 | 4：08—4：08 | 可休息10 min | …… | 可休息 | 11：48 |
| XJ0007 | 4：10—4：12 |  | …… |  | 11：50 |

　　**路线3**：再次从XJ0022出发，依次经过XJ0023、XJ0024、XJ0009、XJ0025并巡检各点，巡检XJ0022. 不去XJ0026的原因是只有当XJ0025为终点时，才能有时间冗余. 此时因为XJ0025的巡检周期为120 min，所以每3个周期巡检一次即可，且每2 h可休息6 min.

　　观察表11发现，每2 h休息6 min，故该路线可用.

表11　路线3巡检时间表

| 巡检点序号 | 第1次巡检时间段 | 第3次巡检时间段 | …… | 第13次到达时间 | 第14次到达时间 |
|---|---|---|---|---|---|
| XJ0022 | 3：50—3：52 | 5：00—5：02 | …… | 10：55 | 11：30 |
| XJ0023 | 3：53—3：56 | 5：03—5：06 | …… | 10：58 | 11：33 |

续表

| 巡检点序号 | 第1次巡检时间段 | 第3次巡检时间段 | …… | 第13次到达时间 | 第14次到达时间 |
|---|---|---|---|---|---|
| XJ0024 | 3：57—3：59 | 5：07—5：09 | …… | 11：02 | 11：37 |
| XJ0009 | 4：01—4：05 | 5：11—5：15 | …… | 11：06 | 11：41 |
| XJ0025 | 可休息 6 min | 5：18—5：20 | …… | 可休息 | 11：48 |

**路线 4：** 再次从 XJ0022 出发，依次经过 XJ0023、XJ0024、XJ0009、XJ0025 且不巡检，再依次经过 XJ0017、XJ0008、XJ0006、XJ0010、XJ0012、XJ0015 等点，不巡检 XJ0006，之后直接经过 XJ0026、XJ0025 回到第一个巡检点 XJ0017. 后面的周期中，直接从 XJ0017 出发，并经过 XJ0026、XJ0025 回到 XJ0017 即可. 因为 XJ0017 的巡检周期为 480 min，所以只需每 13 周期巡检一次即可，XJ0010 的巡检周期为 120 min，每 3 个周期巡检一次即可. 经计算得到，该路线每 2 h 可休息 6 min.

观察表 12 可知，该路线每 2 h 休息 6 min，故此路线可用.

**表 12　路线 4 巡检时间表**

| 巡检点序号 | 第1次巡检时间段 | 第3次巡检时间段 | …… | 第13次到达时间 | 第14次到达时间 |
|---|---|---|---|---|---|
| XJ0017 | 4：00—4：00 | 可休息 6 min | …… | 11：05 | 11：40 |
| XJ0008 | 4：01—4：04 | 5：11—5：14 | …… | 11：06 | 11：41 |
| XJ0010 | 4：11—4：11 | 5：21—5：23 | …… | 11：13 | 11：51 |
| XJ0012 | 4：17—4：19 | 5：27—5：29 | …… | 11：24 | 11：59 |
| XJ0015 | 4：21—4：23 | 5：31—5：33 | …… | 11：28 | 12：03 |

**路线 5：** 再次从 XJ0022 出发，依次经过 XJ0023、XJ0024、XJ0009、XJ0025、XJ0026、XJ0015 等点，且不巡检，再依次巡检 XJ0018、XJ0016、XJ0013、XJ0011 等点，之后回到第一个巡检点 XJ0018，后面的周期中直接在 XJ0018 到 XJ0011 之间往返. 其中 XJ0013 的巡检周期为 80 min，每 2 个周期巡检一次即可，且该路线时间冗余较大，所以该路线每 2 h 可休息 10 min.

观察表 13，每 2 h 可休息 10 min，故该路线可用.

**表 13　路线 5 巡检时间表**

| 巡检点序号 | 第1次巡检时间段 | 第4次巡检时间段 | …… | 第13次到达时间 | 第14次到达时间 |
|---|---|---|---|---|---|
| XJ0018 | 4：08—4：10 | 5：53—5：55 | …… | 11：13 | 11：48 |
| XJ0016 | 4：13—4：16 | 5：58—6：01 | …… | 11：18 | 11：53 |
| XJ0013 | 4：18—4：23 | 可休息 | …… | 11：23 | 11：58 |
| XJ0011 | 4：25—4：27 | 6：10—6：12 | …… | 11：30 | 12：05 |

**路线 6：** 再次从 XJ0022 出发，依次经过 XJ0023、XJ0024、XJ0009、XJ0025、XJ0026 等点，只巡检 XJ0026，后面的周期中只巡检 XJ0026，其余时间可休息，每周期可休息时间为 33 min.

最终得到图 8 所示包含所有巡检点的 6 条巡检路线，可满足每 2 h 休息 5~10 min 的要求.

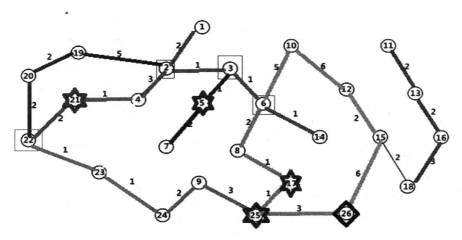

图 8　固时上班可休息巡检路线图

其中，☆为节省休息时间点，◇表示只在该点工作.

（2）休息进餐模型.

在固时上班可休息模型的基础上，考虑 12 点、6 点进餐时人员分配问题. 首先对进餐时间的巡检问题进行分析：因为进餐时也要有人工作，且为固时上班，所以在进餐时，要有同班的巡检人员顶替进餐人员工作，就只能在这个班次内增加巡检人员的数量，如前一班次巡检人员要在最后一个周期巡检完毕后才能下班，这时后一班次的一部分人员从 XJ0022 出发来接替第一班次人员，另一部分人员去进餐. 将 2 个进餐时间都放在同一班次内，这样就可以有效减少人员浪费，所以假设三班上班时间分别调整到凌晨 4 点、中午 12 点、晚上 8 点.

经过分析发现，因为路线 6 只需巡检 XJ0026 这个点，对比以凌晨 4：00 为上班时间的巡检时间表，发现进餐人员只需要在 12：40 回到 XJ0026 点即可，而 XJ0022 与 XJ0026 的最短路线所需时间刚好为 10 min，假设 12：30 时第二班次负责路线 6 的巡检才刚出发，也可以在 12：40 回到 XJ0026，所以，路线 6 只需一名巡检人员就可以完成巡检任务.

路线 1、路线 2、路线 3、路线 4、路线 5 的巡检人员在进餐后，不能按要求时间回到工作岗位，所以都需要 2 名巡检人员互相轮倒，在进餐时间 2 人轮倒，在非进餐时间 2 人一起巡检.

在固时上班可休息进餐模型中，第一班次需要 11 名巡检人员，第二班次、第三班次各需要 6 名巡检人员，每天共需要 23 名巡检人员工作.

3 个班次总的具体巡检时间表见附表 4~附表 6. 各班次上、下班时间及巡检人员数见表 14.

表 14　各班次上、下班时间及巡检人员数

| 班次 | 上班时间 | 下班时间 | 巡检人员数 |
|------|----------|----------|------------|
| 第一班次 | 12：00 | 20：00 | 11 |
| 第二班次 | 20：00 | 4：00 | 6 |
| 第三班次 | 4：00 | 12：00 | 6 |

3）固时上班可休息进餐模型均衡度分析

对得到的固时上班可休息进餐模型分析可知，同一班次中的每个人工作量是完全相同的，只是各班次巡检人员之间上班时间不同，所以进行三班轮倒排班，即可使每名工人在一周或一个月内工作量均衡.

固时上班模型增加了所需巡检人员数，且对人力资源造成了极大浪费，而且增大了生产成本.

### 3. 问题三：化工厂错时上班的排班问题

1）建立问题一的错时上班模型

首先，考虑问题一的固时上班模型能否应用于错时上班，经观察发现，该模型采用错时上班，所需巡检人员数并没有减少. 经过思考发现，问题一中不能使用的优化模型可在错时上班条件下使用，所以，建立在问题一的固时上班模型的基础上增加以回程行走所浪费的时间 $t_h$ 最少为目标条件的双目标规划模型.

由题意要求，得到双目标规划模型如下：

$$\min = t_h,$$
$$\min = K,$$
$$\text{s. t}\begin{cases} T = \sum_{i=1}^{26} \sum_{j=1}^{26} (T_{ij} + t_i), \\ T \leqslant 35, \end{cases}$$

其中 $t_i$ 为各巡检点巡检所耗时间，$K$ 为巡检人数，$T$ 为总耗时.

2）求解问题一的错时上班模型

利用求解问题一的固时上班模型的方法，让每名工人从 XJ0022 点出发，沿着同样的路线经过所有巡检点并进行巡检，使每班巡检人员的上班时间依次相差 35 min. 当第一个工人第一次回到起始点时，巡检总人数就是错时上班模型中的最少人数. 下面依旧使用图论法求解模型.

第 1 个 35 min（表 15）：第一名工人从 XJ0022 出发，经过 XJ0020、XJ0019、XJ0002、XJ0001、XJ0003、XJ0005、XJ0007，并在第一次到达时立即巡检该点. 在 35 min 时该工人正在巡检 XJ0007，同时第二名工人从 XJ0022 出发.

表 15　第 1 个 35 min 的巡检时间表

| 巡检点序号 | 巡检时间段 |
|------------|------------|
| XJ0022 | 8：00—8：02 |
| XJ0020 | 8：04—8：07 |

| 巡检点序号 | 第 1 个 35 min 的巡检时间段 |
|---|---|
| XJ0019 | 8：09—8：11 |
| XJ0002 | 8：16—8：18 |
| XJ0001 | 8：20—8：23 |
| XJ0003 | 8：26—8：29 |
| XJ0005 | 8：30—8：32 |
| XJ0007 | 8：34—8：36 |

第 2 个 35 min（表 16）：第一名工人接着从 XJ0007 出发，经过 XJ0005、XJ0003、XJ0006、XJ0014、XJ0010、XJ0011、XJ0013、XJ0016，并在第一次到达时立即巡检该点. 在开始工作 70 min 时，该工人刚把 XJ0016 巡检完毕，同时第三名工人从 XJ0022 出发.

表 16　第 2 个 35 min 的巡检时间表

| 巡检点序号 | 第 2 个 35 min 的巡检时间段 |
|---|---|
| XJ0006 | 8：38—8：41 |
| XJ0014 | 8：42—8：45 |
| XJ0010 | 8：51—8：53 |
| XJ0011 | 8：55—8：58 |
| XJ0013 | 9：00—9：05 |
| XJ0016 | 9：07—9：10 |

第 3 个 35 min（表 17）：第一名工人接着从 XJ0016 出发，经过 XJ0018、XJ0015、XJ0012、XJ0026、XJ0025、XJ0017、XJ0008，并在第一次到达时立即巡检该点. 在开始工作 105 min 时，该工人已经经过 XJ0008，前往 XJ0025，同时第四名工人从 XJ0022 出发.

表 17　第 3 个 35 min 的巡检时间表

| 巡检点序号 | 第 3 个 35 min 的巡检时间段 |
|---|---|
| XJ0018 | 9：13—9：15 |
| XJ0015 | 9：17—9：19 |
| XJ0012 | 9：21—9：23 |
| XJ0026 | 9：31—9：33 |
| XJ0025 | 9：36—9：38 |
| XJ0017 | 9：39—9：41 |
| XJ0008 | 9：42—9：45 |

第 4 个 35 min（表 18）：第一名工人接着前往 XJ0025，经过 XJ0025、XJ0024、XJ0023、XJ0004、XJ0021、XJ0022，并在第一次到达时立即巡检该点，到达 XJ0022 时，为开始工作

后的第 134 min，然后在起始点休息 6 min 后，在开始工作 140 min 时，再次开始巡检.

表 18    第 4 个 35 min 的巡检时间表

| 巡检点序号 | 第 4 个 35 min 的巡检时间段 |
|---|---|
| XJ0025 | 9：47—9：47 |
| XJ0009 | 9：52—9：56 |
| XJ0024 | 9：58—10：00 |
| XJ0023 | 10：01—10：04 |
| XJ0004 | 10：08—10：10 |
| XJ0021 | 10：11—10：14 |
| XJ0022 | 10：16—10：19 |

最终得到具体路线图，如图 9 所示，具体行走路线等数据见表 19，总的具体错时上班巡检时间表见附表 7～附表 9.

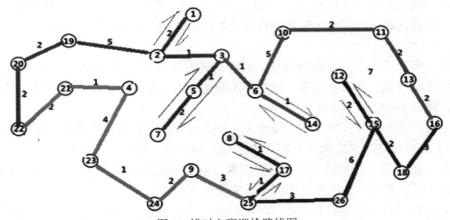

图 9    错时上班巡检路线图

图 9 中颜色相同的为同一个 35 min 内巡检的路线.

根据图 9，可知每班次最少需要 4 人，每天共需 12 人，且 4 个人的巡检路线如下：

第一个人：22→20→19→2→1→2→3→5→7；

第二个人：7→5→3→6→14→6→10→11→13→16；

第三个人：16→18→15→12→15→26→25→17→8→17；

第四个人：17→25→9→24→23→4→21→22.

表 19    错时上班巡检路线表

| 路线 | 路线行走时间/min | 巡检耗时/min | 巡检点个数 |
|---|---|---|---|
| 22→20→19→2→1→2→3→5→7 | 17 | 18 | 8 |
| 7→5→3→6→14→6→10→11→13→16 | 17 | 18 | 6 |

续表

| 路线 | 路线行走时间/min | 巡检耗时/min | 巡检点个数 |
|---|---|---|---|
| 16→18→15→12→15→26→25→<br>17→8→17 | 21 | 14 | 7 |
| 17→25→9→24→23→4→21→22 | 13 | 18 | 5 |

3）问题一的错时上班均衡度分析

对得到的问题一的错时上班模型分析可知，同一班次中的每个人工作量是完全相同的，只是各班次巡检人员的上班时间不同，所以进行三班轮倒排班，即可使每名工人在一周或一个月内工作量均衡.

对比问题一的固时上班模型，问题一的错时上班模型减少了所需巡检人员数，且充分利用了人力资源，而且降低了生产成本.

4）利用错时上班优化问题二模型

首先对问题二的固时上班休息进餐模型进行分析，发现第一班次人力资源浪费现象严重，因此尝试对问题二的固时上班休息进餐模型进行优化，通过错时上班减少进餐时的人力资源浪费.

针对第一班次的人力资源浪费现象，只需让进餐人员进餐耗用的 30 min 内的工作由下一班次工作人员接替，就可省去第一班次中多余的 5 人，且巡检路线不变，从而减少了人力资源浪费，降低了化工厂成本.

例如，第三班次在 12：30 下班，而在 12：00—12：30 他们需要去进餐，所以让第一班次在 12：00 上班并接替第三班次的工作，此时 12：00—12：30 第一班次的工作人员不进餐.

到了 18：00，第一班次的工作人员去进餐，第二班次的工作人员在 18：00 上班并接替第一班次的工作，且第一班次的工作人员吃完饭后下班.

由于第一班次的工作时间为 6 h，考虑到第一、第二班次人员工作量均衡，所以将第二班次下班、第三班次上班时间调整为凌晨 3 点. 由此，得到表 20 所示的各班次上班时间表.

表 20　优化后各班次上班时间表

| 班次 | 上班时间 | 下班时间 |
|---|---|---|
| 第一班次 | 12：00 | 6：30 |
| 第二班次 | 6：00 | 3：00 |
| 第三班次 | 3：00 | 12：30 |

观察表 20 可知，各班次的工作量不均衡. 总的具体巡检时间表见附表 10～附表 12.

5）问题二的错时上班模型均衡度分析

对得到的错时上班可休息进餐模型分析可知，同一班次中的每个人工作量是完全相同的，只是各班次巡检人员的上班时间不同，所以进行三班轮倒排班，即可使每名工人在一周或一个月内工作量均衡.

对比问题二的固时上班模型，问题二的错时上班模型减少了所需巡检人员数，且充分利用了人力资源，而且降低了生产成本.

### 六、模型的评价、改进与推广

#### 1. 模型的评价

1）优点

（1）模型都对均衡度进行了评估，使工人的工作时间合理化.

（2）模型求解过程中，对模型进行逐步调整，增加了结果的准确性.

（3）运用了正确的数据处理方法，很好地解决了小数取整问题.

（4）引入时间冗余，使模型的求解过程简单化.

2）缺点

（1）模型分析比较容易出现误差.

（2）休息时间点数据较多，确定比较困难.

#### 2. 模型的改进

（1）在问题二中没有求出所有的休息时间点，如果时间充足应求出所有休息时间点，以使结果更为准确.

（2）如果有更先进的算法，比如遗传算法、蚁群算法，可以建立更为准确的路线.

#### 3. 模型的推广

模型可用于交警早、晚高峰出警巡逻，火车进、出站的调度，城市车辆限号等问题.

### 七、参考文献

［1］姜启源，谢金星，等. 数学建模（第四版）［M］. 北京：高等教育出版社，2011.

［2］肖华勇. 实用数学建模与软件应用［M］. 西安：西北工业大学出版社，2010.

［3］杨桂元，李天胜，等. 数学建模应用实例［M］. 合肥：合肥工业大学出版社，2007.

［4］杨洪. 图论常用算法选编［M］. 北京：中国铁道出版社，1988.

［5］致远. "错时上下班"方便群众有推广价值［N］. 广西日报，2017－07－28.

## 附　录

程序：最短路线的求解.

```
model:
sets:
pt/1..26/; road(pt,pt):x,a; endsets
data:
a = @file('a.txt');
enddata
min = @sum(road(i,j):a*x);
@for(pt(i) |i#ne#22#and#i#ne#16:@sum(pt(k):x(k,i)) = @sum(pt(j):x
(i,j)))
  ;
@sum(pt(j) |j#ne#22:x(22,j)) = 1;
@sum(pt(k) |k#ne#22:x(k,22)) = 0;
```

```
@sum(pt(k)|k#ne#16:x(k,16))=1;
@sum(pt(j)|j#ne#16:x(16,j))=0;
@for(road(i,j):x(i,j)<=a(i,j));
@for(road(i,j):@bin(x(i,j)));
end
```

**附表1　固时上班第一班次巡检时间表**

| 巡检路线1 | 巡检时间 | | | | | | | | | | | | | |
|---|---|---|---|---|---|---|---|---|---|---|---|---|---|---|
| 21 | 8:02 | | 9:21 | | 10:22 | | 11:32 | | 12:42 | | 13:52 | | 15:02 | |
| 4 | 8:06 | 8:41 | 9:16 | 9:51 | 10:26 | 11:01 | 11:36 | 12:11 | 12:46 | 13:21 | 13:56 | 14:31 | 15:06 | 15:41 |
| 1 | 8:13 | 8:48 | 9:23 | 9:58 | 10:33 | 11:08 | 11:43 | 12:18 | 12:53 | 13:28 | 14:03 | 14:38 | 15:13 | 15:48 |
| 3 | 8:19 | 8:54 | 9:29 | 10:04 | 10:39 | 11:14 | 11:49 | 12:24 | 12:59 | 13:34 | 14:09 | 14:44 | 15:19 | 15:54 |
| 6 | 8:23 | 8:58 | 9:33 | 10:08 | 10:43 | 11:18 | 11:53 | 12:28 | 13:03 | 13:38 | 14:13 | 14:48 | 15:23 | 15:58 |
| 14 | 8:27 | 9:02 | 9:37 | 10:12 | 10:47 | 11:22 | 11:57 | 12:32 | 13:07 | 13:42 | 14:17 | 14:52 | 15:27 | 16:02 |

| 巡检路线2 | 巡检时间 | | | | | | | | | | | | | |
|---|---|---|---|---|---|---|---|---|---|---|---|---|---|---|
| 20 | 8:02 | 8:37 | 9:12 | 9:47 | 10:22 | 10:57 | 11:32 | 12:07 | 12:42 | 13:17 | 13:52 | 14:27 | 15:02 | 15:37 |
| 19 | 8:07 | 8:42 | 9:17 | 9:52 | 10:27 | 11:02 | 11:37 | 12:12 | 12:47 | 13:22 | 13:57 | 14:32 | 15:07 | 15:42 |
| 2 | 8:14 | 8:49 | 9:24 | 9:59 | 10:34 | 11:09 | 11:44 | 12:19 | 12:54 | 13:29 | 14:04 | 14:39 | 15:14 | 15:49 |
| 3 | 8:17 | 8:52 | 9:27 | 10:02 | 10:37 | 11:12 | 11:47 | 12:22 | 12:57 | 13:32 | 14:07 | 14:42 | 15:17 | 15:52 |
| 5 | 8:18 | | | | | | | | | | | | | |
| 71 | 8:22 | | 9:32 | | 10:42 | | 11:52 | | 13:02 | | 14:12 | | 15:22 | |

| 巡检路线3 | 巡检时间 | | | | | | | | | | | | | |
|---|---|---|---|---|---|---|---|---|---|---|---|---|---|---|
| 22 | 8:00 | 8:35 | 9:10 | 9:46 | 10:20 | 10:55 | 11:30 | 12:05 | 12:40 | 13:15 | 13:50 | 14:25 | 15:00 | 15:35 |
| 23 | 8:03 | 8:38 | 9:13 | 9:48 | 10:23 | 10:58 | 11:33 | 12:08 | 12:43 | 13:18 | 13:53 | 14:28 | 15:03 | 15:38 |
| 24 | 8:07 | 8:42 | 9:17 | 9:52 | 10:27 | 11:02 | 11:37 | 12:12 | 12:47 | 13:22 | 13:57 | 14:32 | 15:07 | 15:42 |
| 9 | 8:11 | 8:46 | 9:21 | 9:56 | 10:31 | 11:06 | 11:41 | 12:16 | 12:51 | 13:26 | 14:01 | 14:36 | 15:11 | 15:46 |
| 25 | 8:18 | | | 10:03 | | | 11:48 | | | 13:33 | | | 15:18 | |
| 26 | 8:23 | 5:58 | 9:33 | 10:08 | 10:43 | 11:18 | 11:53 | 12:28 | 13:03 | 13:38 | 14:13 | 14:48 | 15:23 | 15:58 |

| 巡检路线4 | 巡检时间 | | | | | | | | | | | | | |
|---|---|---|---|---|---|---|---|---|---|---|---|---|---|---|
| 17 | 8:08 | | | | | | | | | | | | | |
| 8 | 8:11 | 8:46 | 9:21 | 9:56 | 10:31 | 11:06 | 11:41 | 12:16 | 12:51 | 13:26 | 14:01 | 14:36 | 15:11 | 15:46 |
| 10 | 8:21 | | | 10:06 | | | 11:51 | | | 13:36 | | | 15:21 | |
| 12 | 8:29 | 9:04 | 9:39 | 10:14 | 10:49 | 11:24 | 11:59 | 12:34 | 13:09 | 13:44 | 14:19 | 14:54 | 15:29 | 16:04 |
| 15 | 8:33 | 9:08 | 9:43 | 10:18 | 10:53 | 11:28 | 12:03 | 12:38 | 13:13 | 13:48 | 14:23 | 14:58 | 15:33 | 16:08 |

续表

| 巡检路线5 | 巡检时间 | | | | | | | | | | | | | |
|---|---|---|---|---|---|---|---|---|---|---|---|---|---|---|
| 18 | 8:18 | 8:53 | 9:28 | 10:03 | 10:38 | 11:13 | 14:48 | 12:23 | 25:58 | 13:33 | 14:08 | 14:43 | 15:18 | 15:53 |
| 16 | 8:23 | 8:58 | 9:33 | 10:08 | 10:43 | 11:18 | 11:53 | 12:28 | 13:03 | 13:38 | 14:13 | 14:48 | 15:23 | 15:58 |
| 13 | 8:28 | | 9:38 | | 10:48 | | 11:58 | | 13:08 | | 14:18 | | 18:28 | |
| 11 | 8:35 | 9:10 | 9:45 | 10:20 | 10:55 | 11:30 | 13:05 | 12:40 | 13:15 | 13:50 | 14:25 | 15:00 | 15:35 | 16:10 |

注：每条路线只需要1个人，每个班次只需要5个人.

**附表2 固时上班第二班次巡检时间表**

| 巡检路线1 | 巡检时间 | | | | | | | | | | | | |
|---|---|---|---|---|---|---|---|---|---|---|---|---|---|
| 21 | 16:12 | | 17:22 | | 18:32 | | 19:42 | | 20:52 | | 22:02 | | 23:12 |
| 4 | 16:16 | 16:51 | 17:26 | 18:01 | 18:36 | 19:11 | 19:46 | 20:21 | 20:56 | 21:31 | 22:06 | 22:41 | 23:16 |
| 1 | 16:23 | 16:58 | 17:33 | 18:08 | 18:43 | 19:18 | 19:53 | 20:28 | 21:03 | 21:38 | 22:13 | 22:48 | 23:23 |
| 3 | 16:29 | 17:04 | 17:39 | 18:14 | 18:49 | 19:24 | 19:59 | 20:34 | 21:09 | 21:44 | 22:19 | 22:54 | 23:29 |
| 6 | 16:33 | 17:08 | 17:43 | 18:18 | 18:53 | 19:28 | 20:03 | 20:38 | 21:13 | 21:48 | 22:23 | 22:58 | 23:33 |
| 14 | 16:37 | 17:12 | 17:47 | 18:22 | 18:57 | 19:32 | 20:07 | 20:42 | 21:17 | 21:52 | 22:27 | 23:02 | 23:37 |

| 巡检路线2 | 巡检时间 | | | | | | | | | | | | |
|---|---|---|---|---|---|---|---|---|---|---|---|---|---|
| 20 | 16:12 | 16:47 | 17:22 | 17:57 | 18:32 | 19:07 | 19:42 | 20:17 | 20:52 | 21:27 | 22:02 | 23:37 | 23:12 |
| 19 | 16:17 | 16:52 | 17:27 | 18:02 | 18:37 | 19:12 | 19:47 | 20:22 | 20:57 | 21:32 | 22:07 | 22:42 | 13:17 |
| 2 | 16:24 | 16:59 | 17:34 | 18:09 | 18:44 | 19:19 | 19:54 | 20:29 | 21:04 | 21:39 | 22:14 | 22:49 | 23:24 |
| 3 | 16:27 | 17:02 | 17:37 | 18:12 | 18:47 | 19:22 | 19:57 | 20:32 | 21:07 | 21:42 | 22:17 | 22:52 | 23:27 |
| 5 | | | | | | | 19:58 | | | | | | |
| 7 | 16:32 | | 17:42 | | 18:52 | | 20:02 | | 21:12 | | 22:22 | | 23:32 |

| 巡检路线3 | 巡检时间 | | | | | | | | | | | | |
|---|---|---|---|---|---|---|---|---|---|---|---|---|---|
| 22 | 16:10 | 16:45 | 17:20 | 17:55 | 18:30 | 19:05 | 19:40 | 20:15 | 20:50 | 21:25 | 22:00 | 22:35 | 23:10 |
| 23 | 16:13 | 16:48 | 17:23 | 17:58 | 18:33 | 19:08 | 19:43 | 20:18 | 20:53 | 21:28 | 22:03 | 22:38 | 23:13 |
| 24 | 16:17 | 16:52 | 17:27 | 18:02 | 18:37 | 19:12 | 19:47 | 20:22 | 20:57 | 21:32 | 22:07 | 22:42 | 23:17 |
| 9 | 16:21 | 16:56 | 17:31 | 18:06 | 18:41 | 19:16 | 19:51 | 20:26 | 21:01 | 21:36 | 22:11 | 22:46 | 23:21 |
| 25 | | 17:03 | | | 18:48 | | | 20:33 | | | 22:18 | | |
| 26 | 16:33 | 17:08 | 17:43 | 18:18 | 18:53 | 19:28 | 20:03 | 20:38 | 21:13 | 21:48 | 22:23 | 22:58 | 23:33 |

续表

| 巡检路线4 | 巡检时间 | | | | | | | | | | | | |
|---|---|---|---|---|---|---|---|---|---|---|---|---|---|
| 17 | 16:08 | | | | | | | | | | | | |
| 8 | 16:21 | 16:56 | 17:31 | 18:06 | 18:41 | 19:16 | 19:51 | 20:26 | 21:01 | 21:36 | 22:11 | 22:46 | 23:21 |
| 10 | | 17:06 | | | 18:51 | | | 20:36 | | | 22:21 | | |
| 12 | 16:39 | 17:14 | 17:49 | 18:24 | 18:59 | 19:34 | 20:09 | 20:44 | 21:19 | 21:54 | 22:29 | 23:04 | 23:39 |
| 15 | 16:43 | 17:18 | 17:53 | 18:28 | 19:03 | 19:38 | 20:13 | 20:48 | 21:23 | 21:28 | 22:58 | 23:08 | 23:43 |

| 巡检路线5 | 巡检时间 | | | | | | | | | | | | |
|---|---|---|---|---|---|---|---|---|---|---|---|---|---|
| 18 | 16:28 | 17:03 | 17:38 | 18:13 | 18:48 | 19:23 | 19:58 | 20:33 | 21:08 | 21:43 | 22:18 | 22:53 | 23:28 |
| 16 | 16:33 | 17:08 | 17:43 | 18:18 | 18:53 | 19:28 | 20:03 | 20:38 | 21:13 | 21:48 | 22:23 | 22:58 | 23:33 |
| 13 | 16:38 | | 17:48 | | 18:58 | | 20:08 | | 21:18 | | 22:28 | | 23:38 |
| 11 | 16:45 | 17:20 | 17:55 | 18:30 | 19:05 | 19:40 | 20:15 | 20:50 | 21:25 | 22:00 | 22:35 | 23:10 | 23:45 |

注：每条路线只需要1个人，每个班次只需要5个人．

### 附表3　固时上班第三班次巡检时间表

| 巡检路线1 | 巡检时间 | | | | | | | | | | | | | |
|---|---|---|---|---|---|---|---|---|---|---|---|---|---|---|
| 21 | | 0:22 | | 1:32 | | 2:42 | | 3:52 | | 5:02 | | 6:12 | | 7:22 |
| 4 | 23:51 | 0:26 | 1:01 | 1:36 | 2:11 | 2:46 | 3:21 | 3:56 | 4:31 | 5:06 | 5:41 | 6:16 | 6:51 | 7:26 |
| 1 | 23:58 | 0:33 | 1:08 | 1:43 | 2:18 | 2:53 | 3:28 | 4:03 | 4:38 | 5:13 | 5:48 | 6:23 | 6:58 | 7:33 |
| 3 | 0:04 | 0:39 | 1:14 | 1:49 | 2:24 | 2:59 | 3:34 | 4:09 | 4:44 | 5:19 | 5:54 | 6:29 | 7:04 | 7:39 |
| 6 | 0:08 | 0:43 | 1:18 | 1:53 | 2:28 | 3:03 | 3:38 | 4:13 | 4:48 | 5:23 | 5:58 | 6:33 | 7:08 | 7:43 |
| 14 | 0:12 | 0:47 | 1:22 | 1:57 | 2:32 | 3:07 | 3:42 | 4:17 | 4:52 | 5:27 | 6:02 | 6:37 | 7:12 | 7:47 |

| 巡检路线2 | 巡检时间 | | | | | | | | | | | | | |
|---|---|---|---|---|---|---|---|---|---|---|---|---|---|---|
| 20 | 23:47 | 0:22 | 0:57 | 1:32 | 2:07 | 2:42 | 3:17 | 3:52 | 4:27 | 5:02 | 5:37 | 6:12 | 6:47 | 7:22 |
| 19 | 23:52 | 0:27 | 1:02 | 1:37 | 2:12 | 2:47 | 3:22 | 3:57 | 4:32 | 5:07 | 5:42 | 6:17 | 6:52 | 7:27 |
| 2 | 23:59 | 0:34 | 1:09 | 1:44 | 2:19 | 2:54 | 3:29 | 4:04 | 4:39 | 5:14 | 5:49 | 6:24 | 6:59 | 7:34 |
| 3 | 0:02 | 0:37 | 1:12 | 1:47 | 2:22 | 2:57 | 3:32 | 4:07 | 4:42 | 5:17 | 5:52 | 6:27 | 7:02 | 7:37 |
| 5 | | | | | | | | | | | | | | |
| 7 | | 0:42 | | 1:52 | | 3:02 | | 4:12 | | 5:22 | | 6:32 | | 7:42 |

续表

| 巡检路线3 | 巡检时间 | | | | | | | | | | | | | |
|---|---|---|---|---|---|---|---|---|---|---|---|---|---|---|
| 22 | 23:45 | 0:20 | 0:55 | 1:30 | 2:05 | 2:40 | 3:15 | 3:50 | 4:25 | 5:00 | 5:35 | 6:10 | 6:45 | 7:20 |
| 23 | 23:48 | 0:23 | 0:58 | 1:33 | 2:08 | 2:43 | 3:18 | 3:53 | 4:28 | 5:03 | 5:38 | 6:13 | 6:48 | 7:23 |
| 24 | 23:52 | 0:27 | 1:02 | 1:37 | 2:12 | 2:47 | 3:22 | 3:57 | 4:32 | 5:07 | 5:42 | 6:17 | 6:52 | 7:27 |
| 9 | 23:56 | 0:31 | 1:06 | 1:41 | 2:16 | 2:51 | 3:26 | 4:01 | 4:36 | 5:11 | 5:46 | 6:21 | 6:56 | 7:31 |
| 25 | 0:03 | | | 1:48 | | | 3:33 | | | 5:18 | | | 7:03 | |
| 26 | 0:08 | 0:43 | 1:08 | 1:53 | 2:28 | 3:03 | 3:38 | 4:13 | 4:48 | 5:23 | 5:58 | 6:33 | 7:08 | 7:43 |

| 巡检路线4 | 巡检时间 | | | | | | | | | | | | | |
|---|---|---|---|---|---|---|---|---|---|---|---|---|---|---|
| 17 | | 0:08 | | | | | | | | | | | | |
| 8 | 23:56 | 0:31 | 1:06 | 1:41 | 2:16 | 2:51 | 3:26 | 4:01 | 4:36 | 5:11 | 5:46 | 6:21 | 6:56 | 7:31 |
| 10 | 0:06 | | | 1:51 | | | 3:36 | | | 5:21 | | | 7:06 | |
| 12 | 0:14 | 0:49 | 1:24 | 1:59 | 2:34 | 3:09 | 3:44 | 4:19 | 4:54 | 5:29 | 6:04 | 6:39 | 7:14 | 7:49 |
| 15 | 0:18 | 0:53 | 1:28 | 2:03 | 2:38 | 3:13 | 3:48 | 4:23 | 4:58 | 5:33 | 6:08 | 6:43 | 7:18 | 7:53 |

| 巡检路线5 | 巡检时间 | | | | | | | | | | | | | |
|---|---|---|---|---|---|---|---|---|---|---|---|---|---|---|
| 18 | 0:03 | 0:38 | 1:13 | 1:48 | 2:23 | 5:58 | 3:33 | 4:08 | 4:43 | 5:18 | 5:53 | 6:28 | 7:03 | 7:38 |
| 16 | 0:08 | 0:43 | 1:18 | 1:53 | 2:28 | 3:03 | 3:38 | 4:13 | 4:48 | 5:23 | 5:58 | 6:33 | 7:08 | 7:43 |
| 13 | | 0:48 | | 1:58 | | 3:08 | | 4:18 | | 5:28 | | 6:38 | | 7:48 |
| 11 | 0:20 | 0:55 | 1:30 | 2:05 | 2:40 | 3:15 | 3:50 | 4:25 | 5:00 | 5:35 | 6:10 | 6:45 | 7:20 | 7:55 |

注：每条路线只需要1个人，每个班次只需要5个人.

**附表4 固时上班可休息进餐第一班次巡检时间表**

| 巡检路线1 | 巡检时间 | | | | | | | | | | | | | |
|---|---|---|---|---|---|---|---|---|---|---|---|---|---|---|
| 21 | 12:07 | 12:42 | | 13:52 | | 15:02 | | 16:12 | | 17:22 | | 18:32 | | 19:42 |
| 4 | 12:11 | 12:46 | 13:21 | 13:56 | 14:31 | 15:06 | 15:41 | 16:16 | 16:51 | 17:26 | 18:01 | 18:36 | 19:11 | 19:46 |
| 1 | 12:18 | 12:53 | 13:28 | 14:03 | 14:38 | 15:13 | 15:48 | 16:23 | 16:58 | 17:33 | 18:08 | 18:43 | 19:18 | 19:53 |
| 3 | 12:24 | 12:59 | 13:34 | 14:09 | 14:44 | 15:19 | 15:54 | 16:29 | 17:04 | 17:39 | 18:14 | 18:49 | 19:24 | 19:59 |
| 6 | 12:28 | 13:03 | 13:38 | 14:13 | 14:48 | 15:23 | 15:58 | 16:33 | 17:08 | 17:43 | 18:18 | 18:53 | 19:28 | 20:03 |
| 14 | 12:32 | 13:07 | 13:42 | 14:17 | 14:52 | 15:27 | 16:02 | 16:37 | 17:12 | 17:47 | 18:22 | 18:57 | 19:32 | 20:07 |

| 巡检路线2 | 巡检时间 | | | | | | | | | | | | | |
|---|---|---|---|---|---|---|---|---|---|---|---|---|---|---|
| 20 | 12:07 | 12:42 | 13:17 | 15:52 | 14:27 | 15:02 | 15:37 | 16:12 | 16:47 | 17:22 | 17:57 | 18:32 | 19:07 | 19:42 |
| 19 | 12:12 | 12:47 | 13:22 | 13:57 | 14:32 | 15:07 | 15:42 | 16:17 | 16:52 | 17:27 | 18:02 | 18:37 | 19:12 | 19:47 |
| 2 | 12:19 | 12:54 | 13:29 | 14:04 | 14:39 | 15:14 | 15:49 | 16:24 | 16:59 | 17:34 | 18:09 | 18:44 | 19:19 | 19:54 |
| 3 | 12:22 | 12:57 | 13:32 | 14:07 | 14:42 | 15:17 | 15:52 | 16:27 | 17:02 | 17:37 | 18:12 | 18:47 | 19:22 | 19:57 |
| 5 | | | | | | | | | | | | | | 19:58 |
| 7 | | 13:02 | | 14:12 | | 15:22 | | 16:32 | | 17:42 | | 18:52 | | 20:02 |

| 巡检路线3 | 巡检时间 | | | | | | | | | | | | | |
|---|---|---|---|---|---|---|---|---|---|---|---|---|---|---|
| 22 | 12:05 | 12:40 | 13:15 | 13:50 | 14:25 | 15:00 | 15:35 | 16:10 | 16:45 | 17:20 | 17:55 | 18:30 | 19:05 | 19:40 |
| 23 | 12:08 | 12:43 | 13:18 | 13:53 | 14:28 | 15:03 | 15:38 | 16:13 | 16:48 | 17:23 | 17:58 | 18:33 | 19:08 | 19:43 |
| 24 | 12:12 | 12:47 | 13:22 | 13:57 | 14:32 | 15:07 | 15:42 | 16:17 | 16:52 | 17:27 | 18:02 | 18:37 | 19:12 | 19:47 |
| 9 | 12:16 | 12:51 | 13:26 | 14:01 | 14:36 | 15:11 | 15:46 | 16:21 | 16:56 | 17:31 | 18:06 | 18:41 | 19:16 | 19:51 |
| 25 | | 13:33 | | | 15:18 | | | 17:03 | | | 18:48 | | |

| 巡检路线4 | 巡检时间 | | | | | | | | | | | | | |
|---|---|---|---|---|---|---|---|---|---|---|---|---|---|---|
| 17 | | | | | | | 16:08 | | | | | | | |
| 8 | 12:16 | 12:51 | 13:26 | 14:01 | 14:36 | 15:11 | 15:46 | 16:21 | 16:56 | 17:31 | 18:06 | 18:41 | 19:16 | 19:51 |
| 10 | | 13:36 | | | 15:21 | | | 17:06 | | | 18:51 | | |
| 12 | 12:34 | 13:09 | 13:44 | 14:19 | 14:54 | 15:29 | 16:04 | 16:39 | 17:14 | 17:49 | 18:24 | 18:59 | 19:34 | 20:09 |
| 15 | 12:38 | 13:13 | 13:48 | 14:23 | 14:58 | 15:33 | 16:08 | 16:43 | 17:18 | 17:53 | 18:28 | 19:03 | 19:38 | 20:13 |

| 巡检路线5 | 巡检时间 | | | | | | | | | | | | | |
|---|---|---|---|---|---|---|---|---|---|---|---|---|---|---|
| 18 | 12:23 | 12:58 | 13:33 | 14:08 | 14:43 | 15:18 | 15:53 | 16:28 | 17:03 | 17:38 | 18:13 | 18:48 | 19:23 | 19:58 |
| 16 | 12:28 | 13:03 | 13:38 | 14:13 | 14:48 | 15:23 | 15:58 | 16:33 | 17:08 | 17:43 | 18:18 | 18:53 | 19:28 | 20:03 |
| 13 | | 13:08 | | 14:18 | | 15:28 | | 16:38 | | 17:48 | | 18:58 | | 20:08 |
| 11 | 12:40 | 13:15 | 13:50 | 14:25 | 15:00 | 13:35 | 16:10 | 16:45 | 17:20 | 17:55 | 18:30 | 19:05 | 19:40 | 20:15 |

| 巡检路线6 | 巡检时间 | | | | | | | | | | | | | |
|---|---|---|---|---|---|---|---|---|---|---|---|---|---|---|
| 26 | 12:10 | 12:45 | 13:20 | 13:55 | 14:30 | 15:05 | 15:40 | 16:15 | 16:50 | 17:25 | 18:00 | 18:35 | 19:10 | 19:45 |

注：路线1～5每班次需要2个人，路线6需要1个人，总共需要11个人.

#### 附表5　固时上班可休息进餐第二班次巡检时间表

| 巡检路线1 | 巡检时间 | | | | | | | | | | | | |
|---|---|---|---|---|---|---|---|---|---|---|---|---|---|
| 21 | | 20:52 | | 22:02 | | 23:12 | | 0:22 | | 1:32 | | 2:42 | |
| 4 | 20:21 | 20:56 | 21:31 | 22:06 | 22:41 | 23:16 | 23:51 | 0:26 | 1:01 | 1:36 | 2:11 | 2:46 | 3:21 |
| 1 | 20:28 | 21:03 | 21:38 | 22:13 | 22:48 | 23:23 | 23:58 | 0:33 | 1:08 | 1:43 | 2:18 | 2:53 | 3:28 |
| 3 | 20:34 | 21:09 | 21:44 | 22:19 | 22:54 | 23:29 | 0:04 | 0:39 | 1:14 | 1:49 | 2:24 | 2:59 | 3:34 |
| 6 | 20:38 | 21:13 | 21:48 | 22:23 | 22:58 | 23:33 | 0:08 | 0:43 | 1:18 | 1:53 | 2:28 | 3:03 | 3:38 |
| 14 | 20:42 | 21:17 | 21:52 | 22:27 | 23:02 | 23:37 | 0:12 | 4:47 | 1:22 | 1:57 | 2:32 | 3:07 | 3:42 |

续表

| 巡检路线2 | 巡检时间 | | | | | | | | | | | | |
|---|---|---|---|---|---|---|---|---|---|---|---|---|---|
| 20 | 20:17 | 20:52 | 21:27 | 22:02 | 22:37 | 23:12 | 23:47 | 0:22 | 0:57 | 1:32 | 2:07 | 2:42 | 3:17 |
| 19 | 20:22 | 20:57 | 21:32 | 22:07 | 22:42 | 23:17 | 23:52 | 0:27 | 1:02 | 1:37 | 2:12 | 2:47 | 3:22 |
| 2 | 20:29 | 21:04 | 21:39 | 22:14 | 22:49 | 23:24 | 23:59 | 0:34 | 1:09 | 1:44 | 2:19 | 2:54 | 3:29 |
| 3 | 20:32 | 21:07 | 21:42 | 22:17 | 22:52 | 23:27 | 0:02 | 0:37 | 1:12 | 1:47 | 2:22 | 2:57 | 3:32 |
| 5 | | | | | | | | | | | | | |
| 7 | | 21:12 | | 22:22 | | 23:32 | | 0:42 | | 1:52 | | 3:02 | |

| 巡检路线3 | 巡检时间 | | | | | | | | | | | | |
|---|---|---|---|---|---|---|---|---|---|---|---|---|---|
| 22 | 20:15 | 20:50 | 21:25 | 22:00 | 22:35 | 23:10 | 23:45 | 0:20 | 0:50 | 1:30 | 2:05 | 2:40 | 3:15 |
| 23 | 20:18 | 20:53 | 21:28 | 22:03 | 22:38 | 23:13 | 23:48 | 0:23 | 0:58 | 1:33 | 2:08 | 2:43 | 3:18 |
| 24 | 20:22 | 20:57 | 21:32 | 22:07 | 22:42 | 23:17 | 23:52 | 0:27 | 1:02 | 1:37 | 2:12 | 2:47 | 3:22 |
| 9 | 20:26 | 21:01 | 21:36 | 22:11 | 22:46 | 23:21 | 23:56 | 0:31 | 1:06 | 1:41 | 2:16 | 2:51 | 3:26 |
| 25 | 20:33 | | | 22:18 | | | 0:03 | | | 1:48 | | | 3:33 |

| 巡检路线4 | 巡检时间 | | | | | | | | | | | | |
|---|---|---|---|---|---|---|---|---|---|---|---|---|---|
| 17 | | | | | | | 0:08 | | | | | | |
| 8 | 20:26 | 21:01 | 21:36 | 22:11 | 22:46 | 23:21 | 23:56 | 0:31 | 1:06 | 1:41 | 2:16 | 2:51 | 3:26 |
| 10 | 20:36 | | | 22:21 | | | 0:06 | | | 1:51 | | | 3:36 |
| 12 | 20:44 | 21:19 | 21:54 | 22:29 | 23:04 | 23:39 | 0:14 | 0:49 | 1:24 | 1:59 | 2:34 | 3:09 | 3:44 |
| 15 | 20:48 | 21:23 | 21:58 | 22:33 | 23:08 | 23:43 | 0:18 | 0:53 | 1:28 | 2:03 | 2:38 | 3:13 | 3:48 |

| 巡检路线5 | 巡检时间 | | | | | | | | | | | | |
|---|---|---|---|---|---|---|---|---|---|---|---|---|---|
| 18 | 20:33 | 21:08 | 21:43 | 22:18 | 22:53 | 23:28 | 0:03 | 0:38 | 1:13 | 1:48 | 2:23 | 2:58 | 3:33 |
| 16 | 20:38 | 21:13 | 21:48 | 22:23 | 22:58 | 23:33 | 0:08 | 0:43 | 1:18 | 1:53 | 2:28 | 3:03 | 3:38 |
| 13 | | 21:18 | | 22:28 | | 23:38 | | 0:48 | | 1:58 | | 3:08 | |
| 11 | 20:50 | 21:25 | 22:00 | 22:35 | 23:10 | 23:45 | 0:20 | 0:55 | 1:30 | 2:05 | 2:40 | 3:15 | 3:50 |

| 巡检路线6 | 巡检时间 | | | | | | | | | | | | |
|---|---|---|---|---|---|---|---|---|---|---|---|---|---|
| 26 | 20:20 | 20:55 | 21:30 | 22:05 | 22:40 | 23:15 | 23:50 | 0:25 | 1:00 | 1:35 | 2:10 | 2:45 | 3:20 |

注：每条路线只需要6个人，共6个人.

**附表6　固时上班可休息进餐第三班次巡检时间表**

| 巡检路线1 | 巡检时间 | | | | | | | | | | | | | |
|---|---|---|---|---|---|---|---|---|---|---|---|---|---|---|
| 21 | 3:52 | | 5:02 | | 6:12 | | 7:22 | 8:02 | | 9:12 | | 10:22 | | 11:32 |
| 4 | 3:56 | 4:31 | 5:06 | 5:41 | 6:16 | 6:51 | 7:26 | 8:06 | 8:41 | 9:16 | 9:51 | 10:26 | 11:01 | 11:36 |
| 1 | 4:03 | 4:38 | 5:13 | 5:48 | 6:23 | 6:58 | 7:33 | 8:13 | 8:48 | 9:23 | 9:58 | 10:33 | 11:08 | 11:43 |
| 3 | 4:09 | 4:44 | 5:19 | 5:54 | 6:29 | 7:04 | 7:39 | 8:19 | 8:54 | 9:29 | 10:04 | 10:39 | 11:14 | 11:49 |
| 6 | 4:13 | 4:48 | 5:23 | 5:58 | 6:33 | 7:08 | 7:43 | 8:23 | 8:58 | 9:33 | 10:08 | 10:43 | 11:18 | 11:53 |
| 14 | 4:17 | 4:52 | 5:27 | 6:02 | 6:37 | 7:12 | 7:47 | 8:27 | 9:02 | 9:37 | 10:12 | 10:47 | 11:22 | 11:57 |

| 巡检路线2 | 巡检时间 | | | | | | | | | | | | | |
|---|---|---|---|---|---|---|---|---|---|---|---|---|---|---|
| 20 | 3:52 | 4:27 | 5:02 | 5:37 | 6:12 | 6:47 | 7:22 | 8:02 | 8:37 | 9:12 | 9:47 | 10:22 | 10:57 | 11:32 |
| 19 | 3:57 | 4:32 | 5:07 | 5:42 | 6:17 | 6:52 | 7:27 | 8:07 | 8:42 | 9:17 | 9:52 | 10:27 | 11:02 | 11:37 |
| 2 | 4:04 | 4:39 | 5:14 | 5:49 | 6:24 | 6:59 | 7:34 | 8:14 | 8:49 | 9:24 | 9:59 | 10:34 | 11:09 | 11:44 |
| 3 | 4:07 | 4:42 | 5:17 | 5:52 | 6:27 | 7:02 | 7:37 | 8:17 | 8:52 | 9:27 | 10:02 | 10:37 | 11:12 | 11:47 |
| 5 | | | | | | | | 8:18 | | | | | | |
| 7 | 4:12 | | 5:22 | | 6:32 | | 7:42 | 8:22 | | 9:32 | | 10:42 | | 11:52 |

| 巡检路线3 | 巡检时间 | | | | | | | | | | | | | |
|---|---|---|---|---|---|---|---|---|---|---|---|---|---|---|
| 22 | 3:50 | 4:25 | 5:00 | 5:35 | 6:10 | 6:45 | 7:20 | 8:00 | 8:35 | 9:10 | 9:45 | 10:20 | 10:55 | 11:30 |
| 23 | 3:53 | 4:28 | 5:03 | 5:38 | 6:13 | 6:48 | 7:23 | 8:08 | 8:38 | 9:13 | 9:48 | 10:23 | 10:58 | 11:33 |
| 24 | 3:57 | 4:32 | 5:07 | 5:42 | 6:17 | 6:52 | 7:27 | 8:07 | 8:42 | 9:17 | 9:52 | 10:27 | 11:02 | 11:37 |
| 9 | 4:01 | 4:36 | 5:11 | 5:46 | 6:21 | 6:56 | 7:31 | 8:11 | 8:46 | 9:21 | 9:56 | 10:31 | 11:06 | 11:41 |
| 25 | | | 5:18 | | | 7:03 | | 8:18 | | | 10:03 | | | 11:48 |

| 巡检路线4 | 巡检时间 | | | | | | | | | | | | | |
|---|---|---|---|---|---|---|---|---|---|---|---|---|---|---|
| 17 | | | | | | | | 8:08 | | | | | | |
| 8 | 4:01 | 4:36 | 5:11 | 5:46 | 6:21 | 6:56 | 7:31 | 8:11 | 8:46 | 9:21 | 9:56 | 10:31 | 11:06 | 11:41 |
| 10 | | | 5:21 | | | 7:06 | | 8:21 | | | 10:06 | | | 11:51 |
| 12 | 4:19 | 4:54 | 5:29 | 6:04 | 6:39 | 7:14 | 7:49 | 8:29 | 9:04 | 9:39 | 10:14 | 10:49 | 11:24 | 11:59 |
| 15 | 4:23 | 4:58 | 5:33 | 6:08 | 6:43 | 7:18 | 7:53 | 8:33 | 9:08 | 9:43 | 10:18 | 10:53 | 11:28 | 12:03 |

| 巡检路线5 | 巡检时间 | | | | | | | | | | | | | |
|---|---|---|---|---|---|---|---|---|---|---|---|---|---|---|
| 18 | 4:08 | 4:43 | 5:18 | 5:53 | 6:28 | 7:03 | 7:38 | 8:18 | 8:53 | 9:28 | 10:03 | 10:38 | 11:13 | 11:48 |
| 16 | 4:13 | 4:48 | 5:23 | 5:58 | 6:33 | 7:08 | 7:43 | 8:23 | 8:58 | 9:33 | 10:08 | 10:43 | 11:18 | 11:53 |
| 13 | 4:18 | | 5:28 | | 6:38 | | 7:48 | 8:28 | | 9:38 | | 10:48 | | 11:58 |
| 11 | 4:25 | 5:00 | 5:35 | 6:10 | 6:45 | 7:20 | 7:55 | 8:35 | 9:10 | 9:45 | 10:20 | 10:55 | 11:30 | 12:05 |

| 巡检路线6 | 巡检时间 | | | | | | | | | | | | | |
|---|---|---|---|---|---|---|---|---|---|---|---|---|---|---|
| 26 | 3:55 | 4:30 | 5:05 | 5:40 | 6:15 | 6:50 | 7:25 | 8:00 | 8:35 | 9:10 | 9:45 | 10:20 | 10:55 | 11:30 |

注：每条路线只需6个人，共6个人.

### 附表7 错时上班第一班次巡检时间表

| 巡检点 | 第一人巡检时间 | | | 第二人巡检时间 | | | 第三人巡检时间 | | | 第四人巡检时间 | | |
|---|---|---|---|---|---|---|---|---|---|---|---|---|
| 22 | 8:00 | 10:20 | 12:40 | 8:35 | 10:55 | 13:15 | 9:10 | 11:30 | 13:50 | 9:45 | 12:05 | 14:25 |
| 20 | 8:04 | 10:24 | 12:44 | 8:39 | 10:59 | 13:19 | 9:14 | 11:34 | 13:54 | 9:49 | 12:09 | 14:29 |
| 19 | 8:09 | 10:29 | 12:49 | 8:44 | 11:04 | 13:24 | 9:19 | 11:39 | 13:59 | 9:54 | 12:14 | 14:34 |
| 2 | 8:16 | 10:36 | 12:56 | 8:51 | 11:11 | 13:31 | 9:26 | 11:46 | 14:06 | 10:01 | 12:21 | 14:41 |
| 1 | 8:20 | 10:40 | 13:00 | 8:55 | 11:15 | 13:35 | 9:30 | 11:50 | 14:10 | 10:05 | 12:25 | 14:45 |
| 3 | 8:26 | 10:46 | 13:06 | 9:01 | 11:21 | 13:41 | 9:36 | 11:56 | 14:16 | 10:11 | 12:31 | 14:51 |
| 5 | 8:30 | 10:50 | 13:10 | 9:05 | 11:25 | 13:45 | 9:40 | 12:00 | 14:20 | 10:15 | 12:35 | 14:55 |
| 7 | 8:34 | 10:54 | 13:14 | 9:09 | 11:29 | 13:49 | 9:44 | 12:04 | 14:24 | 10:19 | 12:39 | 14:59 |
| | | | | | | | | | | | | |
| | | | | | | | | | | | | |
| 5 | 8:36 | 10:56 | 13:16 | 9:11 | 11:31 | 13:51 | 9:46 | 12:06 | 14:26 | 10:21 | 12:41 | 15:01 |
| 3 | 8:37 | 10:57 | 13:17 | 9:12 | 11:32 | 13:52 | 9:47 | 12:07 | 14:07 | 10:22 | 12:42 | 15:02 |
| 6 | 8:38 | 10:58 | 13:18 | 9:13 | 11:33 | 13:53 | 9:48 | 12:08 | 14:28 | 10:23 | 12:43 | 15:03 |
| 14 | 8:42 | 11:02 | 13:22 | 9:17 | 11:37 | 13:57 | 9:52 | 12:12 | 14:32 | 10:27 | 12:47 | 15:07 |
| 6 | 8:46 | 11:06 | 13:26 | 9:21 | 11:41 | 14:01 | 9:56 | 12:16 | 14:36 | 10:31 | 12:51 | 15:11 |
| 10 | 8:51 | 11:11 | 13:31 | 9:26 | 11:46 | 14:06 | 10:01 | 12:21 | 14:41 | 10:36 | 12:56 | 15:16 |
| 11 | 8:55 | 11:15 | 13:35 | 9:30 | 11:50 | 14:10 | 10:05 | 12:25 | 14:25 | 10:40 | 13:00 | 15:20 |
| 13 | 9:00 | 11:20 | 13:40 | 9:35 | 11:55 | 14:15 | 10:10 | 12:30 | 14:50 | 10:45 | 13:05 | 15:25 |
| 16 | 9:07 | 11:27 | 13:47 | 9:42 | 12:02 | 14:22 | 10:17 | 12:37 | 14:57 | 10:52 | 13:12 | 15:32 |
| | | | | | | | | | | | | |
| 18 | 9:13 | 11:33 | 13:53 | 9:48 | 12:08 | 14:28 | 10:23 | 12:43 | 15:03 | 10:58 | 13:18 | 15:38 |
| 15 | 9:17 | 11:37 | 13:57 | 9:52 | 12:2 | 14:32 | 10:27 | 12:47 | 15:07 | 11:02 | 13:22 | 15:42 |
| 12 | 9:21 | 11:41 | 14:01 | 9:56 | 12:16 | 14:36 | 10:31 | 12:51 | 15:11 | 11:06 | 13:26 | 15:46 |
| 26 | 9:31 | 11:51 | 14:11 | 10:06 | 12:26 | 14:46 | 10:41 | 13:01 | 15:21 | 11:16 | 13:36 | 15:56 |
| 25 | 9:36 | 11:56 | 14:16 | 10:11 | 12:31 | 14:51 | 10:46 | 13:06 | 15:26 | 11:21 | 13:41 | 16:01 |
| 17 | 9:39 | 11:59 | 14:19 | 10:14 | 12:34 | 14:54 | 10:49 | 13:09 | 15:29 | 11:24 | 13:44 | 16:04 |
| 8 | 9:24 | 12:02 | 14:22 | 10:7 | 12:37 | 14:57 | 10:52 | 13:12 | 15:32 | 11:27 | 13:47 | 16:07 |
| 25 | 9:47 | 12:07 | 14:27 | 10:22 | 12:42 | 15:02 | 10:57 | 13:17 | 15:37 | 11:32 | 13:52 | 16:12 |

附表8 错时上班第二班次巡检时间表

| 巡检点 | 第一人巡检时间 | | | 第二人巡检时间 | | | 第三人巡检时间 | | | 第四人巡检时间 | | |
|---|---|---|---|---|---|---|---|---|---|---|---|---|
| 22 | 15:00 | 17:20 | 19:40 | 15:35 | 17:55 | 20:15 | 16:10 | 18:30 | 20:50 | 16:45 | 19:05 | 21:25 |
| 20 | 15:04 | 17:24 | 19:44 | 15:39 | 17:59 | 20:19 | 16:14 | 18:34 | 20:54 | 16:49 | 19:09 | 21:29 |
| 19 | 15:09 | 17:29 | 19:49 | 15:44 | 18:04 | 20:24 | 16:19 | 18:39 | 20:59 | 16:54 | 19:14 | 21:34 |
| 2 | 15:16 | 17:36 | 19:56 | 15:51 | 18:11 | 20:31 | 16:26 | 18:46 | 21:06 | 17:01 | 19:21 | 21:41 |
| 1 | 15:20 | 17:40 | 20:00 | 15:55 | 18:15 | 20:35 | 16:30 | 18:50 | 21:10 | 17:05 | 19:25 | 21:45 |
| 3 | 15:26 | 17:46 | 20:06 | 16:01 | 18:21 | 20:41 | 16:36 | 18:56 | 21:16 | 17:11 | 19:31 | 21:51 |
| 5 | 15:30 | 17:50 | 20:10 | 16:05 | 18:25 | 20:45 | 16:40 | 19:00 | 21:20 | 17:15 | 19:35 | 21:55 |
| 7 | 15:34 | 17:54 | 20:14 | 16:09 | 18:29 | 20:49 | 16:44 | 19:04 | 21:24 | 17:19 | 19:39 | 21:59 |
| 5 | 13:36 | 17:56 | 20:16 | 16:11 | 18:31 | 20:51 | 16:46 | 19:06 | 21:26 | 17:21 | 19:41 | 20:01 |
| 3 | 15:37 | 17:57 | 20:17 | 16:12 | 18:32 | 20:52 | 16:47 | 19:07 | 21:27 | 17:22 | 19:42 | 20:02 |
| 6 | 15:38 | 17:58 | 20:18 | 16:13 | 18:33 | 20:53 | 16:48 | 19:08 | 21:28 | 17:23 | 19:43 | 22:03 |
| 14 | 15:42 | 18:02 | 20:22 | 16:17 | 18:37 | 20:57 | 16:52 | 19:12 | 21:32 | 17:27 | 19:47 | 22:07 |
| 6 | 15:46 | 18:06 | 20:26 | 16:21 | 18:41 | 21:01 | 16:56 | 19:16 | 21:36 | 17:31 | 19:51 | 22:11 |
| 10 | 15:51 | 18:11 | 20:31 | 16:26 | 18:46 | 21:06 | 17:01 | 19:21 | 21:41 | 17:36 | 19:56 | 22:16 |
| 11 | 15:55 | 18:15 | 20:35 | 16:30 | 18:50 | 21:10 | 17:05 | 19:25 | 21:45 | 17:40 | 20:00 | 22:20 |
| 13 | 16:00 | 18:20 | 20:40 | 16:35 | 18:55 | 21:15 | 17:10 | 19:30 | 21:50 | 17:45 | 20:05 | 22:25 |
| 16 | 16:07 | 18:27 | 20:47 | 16:42 | 19:02 | 21:22 | 17:17 | 19:37 | 21:57 | 17:52 | 20:12 | 22:32 |
| 18 | 16:13 | 18:33 | 20:53 | 16:48 | 19:08 | 21:28 | 17:23 | 19:43 | 22:03 | 17:58 | 20:18 | 22:38 |
| 15 | 16:17 | 18:37 | 20:57 | 16:52 | 19:12 | 21:32 | 17:27 | 19:47 | 22:07 | 18:02 | 20:22 | 22:42 |
| 12 | 16:21 | 18:41 | 21:01 | 16:56 | 19:16 | 21:36 | 17:31 | 19:51 | 22:11 | 18:06 | 20:26 | 22:46 |
| 26 | 16:31 | 18:51 | 21:11 | 17:06 | 19:26 | 21:46 | 17:41 | 20:01 | 22:21 | 18:16 | 20:36 | 22:56 |
| 25 | 16:36 | 18:56 | 21:16 | 17:11 | 19:31 | 21:51 | 17:46 | 20:06 | 22:26 | 18:21 | 20:41 | 23:01 |
| 17 | 16:39 | 18:59 | 21:19 | 17:14 | 19:34 | 21:54 | 17:49 | 20:09 | 22:29 | 18:24 | 20:44 | 23:04 |
| 8 | 16:42 | 19:02 | 21:22 | 17:17 | 19:37 | 21:57 | 17:52 | 20:12 | 22:32 | 18:27 | 20:47 | 23:07 |
| 25 | 16:47 | 19:07 | 21:27 | 17:22 | 19:42 | 22:02 | 17:57 | 20:17 | 22:37 | 18:32 | 20:52 | 23:12 |

附表9　错时上班第二班次巡检时间表

| 巡检点 | 第一人巡检时间 | | | | 第二人巡检时间 | | | | 第三人巡检时间 | | | | 第四人巡检时间 | | | |
|---|---|---|---|---|---|---|---|---|---|---|---|---|---|---|---|---|
| 22 | 22:00 | 0:20 | 2:40 | 5:00 | 22:35 | 0:55 | 3:15 | 5:35 | 23:10 | 1:30 | 3:50 | 6:10 | 23:45 | 2:05 | 4:25 | 6:45 |
| 20 | 22:04 | 0:24 | 2:44 | 5:04 | 22:39 | 0:59 | 3:19 | 5:39 | 23:14 | 1:34 | 3:54 | 6:14 | 23:49 | 2:09 | 4:29 | 6:49 |
| 19 | 22:09 | 0:29 | 2:49 | 5:09 | 22:44 | 1:04 | 3:24 | 5:44 | 23:19 | 1:39 | 3:59 | 6:19 | 23:54 | 2:14 | 4:34 | 6:54 |
| 2 | 22:16 | 0:36 | 2:56 | 5:16 | 22:51 | 1:11 | 3:31 | 5:51 | 23:26 | 1:46 | 4:06 | 6:26 | 0:01 | 2:21 | 4:41 | 7:01 |
| 1 | 22:20 | 0:40 | 3:00 | 5:20 | 22:55 | 1:15 | 3:35 | 5:55 | 23:30 | 1:50 | 4:10 | 6:30 | 0:05 | 2:25 | 4:45 | 7:05 |
| 3 | 22:26 | 0:46 | 3:06 | 5:26 | 23:01 | 1:21 | 3:41 | 6:01 | 23:36 | 1:56 | 4:16 | 6:36 | 0:11 | 2:31 | 4:51 | 7:11 |
| 5 | 22:30 | 0:50 | 3:10 | 5:30 | 23:05 | 1:25 | 3:45 | 6:05 | 23:40 | 2:00 | 4:20 | 6:40 | 0:15 | 2:35 | 4:55 | 7:15 |
| 7 | 22:34 | 0:54 | 3:14 | 5:34 | 23:09 | 1:29 | 3:49 | 6:09 | 23:44 | 2:04 | 4:24 | 6:44 | 0:19 | 2:39 | 4:59 | 7:19 |
| | | | | | | | | | | | | | | | | |
| 5 | 22:36 | 0:56 | 3:16 | 5:36 | 23:11 | 1:31 | 3:51 | 6:11 | 23:46 | 2:06 | 4:26 | 6:46 | 0:21 | 2:41 | 5:01 | 7:21 |
| 3 | 22:37 | 0:57 | 3:17 | 5:37 | 23:12 | 1:32 | 3:52 | 6:12 | 23:47 | 2:07 | 4:27 | 6:47 | 0:22 | 2:42 | 5:02 | 7:22 |
| 6 | 22:38 | 0:58 | 3:18 | 5:38 | 23:13 | 1:33 | 3:53 | 6:13 | 23:48 | 2:08 | 4:28 | 6:48 | 0:23 | 2:43 | 5:03 | 7:23 |
| 14 | 22:42 | 1:02 | 3:22 | 5:42 | 23:17 | 1:37 | 3:57 | 6:17 | 23:52 | 2:12 | 4:32 | 6:52 | 0:27 | 2:47 | 5:07 | 7:27 |
| 6 | 22:46 | 1:06 | 3:26 | 5:46 | 23:21 | 4:41 | 4:01 | 6:21 | 23:56 | 2:16 | 4:36 | 6:56 | 0:31 | 2:51 | 5:11 | 7:31 |
| 10 | 22:51 | 1:11 | 3:31 | 5:51 | 23:26 | 1:46 | 4:06 | 6:26 | 0:01 | 2:21 | 4:41 | 7:01 | 0:36 | 2:56 | 5:16 | 7:36 |
| 11 | 22:55 | 1:15 | 3:35 | 5:55 | 23:30 | 1:50 | 4:10 | 6:30 | 0:05 | 2:25 | 4:45 | 7:05 | 0:40 | 3:00 | 5:20 | 7:40 |
| 13 | 23:00 | 1:20 | 3:40 | 6:00 | 23:35 | 1:55 | 4:15 | 6:35 | 0:10 | 2:30 | 4:50 | 7:10 | 0:45 | 3:05 | 5:25 | 7:45 |
| 16 | 23:07 | 1:27 | 3:47 | 6:07 | 23:42 | 2:02 | 4:22 | 6:42 | 0:17 | 2:37 | 4:57 | 7:17 | 0:52 | 3:12 | 5:32 | 7:52 |
| | | | | | | | | | | | | | | | | |
| 18 | 23:13 | 1:33 | 3:53 | 6:13 | 23:48 | 2:08 | 4:28 | 6:48 | 0:23 | 2:43 | 5:03 | 7:23 | 0:58 | 3:18 | 5:38 | 7:58 |
| 15 | 23:17 | 1:37 | 3:57 | 6:17 | 23:52 | 2:12 | 4:32 | 6:52 | 0:27 | 2:47 | 5:07 | 7:27 | 1:02 | 3:22 | 5:42 | 8:02 |
| 12 | 23:21 | 1:41 | 4:01 | 6:21 | 23:56 | 2:16 | 4:36 | 6:56 | 0:31 | 2:51 | 5:11 | 7:31 | 1:06 | 3:26 | 5:46 | 8:06 |
| 26 | 23:31 | 1:51 | 4:11 | 6:31 | 0:06 | 2:26 | 4:46 | 7:06 | 0:41 | 3:01 | 5:21 | 7:41 | 1:16 | 3:36 | 5:56 | 8:16 |
| 25 | 23:36 | 1:56 | 4:16 | 6:36 | 0:11 | 2:31 | 4:51 | 7:11 | 0:46 | 3:06 | 5:26 | 7:46 | 1:21 | 3:41 | 6:01 | 8:21 |
| 17 | 23:39 | 1:59 | 4:19 | 6:39 | 0:14 | 2:34 | 4:54 | 7:14 | 0:49 | 3:09 | 5:29 | 7:49 | 1:24 | 3:44 | 6:04 | 8:24 |
| 8 | 23:42 | 2:02 | 4:22 | 6:42 | 0:17 | 2:37 | 4:57 | 7:17 | 0:52 | 3:12 | 5:32 | 7:52 | 1:27 | 3:47 | 6:07 | 8:27 |
| 25 | 23:47 | 2:07 | 4:27 | 6:47 | 0:22 | 2:42 | 5:02 | 7:22 | 0:57 | 3:17 | 5:37 | 7:57 | 1:32 | 3:52 | 6:12 | 8:32 |

附表10 错位休息第一班次巡检时间表

| 巡检路线1 | 巡检时间 | | | | | | | | | |
|---|---|---|---|---|---|---|---|---|---|---|
| XJ0021 | 12:07 | 12:42 | | 13:52 | | 15:02 | | 16:12 | | 17:22 |
| XJ0004 | 12:11 | 12:46 | 13:21 | 13:56 | 14:31 | 15:06 | 15:41 | 16:16 | 16:51 | 17:26 |
| XJ0001 | 12:18 | 12:53 | 13:28 | 14:03 | 14:38 | 15:13 | 15:48 | 16:23 | 16:58 | 17:33 |
| XJ0003 | 12:24 | 12:59 | 13:34 | 14:09 | 14:44 | 15:19 | 15:54 | 16:29 | 17:04 | 17:39 |
| XJ0006 | 12:28 | 13:03 | 13:38 | 14:13 | 14:48 | 15:23 | 15:58 | 16:33 | 17:08 | 17:43 |
| XJ0014 | 12:32 | 13:07 | 13:42 | 14:17 | 14:52 | 15:27 | 16:02 | 16:37 | 17:12 | 17:47 |

| 巡检路线2 | 巡检时间 | | | | | | | | | |
|---|---|---|---|---|---|---|---|---|---|---|
| XJ0020 | 12:07 | 12:42 | 13:17 | 13:52 | 14:27 | 15:02 | 15:37 | 16:12 | 16:47 | 17:22 |
| XJ0019 | 12:12 | 12:47 | 13:22 | 13:57 | 14:32 | 15:07 | 15:42 | 16:17 | 16:52 | 17:27 |
| XJ0002 | 12:19 | 12:54 | 13:29 | 14:04 | 14:39 | 15:14 | 15:49 | 16:24 | 16:59 | 17:34 |
| XJ0003 | 12:22 | 12:57 | 13:32 | 14:07 | 14:42 | 15:17 | 15:52 | 16:27 | 17:02 | 17:37 |
| XJ0005 | | | | | | | | | | |
| XJ0007 | | 13:02 | | 14:12 | | 15:22 | | 16:32 | | 17:42 |

| 巡检路线3 | 巡检时间 | | | | | | | | | |
|---|---|---|---|---|---|---|---|---|---|---|
| XJ0022 | 12:05 | 12:40 | 13:15 | 13:50 | 14:25 | 15:00 | 15:35 | 16:10 | 16:45 | 17:20 |
| XJ0023 | 12:08 | 12:43 | 13:18 | 13:53 | 14:28 | 15:03 | 13:58 | 16:13 | 16:48 | 17:23 |
| XJ0024 | 12:12 | 12:47 | 13:22 | 13:57 | 14:32 | 15:07 | 15:42 | 16:17 | 16:52 | 17:27 |
| XJ0009 | 12:16 | 12:51 | 13:26 | 14:01 | 13:36 | 15:11 | 15:46 | 16:21 | 16:56 | 17:31 |
| XJ0025 | | 13:33 | | | | 15:18 | | | 17:03 | |

| 巡检路线4 | 巡检时间 | | | | | | | | | |
|---|---|---|---|---|---|---|---|---|---|---|
| XJ0017 | | | | | | | | 16:08 | | |
| XJ0008 | 12:16 | 12:51 | 13:26 | 14:01 | 14:36 | 15:11 | 15:46 | 16:21 | 16:56 | 17:31 |
| XJ0010 | | | 13:36 | | | 15:21 | | | | |
| XJ0012 | 12:34 | 13:09 | 13:44 | 14:19 | 14:54 | 15:29 | 16:04 | 16:39 | 17:14 | 17:49 |
| XJ0015 | 12:38 | 13:13 | 13:48 | 14:23 | 14:58 | 15:33 | 16:08 | 16:43 | 17:18 | 17:53 |

| 巡检路线5 | 巡检时间 | | | | | | | | | |
|---|---|---|---|---|---|---|---|---|---|---|
| XJ0018 | 12:23 | 12:58 | 13:33 | 14:08 | 14:43 | 15:18 | 15:53 | 16:28 | 17:03 | 17:38 |

附表11　错位休息第二班次巡检时间表

| 巡检路线 1 | 巡检时间 | | | | | | | | | | | | | | |
|---|---|---|---|---|---|---|---|---|---|---|---|---|---|---|---|
| XJ0021 | 18:32 | | 19:42 | | 20:52 | | 22:02 | | 23:12 | | 0:22 | | 1:32 | | 2:42 |
| XJ0004 | 18:01 | 18:36 | 19:11 | 19:46 | 20:21 | 20:56 | 21:31 | 22:06 | 22:41 | 23:16 | 23:51 | 0:26 | 1:01 | 1:36 | 2:11 | 2:46 |
| XJ0001 | 18:08 | 18:43 | 19:18 | 19:53 | 20:28 | 21:03 | 21:38 | 22:13 | 22:48 | 23:23 | 23:58 | 0:33 | 1:08 | 1:43 | 2:18 | 2:53 |
| XJ0003 | 18:14 | 18:49 | 19:24 | 19:59 | 20:34 | 21:09 | 21:44 | 22:19 | 22:54 | 23:29 | 0:04 | 0:39 | 1:14 | 1:49 | 2:24 | 2:59 |
| XJ0006 | 18:18 | 18:53 | 19:28 | 20:07 | 20:42 | 21:17 | 21:52 | 22:27 | 23:02 | 23:37 | 0:12 | 0:47 | 1:22 | 1:57 | 2:32 | 3:07 |
| XJ0014 | 18:22 | 18:57 | 19:32 | 20:03 | 20:38 | 21:13 | 21:48 | 22:23 | 22:58 | 23:33 | 0:08 | 0:43 | 1:18 | 1:53 | 2:28 | 3:03 |

| 巡检路线 2 | 巡检时间 | | | | | | | | | | | | | |
|---|---|---|---|---|---|---|---|---|---|---|---|---|---|---|
| XJ0020 | 18:32 | 19:07 | 19:42 | 20:17 | 20:52 | 21:27 | 22:02 | 22:37 | 23:12 | 23:47 | 0:22 | 0:57 | 1:32 | 2:07 | 2:42 |
| XJ0019 | 18:37 | 19:12 | 17:47 | 20:22 | 20:57 | 21:32 | 22:07 | 22:42 | 23:17 | 23:52 | 0:27 | 1:02 | 1:37 | 2:12 | 2:47 |
| XJ0002 | 18:44 | 19:19 | 19:54 | 20:29 | 21:04 | 21:39 | 22:14 | 22:49 | 23:24 | 23:59 | 0:34 | 1:09 | 1:44 | 2:19 | 2:54 |
| XJ0003 | 18:47 | 19:22 | 19:57 | 20:32 | 21:07 | 21:42 | 22:17 | 22:52 | 23:27 | 0:02 | 0:37 | 1:12 | 1:47 | 2:22 | 2:57 |
| XJ0005 | | | 19:58 | | | | | | | | | | | | |
| XJ0007 | 18:52 | | 20:02 | | 21:12 | | 22:22 | | 23:32 | | 0:42 | | 1:52 | | 3:02 |

| 巡检路线 3 | 巡检时间 | | | | | | | | | | | | | |
|---|---|---|---|---|---|---|---|---|---|---|---|---|---|---|
| XJ0022 | 18:30 | 19:05 | 19:40 | 20:15 | 20:50 | 21:25 | 22:00 | 22:35 | 23:10 | 23:45 | 0:20 | 0:55 | 1:30 | 2:05 | 2:40 |
| XJ0023 | 18:33 | 19:08 | 19:43 | 20:18 | 20:53 | 21:28 | 22:03 | 22:38 | 23:13 | 23:48 | 0:23 | 0:58 | 1:33 | 2:08 | 2:43 |
| XJ0024 | 18:37 | 19:12 | 19:47 | 20:22 | 20:57 | 21:32 | 22:07 | 22:42 | 23:17 | 23:52 | 0:27 | 1:02 | 1:37 | 2:12 | 2:47 |
| XJ0009 | 18:41 | 19:16 | 19:51 | 20:26 | 21:01 | 21:36 | 22:11 | 22:46 | 23:21 | 23:56 | 0:31 | 1:06 | 1:41 | 2:16 | 2:51 |
| XJ0025 | 18:48 | | | 20:33 | | | 22:18 | | | 0:03 | | | 1:48 | | |

| 巡检路线 4 | 巡检时间 | | | | | | | | | | | | | | |
|---|---|---|---|---|---|---|---|---|---|---|---|---|---|---|---|
| XJ0017 | | | | | | | | | | 0:08 | | | | | |
| XJ0008 | 18:06 | 18:41 | 19:16 | 19:51 | 20:26 | 21:02 | 21:36 | 22:11 | 22:46 | 23:21 | 23:56 | 0:31 | 1:06 | 1:41 | 2:16 | 2:51 |
| XJ0010 | | 18:51 | | | 20:36 | | | 22:21 | | | 0:06 | | | 1:51 | | |
| XJ0012 | 18:24 | 18:59 | 19:34 | 20:09 | 20:44 | 21:19 | 21:54 | 22:29 | 23:04 | 23:39 | 0:14 | 0:49 | 1:24 | 1:59 | 2:34 | 3:09 |
| XJ0015 | 18:28 | 13:09 | 19:38 | 20:13 | 20:48 | 21:23 | 21:58 | 22:33 | 23:08 | 23:43 | 0:18 | 0:53 | 1:28 | 2:03 | 2:38 | 3:13 |

| 巡检路线 5 | 巡检时间 | | | | | | | | | | | | | | |
|---|---|---|---|---|---|---|---|---|---|---|---|---|---|---|---|
| XJ0018 | 18:13 | 18:48 | 19:23 | 19:58 | 20:33 | 21:08 | 21:43 | 22:18 | 22:53 | 23:28 | 0:03 | 0:38 | 1:13 | 1:48 | 2:23 | 2:58 |

附表12　错位休息第二班次巡检时间表

| 巡检路线1 | 巡检时间 | | | | | | | | | | | | | | |
|---|---|---|---|---|---|---|---|---|---|---|---|---|---|---|---|
| XJ0021 | | 3:52 | | 5:02 | | 6:12 | | 7:22 | 8:02 | | 9:12 | | 10:22 | | 11:32 |
| XJ0004 | 3:21 | 3:56 | 4:31 | 5:06 | 5:41 | 6:16 | 6:51 | 7:26 | 8:06 | 8:41 | 9:16 | 9:51 | 10:26 | 11:01 | 11:36 |
| XJ0001 | 3:28 | 4:03 | 4:38 | 5:13 | 5:48 | 6:23 | 6:58 | 7:33 | 8:13 | 8:48 | 9:23 | 9:58 | 10:33 | 11:08 | 11:43 |
| XJ0003 | 3:34 | 4:09 | 4:44 | 5:19 | 5:54 | 6:29 | 7:04 | 7:39 | 8:19 | 8:54 | 9:29 | 10:04 | 10:39 | 11:14 | 11:49 |
| XJ0006 | 3:38 | 4:13 | 4:48 | 5:23 | 5:58 | 6:33 | 7:08 | 7:43 | 8:23 | 8:58 | 9:33 | 10:08 | 10:43 | 11:18 | 11:53 |
| XJ0014 | 3:42 | 4:17 | 4:52 | 5:27 | 6:02 | 6:37 | 7:12 | 7:47 | 8:27 | 9:02 | 9:37 | 10:12 | 10:47 | 11:22 | 11:57 |

| 巡检路线2 | 巡检时间 | | | | | | | | | | | | | | |
|---|---|---|---|---|---|---|---|---|---|---|---|---|---|---|---|
| XJ0020 | 3:17 | 3:52 | 4:27 | 5:02 | 5:37 | 6:12 | 6:47 | 7:22 | 8:02 | 8:37 | 9:12 | 9:47 | 10:22 | 10:57 | 11:32 |
| XJ0019 | 3:22 | 3:57 | 4:32 | 5:07 | 5:42 | 6:17 | 6:52 | 7:27 | 8:07 | 8:42 | 9:17 | 9:52 | 10:27 | 11:02 | 11:37 |
| XJ0002 | 3:29 | 4:04 | 4:39 | 5:14 | 5:49 | 6:24 | 6:59 | 7:34 | 8:14 | 8:49 | 9:24 | 9:59 | 10:34 | 11:09 | 11:44 |
| XJ0003 | 3:32 | 4:07 | 4:42 | 5:17 | 5:52 | 6:27 | 7:02 | 7:37 | 8:17 | 8:52 | 9:27 | 10:02 | 10:37 | 11:12 | 11:47 |
| XJ0005 | | | | | | | | | 8:18 | | | | | | |
| XJ0007 | | | 4:12 | | 5:22 | | 6:32 | 7:22 | 8:22 | | 9:32 | | 10:42 | | 11:52 |

| 巡检路线3 | 巡检时间 | | | | | | | | | | | | | | |
|---|---|---|---|---|---|---|---|---|---|---|---|---|---|---|---|
| XJ0022 | 3:15 | 3:50 | 4:25 | 5:00 | 5:35 | 6:10 | 6:45 | 7:20 | 8:00 | 8:35 | 9:10 | 9:45 | 10:20 | 10:55 | 11:30 |
| XJ0023 | 3:18 | 3:53 | 4:28 | 5:03 | 5:38 | 6:13 | 6:48 | 7:23 | 8:03 | 8:38 | 9:13 | 9:48 | 10:23 | 10:58 | 11:33 |
| XJ0024 | 3:22 | 3:57 | 4:32 | 5:07 | 5:42 | 6:17 | 6:52 | 7:27 | 8:07 | 8:42 | 9:17 | 9:52 | 10:27 | 11:02 | 11:37 |
| XJ0009 | 3:26 | 4:01 | 4:36 | 5:11 | 5:46 | 6:21 | 6:56 | 7:31 | 8:11 | 8:46 | 9:21 | 9:56 | 10:31 | 11:06 | 11:41 |
| XJ0025 | 3:33 | | | 5:18 | | | 7:03 | | 8:18 | | | 10:03 | | | 11:48 |

| 巡检路线4 | 巡检时间 | | | | | | | | | | | | | | |
|---|---|---|---|---|---|---|---|---|---|---|---|---|---|---|---|
| XJ0017 | | | | | | | | | 8:08 | | | | | | |
| XJ0008 | 3:26 | 4:01 | 4:36 | 5:11 | 5:46 | 6:21 | 6:56 | 7:31 | 8:11 | 8:46 | 9:21 | 9:56 | 10:31 | 11:06 | 11:41 |
| XJ0010 | 3:36 | | | 5:21 | | | 7:06 | | 8:21 | | | 10:06 | | | 11:51 |
| XJ0012 | 3:44 | 4:19 | 4:54 | 5:29 | 6:04 | 6:39 | 7:14 | 7:49 | 8:29 | 9:04 | 9:39 | 10:14 | 10:49 | 11:24 | 11:59 |
| XJ0015 | 3:48 | 4:23 | 4:58 | 5:33 | 6:08 | 6:43 | 7:18 | 7:53 | 8:33 | 9:08 | 9:43 | 10:18 | 10:53 | 11:28 | 12:03 |

附表13 24 h 所有点的巡检时间

| 位号 | 巡检时间 | | | | | |
|------|------|------|------|------|------|------|
| XJ0001 | 8:13 | 8:48 | 9:23 | 9:58 | 10:33 | 11:08 | 11:43 |
| XJ0002 | 8:14 | 8:49 | 9:24 | 9:58 | 10:34 | 11:09 | 11:44 |
| XJ0003 | 8:17 | 8:52 | 9:27 | 10:02 | 10:37 | 11:12 | 11:47 |
| XJ0004 | 8:06 | 8:41 | 9:16 | 9:51 | 10:26 | 11:01 | 11:36 |
| XJ0005 | 8:18 | | | | | | |
| XJ0006 | 8:23 | 8:58 | 9:33 | 10:08 | 10:43 | 11:18 | 11:53 |
| XJ0007 | 8:22 | | 9:32 | | 10:42 | | 11:52 |
| XJ0008 | 8:11 | 8:46 | 9:21 | 9:56 | 10:31 | 11:06 | 11:41 |
| XJ0009 | 8:11 | 8:46 | | 9:56 | 10:31 | 11:06 | 11:41 |
| XJ0010 | 8:21 | | | 10:06 | | | 11:51 |
| XJ0011 | 8:35 | 9:10 | 9:45 | 10:20 | 10:55 | 11:30 | 12:05 |
| XJ0012 | 8:29 | 9:04 | 9:39 | 10:14 | 10:49 | 11:24 | 11:59 |
| XJ0013 | 8:28 | | 9:38 | | 10:48 | | 11:58 |
| XJ0014 | 8:27 | 9:02 | 9:37 | 10:12 | 10:47 | 11:22 | 11:57 |
| XJ0015 | 8:33 | 9:08 | 9:43 | 10:18 | 10:53 | 11:28 | 12:03 |
| XJ0016 | 8:23 | 8:58 | 9:33 | 10:08 | 10:43 | 11:18 | 11:53 |
| XJ0017 | 8:08 | | | | | | |
| XJ0018 | 8:18 | 8:53 | 9:28 | 10:03 | 10:38 | 11:13 | 11:48 |
| XJ0019 | 8:07 | 8:42 | 9:17 | 9:52 | 10:27 | 11:02 | 11:37 |
| XJ0020 | 8:02 | 8:37 | 9:12 | 9:47 | 10:22 | 10:57 | 11:32 |
| XJ0021 | 8:02 | | 9:12 | | 10:22 | | 11:32 |
| XJ0022 | 8:00 | 8:35 | 9:10 | 9:45 | 10:20 | 10:55 | 11:30 |
| XJ0023 | 8:03 | 8:38 | 9:13 | 9:48 | 10:23 | 10:58 | 11:33 |
| XJ0024 | 8:07 | 8:42 | 9:17 | 9:52 | 10:27 | 11:02 | 11:37 |
| XJ0025 | 8:18 | | | 10:03 | | | 11:48 |
| XJ0026 | 8:23 | 8:58 | 9:33 | 10:08 | 10:43 | 11:18 | 11:53 |

# 6.2 汽车总装线配置方案

**（2018年西安铁路职业技术学院全国大学生数学建模竞赛一等奖论文）**

## 摘　要

本文主要针对汽车总装线的配置问题，以降低成本为目标，综合分析了品牌、配置、动力、驱动、颜色以及喷涂线6个方面，并运用Excel表格制定出较优的汽车总装线配置的排列顺序.

针对问题一, 按照品牌、喷涂线、颜色、驱动、动力、配置的顺序进行排序.

第一步: 根据装配要求, 将 A1、A2 总装配数分为相同的两部分, 白班、夜班各一半, 以先 A1 后 A2 为排列顺序, 确定出白班、夜班的装配顺序.

第二步: 喷涂线的顺序是唯一的, 奇数车在 C1 线上喷涂, 偶数车在 C2 线上喷涂, 因此一天的喷涂线如下:

$$C1 - C2 - C1 - C2 \cdots C1 - C2 - C1 - C2.$$

第三步: 分析每个颜色所占的比例, 发现黑色数量最多且黑色汽车与其他颜色汽车之间的切换代价很高, 故以黑色汽车数量为基准, 进行框架划分. 由于 A2 总数较少, 则优先排列, 因 A2 白班中的总数小于 A2 中黑色汽车总数, 因此需将 A2 中的黑色汽车总数分为两部分. 由于黑色汽车连续排列需要 50~70 辆, 需将白班中的 A1、A2 连接处的黑色汽车连续起来, 将 A1 中的部分黑色汽车分到 A2 中, 以连接处一组黑色 50 为基准, 确定 A2 中黑色汽车的顺序, 然后求出 A1 中剩余的黑色汽车数, 为了使黑色汽车尽量连续, 将剩余的黑色汽车均分为几个黑色组, 由于白班、夜班中的 A1 数是确定的, 所以在 A1 白班中插入 2 个黑色组, 其间隔至少 20 辆, 剩余的插入 A1 夜班中, 然后对除黑色汽车以外的其他颜色汽车进行排列, 遵循蓝、红、黄在 C1 喷涂线上, 金在 C2 喷涂线上的原则, 最终确定装配中颜色的排列.

第四步: 优先排颜色较少的四驱汽车, 对不能达到间隔数量要求的汽车进行微调, 使其达到要求, 然后将两驱汽车排入, 得到驱动的排列顺序.

第五步: 发现动力和驱动的装配数相近, 因此可以按照与驱动相同的方法对动力进行排序, 最终得到动力排列顺序.

第六步: 优先排入数量较少的配置, 然后排入颜色数量较多的配置, 尽量将同种配置汽车放在一起, 减少不同配置汽车之间的切换次数, 最终得到配置排列顺序.

根据上面的算法排出较为合理的装配顺序, 使生产成本相对较低.

针对问题二:

(1) 应用问题一的算法计算出总的装配顺序, 具体装配顺序见附录.

(2) 利用附件中 9 月 17—23 日的数据, 运用问题一中的算法计算出总的装配顺序, 具体见支撑材料文件 "schedule. xlsx".

**关键词:** 装配顺序　间隔　切换　Excel

## 一、问题重述

1. 问题背景

某公司生产多种型号的汽车, 各型号汽车由品牌、动力、配置、驱动、颜色 5 种属性确定. 其中包括 2 种品牌 (A1、A2)、2 种动力 (汽油、柴油)、6 种配置 (B1、B2、B3、B4、B5、B6)、2 种驱动 (两驱、四驱) 以及 9 种颜色 (黑色、白色、蓝色、黄色、红色、银色、棕色、灰色、金色).

根据市场需求以及销售情况, 确定每天生产各种型号车辆的具体数量. 该公司每天生产线 24 h 不间断作业, 总共可装配 460 辆各种型号的汽车, 其中白班、夜班 (每班 12 h) 各230 辆. 附件已给出该公司 2018 年 9 月 17—23 日一周的生产计划.

该公司装配流程如图1所示. 待装配车辆按一定顺序排列, 先匀速通过总装线依次进行总装作业, 随后按序分为 C1、C2 线进行喷涂作业.

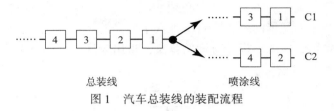

图1　汽车总装线的装配流程

2. 装配要求

1) 对车辆型号的要求

（1）按照先 A1 后 A2 的顺序, 每天白班和夜班装配当天两种品牌各一半数量的汽车.

（2）两批四驱汽车之间间隔的两驱汽车的数量至少为 10 辆, 其中四驱汽车连续装配数量不得超过 2 辆; 两批柴油汽车之间间隔的汽油汽车的数量至少为 10 辆, 其中柴油汽车连续装配数量不得超过 2 辆. 间隔数量越多越好, 若无法满足要求, 间隔数量为 5 ~ 9 辆仍可接受, 但代价太高.

（3）减少不同配置车辆间的切换次数, 同一品牌下相同配置的车辆尽量连续.

2) 对颜色的要求

（1）蓝、黄、红 3 种颜色的汽车只能在 C1 线上进行喷涂, 金色汽车只能在 C2 线上进行喷涂, 其他颜色汽车的喷涂可在 C1 或 C2 线上进行.

（2）在同一条喷涂线上, 除黑、白两种颜色外, 同种颜色汽车应尽量连续进行喷涂作业.

（3）尽可能减少喷涂线上不同颜色汽车之间的切换次数, 尤其是黑色汽车与其他颜色汽车之间切换代价很高.

（4）不同颜色汽车在总装线上排列时的具体要求如下:

①黑色汽车连续排列数量为 50 ~ 70 辆, 两批黑色汽车在总装线上的间隔数量至少为 20 辆;

②蓝色汽车必须与白色汽车间隔排列;

③白色汽车可以连续排列, 也可与蓝色或棕色汽车间隔排列;

④黄色或红色汽车必须与银色、灰色、棕色、金色汽车中的一种间隔排列;

⑤要求金色汽车与红色或黄色汽车间隔排列, 若无法满足要求, 也可与银色、灰色、棕色汽车中的一种间隔排列;

⑥棕色汽车可以连续排列, 也可以和黄色、红色、金色汽车中的一种间隔排列;

⑦灰色或银色汽车可以连续排列, 也可以和黄色、红色、金色汽车中的一种间隔排列;

⑧对于其他颜色搭配, 遵循 "没有允许即禁止" 的原则.

以上总装线和喷涂线的各项要求同样适用于相邻班次（包括当日夜班与次日白班）的车辆.

3. 需要解决的问题

（1）根据问题的背景、装配要求以及所给附件中的数据, 建立数学模型或设计算法, 得出符合要求且具有较低生产成本的装配顺序.

（2）根据（1）中的数学模型或算法, 针对附件中的数据, 得出计算结果, 并给出 9 月

17—23 日每天的装配顺序.

## 二、问题分析

对于装配线而言，为提高生产能力，必须实现均衡生产，节约时间，以降低生产成本. 本题是关于汽车总装线的配置问题，应对每种汽车型号的品牌、配置、动力、驱动、颜色以及喷涂线等方面因素综合考虑，设计合理的算法，得出较优的排序方案. 思路分析过程如图 2 所示.

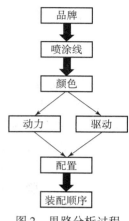

图 2　思路分析过程

### 1. 问题一分析

首先，由题目可知，每天可装配各种型号汽车共 460 辆，白班、夜班各 230 辆，白班和夜班按照先 A1 后 A2 的顺序，将 A1、A2 需装配汽车总数除以 2 即得每班需装配的 A1、A2 汽车的个数.

根据题目要求，装配顺序为奇数的汽车必须在 C1 线喷涂，装配顺序为偶数的汽车必须在 C2 线喷涂，因此先排出喷涂线.

其次，观察附件中所给数据，由于颜色种类多，且要求烦琐，需要以颜色为限定条件进行排列. 由于黑色汽车生产数量最多，而且黑色汽车在排列时有连续排列数量为 50~70 辆以及间隔数量不小于 20 辆的限制，因此以黑色汽车数量为基准进行框架划分，在满足题目中所给颜色要求的条件下，将其他颜色填充到框架内.

再次，由于动力及驱动规格较少，均只有两种选择，特殊的，柴油汽车及四驱汽车需要数量较少，因此动力及驱动排列起来相对容易，因此接下来排列动力及驱动.

最后，运用 Excel 表格按照装配要求排出配置，先排个数较少的配置，遵循从少到多，尽量连续的原则，即可完成所有要求，完成总装路线的装配方案.

在排列的过程中，总结提炼，得到算法.

### 2. 问题二分析

在问题一的基础上，运用问题一中得到的算法，分别计算出 9 月 17—23 日的装配顺序. 在计算过程中，如遇特殊情况，可进行微调.

## 三、模型假设

（1）假设题目中所给数据真实可靠.

（2）假设装配过程中，操作工人能够正常作业，无特殊情况发生.

（3）假设每名操作工人的工作量均匀分配.

（4）假设机器不会发生故障.

（5）假设所需生产材料都能及时供应.

## 四、符号说明

符号说明见表1.

表1　符号说明

| | |
|---|---|
| $m$ | 品牌 A1 生产的总数量 |
| $n$ | 品牌 A2 生产的总数量 |
| $w$ | 白班或夜班生产品牌 A1 的总数量 |
| $p$ | 白班或夜班生产品牌 A2 的总数量 |
| $x$ | A1 中生产黑色汽车数量 |
| $y$ | A2 中生产黑色汽车数量 |
| $z$ | A2 中需 A1 的黑色汽车数量 |
| $h$ | A1 中剩余黑色汽车数量 |
| $g$ | A1 中每组黑色汽车数量 |

## 五、模型的建立与求解

1. 问题一

1）连续排列、间隔排列、切换的定义

（1）连续排列：两个或两个以上的颜色不间断地排列，如黑黑黑、白白均为连续排列.

（2）间隔排列：1 种颜色相邻两侧的颜色为同种颜色，例如：白棕白，则棕色将白色间隔开.

（3）切换：1 种颜色相邻两侧的颜色为不同颜色，例如：白棕黑，则白、棕，棕、黑之间均为切换.

2）算法设计

要求：装配顺序生产成本达到最低，即喷涂线上不同颜色汽车间切换次数尽可能少，同一品牌下相同配置的汽车尽量连续.

第 1 步：排品牌.

计算 A1、A2 总装配汽车数量，由于白班、夜班各装配一半，利用附件中的数据可知 A1、A2 总装配数，将其分别除以 2，得到白班、夜班装配 A1、A2 的数量. 具体计算公式如下：

设 $m$ 表示需生产的品牌 A1 汽车总数，$n$ 表示需生产的品牌 A2 汽车总数，由于白班和夜班生产的品牌 A1 及 A2 汽车数量相同，因此白班或夜班生产的品牌 A1 汽车总数均设为 $w$，则

$$w = \frac{m}{2}.$$

白班或夜班生产的品牌 A1 汽车总数均设为 $p$，则

$$p = \frac{n}{2}.$$

具体以 9 月 20 日为例，计算出每班需生产两个品牌汽车数量，见表 2.

表 2　9 月 20 日生产汽车数目

| 班次 | 汽车品牌 | 生产汽车数量/辆 |
|---|---|---|
| 白班 | A1 | 181 |
| | A2 | 49 |
| 夜班 | A1 | 181 |
| | A2 | 49 |

第 2 步：排喷涂线.

根据题目要求，奇数汽车在 C1 线进行喷涂，偶数汽车在 C2 线进行喷涂，可以先确定每辆汽车的具体喷涂顺序. 每天的喷涂顺序都是一致的，如下：

$$C1 - C2 - C1 - C2 \cdots C1 - C2 - C1 - C2.$$

总计汽车生产数量为 460 辆.

第 3 步：排颜色.

每天总装配数量为 460 辆，因此白班、夜班各装配 230 辆. 先根据附表的 A1、A2 的总数分别确定白班、夜班装配 A1、A2 的装配数量，再分析 A1、A2 中各颜色的具体数量，统计各个颜色的数量，做出条形图. 以 9 月 20 日为例，得到图 3 所示柱形图.

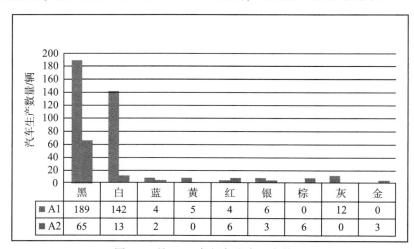

| | 黑 | 白 | 蓝 | 黄 | 红 | 银 | 棕 | 灰 | 金 |
|---|---|---|---|---|---|---|---|---|---|
| A1 | 189 | 142 | 4 | 5 | 4 | 6 | 0 | 12 | 0 |
| A2 | 65 | 13 | 2 | 0 | 6 | 3 | 6 | 0 | 3 |

图 3　9 月 20 日各颜色汽车生产数量

由图 3 知，黑色最多，白色其次. 因此以黑色汽车数量为基准，先确定黑色的位置. 题目要求黑色汽车连续排列数量为 50～70 辆，因个别天数 A2 中黑色汽车数量较少，要使黑色汽车连续排列，需使白班、夜班的 A1、A2 中的黑色汽车连续起来，故可先将 A2 中的黑色汽车分为两部分，然后以一组黑色汽车数量为 50 辆为最低标准，计算所需要 A1 中的黑色汽车数量，最后对 A1 中剩余黑色汽车数量进行分组. 具体计算公式如下：

设 $x$ 表示 A1 中生产黑色汽车数量，$y$ 表示 A2 中生产黑色汽车数量，A2 中需 A1 的黑色

汽车数量为

$$z = 50 - \frac{y}{2},$$

A1 中剩余黑色汽车数量为

$$h = x - 2z,$$

A1 中每组黑色汽车数量为

$$g = \frac{h}{3}.$$

由于每组黑色汽车数量应为 50 ~ 70 辆，每班总装配数为 230 辆，故一个班次最多有 4 个黑色组，最少有 2 个黑色组. 为了使黑色比较集中，故以白班 A1 中放入 2 个黑色组为优先原则，得到黑色的排列方案. 然后在白班 A1 中第一个黑色组后插入 20 个颜色尽量相同的汽车，且满足蓝色、红色、黄色汽车在 C1 线上喷涂，金色汽车在 C2 线上喷涂，在后面排列中仍满足此要求. 在白班 A1 中排入黑色组后，计算剩余插入黑色以外颜色汽车的数量，简称"剩余车数量".

  白班 A1 中剩余车数量 = 白班 A1 生产汽车数量 – 白班 A1 中黑色汽车总数量，
  夜班 A1 中剩余车数量 = 夜班 A1 生产汽车数量 – 夜班 A1 中黑色汽车总数量，
  白班 A2 中剩余车数量 = 白班 A2 生产汽车数量 – 白班 A2 中黑色汽车总数量，
  夜班 A2 中剩余车数量 = 夜班 A2 生产汽车数量 – 夜班 A2 中黑色汽车总数量.

然后插入其他颜色汽车，满足：

（1）黑色汽车连续排列数量为 50 ~ 70 辆，两批黑色汽车在总装线上间隔数量至少为 20 辆；

（2）蓝色汽车必须与白色汽车间隔排列；

（3）白色汽车可以连续排列，也可与蓝色或棕色汽车间隔排列；

（4）黄色或红色汽车必须与银色、灰色、棕色、金色汽车中的一种间隔排列；

（5）金色汽车与红色或黄色汽车间隔排列，若无法满足要求，也可与银色、灰色、棕色汽车中的一种间隔排列；

（6）棕色汽车可以连续排列，也可以和黄色、红色、金色、白色汽车中的一种间隔排列；

（7）灰色或银色汽车可以连续排列，也可以和黄色、红色、金色汽车中的一种间隔排列；

（8）对于其他颜色搭配，遵循"没有允许即禁止"的原则.

根据实际排列需要，有些虽然要求不能间隔，但是可以切换排列. 以 9 月 20 日为例，得到颜色排列如下：

20 白→50 黑→1 蓝→1 白→1 蓝→1 白→1 蓝→1 白→1 蓝→13 白→50 黑→1 黄→1 银→1 黄→1 银→1 黄→1 银→1 黄→1 银→1 黄→13 白→2 银→1 灰→1 红→1 灰→1 红→1 灰→1 红→1 灰→1 红→8 灰→51 黑→84 白→53 黑→3 白→1 蓝→1 金→1 银→1 金→1 银→1 金→1 银→5 白.

第 4 步：排驱动.

由附件中数据可知，四驱汽车较少，故优先排列. 由于黑色汽车数量较多，所以插入的四驱汽车可以满足要求，但是其他颜色汽车数量相对较少，因此需将连续的相同颜色汽车分开，最好能满足间隔 10 辆的要求，如不能，应间隔 5 ~ 9 辆，以达到驱动的要求．

以 9 月 20 日为例，得到驱动排列如下：

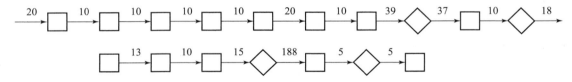

其中，方框代表 2 辆四驱汽车，菱形代表 1 辆四驱汽车，箭头上的数字表示两组四驱汽车之间间隔的两驱汽车数量．

第 5 步：排动力．

由附件数据可知，柴油汽车较少，故优先排列．由于黑色汽油汽车的数量较多，所以插入的柴油汽车可以满足要求，但是其他颜色汽油汽车数量相对较少，因此需将连续的相同颜色汽车分开，最好能满足间隔 10 辆，如不能，应满间隔 5 ~ 9 辆，以达到动力的要求．

以 9 月 20 日为例，得到动力排列如下：

411 汽油→2 柴油→10 汽油→1 柴油→23 汽油→1 柴油→12 汽油．

第 6 步：排配置．

由附件数据知，各种颜色汽车的数量存在差异，为符合相同配置汽车数量尽量连续，减少切换次数，先对颜色少的配置进行排列，再对颜色多的配置进行排列．由于 A2 数量较少，对照附表，优先对 A2 中颜色少的配置进行排列，然后对剩余配置进行排列，遵循同配置尽可能连续的原则，然后以同样的方法对 A1 进行排列，最终得到具体装配顺序．

以 9 月 20 日为例，先对 A2 中的柴油汽车进行配置排列，白色柴油汽车和 3 辆黑色柴油汽车的配置必须为 B1，那么与其相邻的汽车尽量也安排成 B1 配置；然后对颜色最少的汽油汽车进行配置排列，如 A2 中的 2 辆银色汽车配置必须为 B2，则与其相邻的汽车尽量也安排成 B2 配置，依次对 A2 各配置进行排列，应遵循同种配置汽车尽量连续的原则，然后对 A1 中的汽车进行排列，方法与 A2 中的方法相同，最终得到配置装配顺序．

以上 6 种装配都已排列完毕，得到总装配顺序．

以 9 月 20 日为例，部分配置顺序见表 3．

表 3    9 月 20 日部分装配顺序

| 装配顺序 | 品牌 | 配置 | 动力 | 驱动 | 颜色 | 喷涂线 |
|---|---|---|---|---|---|---|
| 1 | A1 | B1 | 汽油 | 两驱 | 白 | C1 |
| 2 | A1 | B1 | 汽油 | 两驱 | 白 | C2 |
| 3 | A1 | B1 | 汽油 | 两驱 | 白 | C1 |
| …… | …… | …… | …… | …… | …… | …… |
| 460 | A2 | B1 | 汽油 | 四驱 | 白 | C2 |

3）算法总结

（1）排品牌：计算白班或夜班中生产 A1、A2 汽车总数量 $w$, $p$：

$$w = \frac{m}{2},$$

$$p = \frac{n}{2},$$

其中 $m$ 表示 A1 品牌生产的总数量，$n$ 表示 A2 品牌生产的总数量.

（2）排喷涂线：一天连续的 460 辆汽车的喷涂排列如下：

$$C1 - C2 - C1 - C2 \cdots C1 - C2 - C1 - C2,$$

其中 C1、C2 相间隔，奇数车在 C1 线进行喷涂，偶数车在 C2 线进行喷涂.

（3）排颜色.

①确定黑色汽车数量为基准，计算方法如下：

A2 中需 A1 的黑色汽车数量为

$$z = 50 - \frac{y}{2},$$

A1 中剩余黑色汽车数量为

$$h = x - 2z,$$

A1 中每组黑色汽车数量为

$$g = \frac{h}{3},$$

其中 $x$ 表示 A1 中生产黑色汽车数量，$y$ 表示 A2 中生产黑色汽车数量.

②对黑色汽车进行分组：先对 A2 中的黑色汽车进行分组，再和 A1 中的黑色汽车进行组合，以 50 辆黑色汽车为一组，得到白班、夜班交替时黑色汽车的排列，最后将剩余的黑色汽车进行均分，得到 A2 中黑色组的具体分布情况.

③计算 A1、A2 中黑色以外汽车的装配数量，计算方法如下：

白班 A1 中剩余汽车数量 = 白班 A1 生产汽车数量 – 白班 A1 中黑色汽车总数量；
夜班 A1 中剩余汽车数量 = 夜班 A1 生产汽车数量 – 夜班 A1 中黑色汽车总数量；
白班 A2 中剩余汽车数量 = 白班 A2 生产汽车数量 – 白班 A2 中黑色汽车总数量；
夜班 A2 中剩余汽车数量 = 夜班 A2 生产汽车数量 – 夜班 A2 中黑色汽车总数量.

④A1、A2 中除黑色以外汽车的装配排列方法：白班 A1 中第一个黑色组后插入大于 20 个黑色以外尽量相同的汽车，且满足蓝色、红色、黄色汽车在 C1 线上喷涂，金色汽车在 C2 线上喷涂，在后面排列中仍满足此要求，且满足白班、夜班 A1 的总装配数量. A2 的排列与 A1 相同，最终确定装配中颜色的排列.

（4）排驱动.

由于四驱汽车较少，优先排颜色较少的四驱汽车，如不能达到题目要求，需进行微调，然后排列其他颜色四驱汽车，最后将两驱汽车排入，得到驱动排列方案.

（5）排动力.

由于柴油汽车较少，优先排颜色较少的柴油汽车，如不能达到题目要求，需进行微调，然后排列其他颜色柴油汽车，最后将汽油汽车排入，得到动力排列顺序.

（6）排配置.

优先排数量较少的配置，按照配置尽量连续的原则，再排入数量较多的配置，尽量将同种配置汽车放在一起，最终得到配置排列顺序.

按照上面的顺序即可得到总的装配顺序，总的装配顺序见附录.

4）连续装配循环图

为保证每天 24 h 不间断作业，因此令 7 天为一个循环周期，然后形成连续循环图，如图 4 所示.

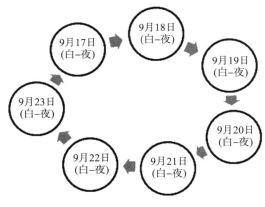

图 4　连续装配循环图

2. 问题二

9 月 20 日装配顺序在问题一中已经得出，具体装配顺序见附录.

根据问题一中的第 1 步、第 2 步排出品牌和喷涂线，然后根据附件中的数据计算 9 月 17—23 日白班、夜班 A1、A2 的具体生产汽车数量，见表 4～表 9.

表 4　9 月 17 日生产汽车数量

| 班次 | 汽车型号 | 生产汽车数量/辆 |
| --- | --- | --- |
| 白班 | A1 | 182 |
|  | A2 | 48 |
| 夜班 | A1 | 182 |
|  | A2 | 48 |

表 5　9 月 18 日生产汽车数量

| 班次 | 汽车型号 | 生产汽车数量/辆 |
| --- | --- | --- |
| 白班 | A1 | 178 |
|  | A2 | 52 |
| 夜班 | A1 | 178 |
|  | A2 | 52 |

**表 6　9 月 19 日生产汽车数量**

| 班次 | 汽车型号 | 生产汽车数量/辆 |
|---|---|---|
| 白班 | A1 | 178 |
| | A2 | 52 |
| 夜班 | A1 | 178 |
| | A2 | 52 |

**表 7　9 月 21 日生产汽车数量**

| 班次 | 汽车型号 | 生产汽车数量/辆 |
|---|---|---|
| 白班 | A1 | 188 |
| | A2 | 42 |
| 夜班 | A1 | 188 |
| | A2 | 42 |

**表 8　9 月 22 日生产汽车数量**

| 班次 | 汽车型号 | 生产汽车数量/辆 |
|---|---|---|
| 白班 | A1 | 183 |
| | A2 | 47 |
| 夜班 | A1 | 183 |
| | A2 | 47 |

**表 9　9 月 23 日生产汽车数量**

| 班次 | 汽车型号 | 生产汽车数量/辆 |
|---|---|---|
| 白班 | A1 | 183 |
| | A2 | 47 |
| 夜班 | A1 | 184 |
| | A2 | 46 |

根据问题一中排颜色的方法对 9 月 17—23 日的颜色进行统计，得到条形图如图 5 ~ 图 10 所示.

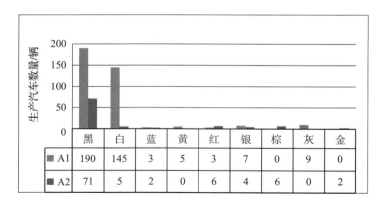

图5   9月17日各颜色汽车生产数量

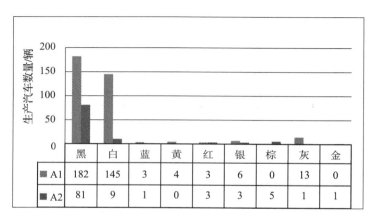

图6   9月18日各颜色汽车生产数量

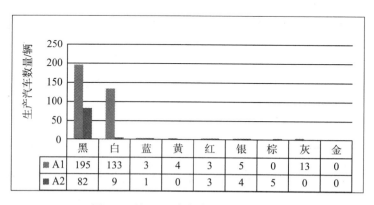

图7   9月19日各颜色汽车生产数量

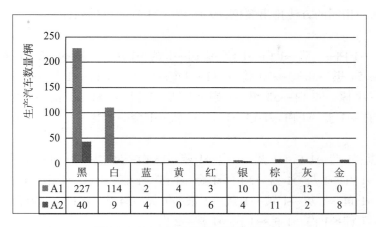

图 8 　9 月 21 日各颜色汽车生产数量

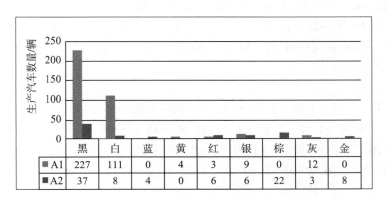

图 9 　9 月 22 日各颜色汽车生产数量

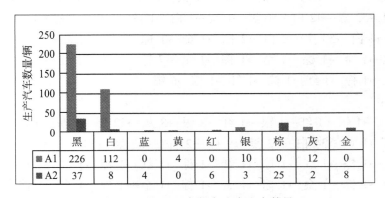

图 10 　9 月 23 日各颜色汽车生产数量

第3步：排颜色.

按照与问题一相同的方法排出颜色，9月17—23日颜色排列如下：

9月17日：

54 黑→1 蓝→1 白→1 蓝→1 白→1 蓝→1 白→1 黄→1 灰→1 黄→1 灰→1 黄→1 灰→1 黄→1 灰→黄→7 灰→54 黑→38 白→50 黑→1 红→1 棕→1 红→1 棕→1 红→1 棕→1 红→1 棕→1 红→1 棕→1 红→1 棕→52 白→53 黑→1 银→1 红→1 银→1 红→1 银→1 红→4 银→52 白→50 黑→1 蓝→1 白→1 蓝→4 白→1 银→1 金→1 银→1 金→2 银

9月18日：

20 白→54 黑→1 蓝→1 白→1 蓝→1 白→1 蓝→15 白→55 黑→20 白→50 黑→1 银→1 红→1 银→1 红→1 银→1 红→1 灰→1 蓝→2 白→1 金→1 红→1 银→1 红→1 银→1 红→1 银→1 黄→1 灰→1 黄→1 灰→1 黄→1 灰→1 黄→1 灰→3 银→9 灰→54 黑→88 白→50 黑→1 白→1 棕→1 白→1 棕→1 白→1 棕→1 白→1 棕→2 白

9月19日：

59 黑→5 银→1 黄→1 灰→1 黄→1 灰→1 黄→1 灰→1 红→1 灰→1 红→1 灰→7 灰→59 黑→26 白→50 黑→2 白→5 棕→1 蓝→2 白→1 银→52 白→59 黑→1 白→1 蓝→1 白→1 蓝→1 白→1 蓝→52 白→50 黑→2 白→1 银→1 红→1 银→1 红→1 银→红→3 白

9月21日：

60 黑→16 白→1 蓝→1 白→1 蓝→1 白→50 黑→1 黄→1 灰→1 黄→1 灰→1 黄→1 灰→黄→1 灰→1 红→1 灰→1 红→1 灰→1 红→1 灰→34 白→50 黑→22 白→60 黑→6 灰→10 银→42 白→50 黑→2 白→1 蓝→1 白→1 蓝→1 白→1 蓝→1 白→1 蓝→2 白→1 金→1 红→1 金→1 红→1 金→1 红→1 金→1 红→1 金→1 红→1 金→1 棕→1 金→10 棕→4 银→2 灰

9月22日：

54 黑→1 红→1 银→1 红→1 银→1 红→1 银→1 黄→1 银→1 黄→1 银→1 黄→1 银→1 黄→3 银→5 白→53 黑→42 白→50 黑→1 蓝→1 白→1 蓝→1 白→1 蓝→1 白→1 蓝→23 白→54 黑→12 灰→44 白→53 黑→2 白→2 棕→1 金→1 棕→1 金→1 棕→1 金→1 棕→1 金→1 棕→1 金→1 棕→1 金→1 棕→1 金→1 棕→7 棕→3 灰→1 红→1 棕→1 红→1 棕→1 红→1 棕→1 红→1 棕→1 红→1 棕→6 银

9月23日：

52 黑→1 红→1 银→1 红→1 银→1 红→8 银→8 灰→52 黑→1 灰→1 黄→1 灰→1 黄→1 灰→1 黄→1 灰→1 黄→34 白→53 黑→9 棕→21 白→53 黑→58 白→53 黑→2 白→2 灰→3 银→1 棕→1 红→1 棕→1 红→1 棕→1 红→1 棕→1 红→1 棕→1 红→1 棕→1 红→2 棕→1 金→1 棕→1 金→1 棕→1 金→1 棕→1 金→1 棕→1 金→1 棕→1 金→1 棕→1 金→1 蓝→1 白→1 蓝→1 白→1 蓝→1 白→1 蓝→2 白→1 棕

第4步：排驱动.

按照与问题一相同的方法排出驱动，9月17—23日的驱动排列如下（其中，方框代表2辆四驱汽车，菱形代表1辆四驱汽车，箭头上的数字表示两组四驱汽车之间间隔的两驱汽车的数量）：

9 月 17 日：

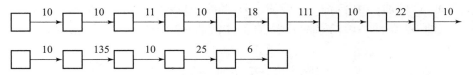

9 月 18 日：

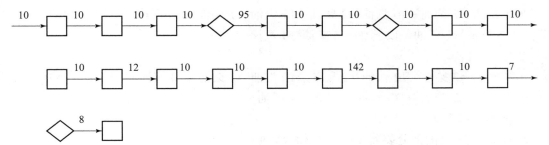

9 月 19 日：

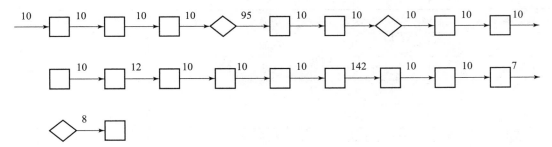

9 月 21 日：

9 月 22 日：

9 月 23 日：

第 5 步：排动力.

同理，9 月 17—23 日的动力排列如下：

9 月 17 日：

$$184\ 汽油 \to 2\ 柴油 \to 12\ 汽油 \to 2\ 柴油 \to 260\ 汽油$$

9 月 18 日：

20 汽油→2 柴油→156 汽油→2 柴油→12 汽油→2 柴油→10 汽油→2 柴油→13 汽油→1 柴油→7 汽油→2 柴油→219 汽油→1 柴油→9 汽油→2 柴油

9 月 19 日：

145 汽油→2 柴油→10 汽油→2 柴油→31 汽油→1 柴油→11 汽油→2 柴油→15 汽油→2 柴油→7 汽油→2 柴油→194 汽油→1 柴油→24 汽油→2 柴油→7 汽油→2 柴油

9 月 21 日：

$$188 \text{ 汽油} \rightarrow 2 \text{ 柴油} \rightarrow 270 \text{ 汽油}$$

9 月 22 日：

185 汽油→2 柴油→10 汽油→2 柴油→11 汽油→1 柴油→16 汽油→2 柴油→184 汽油→2 柴油→26 汽油→1 柴油→12 汽油→2 柴油→4 汽油

9 月 23 日：

183 汽油→2 柴油→12 汽油→2 柴油→10 汽油→2 柴油→10 汽油→1 柴油→7 汽油→1 柴油→184 汽油→2 柴油→41 汽油→2 柴油→1 汽油

第 6 步：排配置.

9 月 17—23 日的部分装配顺序见表 10 ~ 表 15.

**表 10　9 月 17 日部分装配顺序**

| 装配顺序 | 品牌 | 配置 | 动力 | 驱动 | 颜色 | 喷涂线 |
|---|---|---|---|---|---|---|
| 1 | A1 | B1 | 汽油 | 四驱 | 黑 | C1 |
| 2 | A1 | B1 | 汽油 | 四驱 | 黑 | C2 |
| 3 | A1 | B1 | 汽油 | 两驱 | 黑 | C1 |
| …… | …… | …… | …… | …… | …… | …… |
| 460 | A2 | B4 | 汽油 | 两驱 | 银 | C2 |

**表 11　9 月 18 日部分装配顺序**

| 装配顺序 | 品牌 | 配置 | 动力 | 驱动 | 颜色 | 喷涂线 |
|---|---|---|---|---|---|---|
| 1 | A1 | B1 | 汽油 | 两驱 | 白 | C1 |
| 2 | A1 | B1 | 汽油 | 两驱 | 白 | C2 |
| 3 | A1 | B1 | 汽油 | 两驱 | 白 | C1 |
| …… | …… | …… | …… | …… | …… | …… |
| 460 | A2 | B1 | 柴油 | 四驱 | 白 | C2 |

**表 12　9 月 19 日部分装配顺序**

| 装配顺序 | 品牌 | 配置 | 动力 | 驱动 | 颜色 | 喷涂线 |
|---|---|---|---|---|---|---|
| 1 | A1 | B1 | 汽油 | 两驱 | 黑 | C1 |
| 2 | A1 | B1 | 汽油 | 两驱 | 黑 | C2 |
| 3 | A1 | B1 | 汽油 | 两驱 | 黑 | C1 |
| …… | …… | …… | …… | …… | …… | …… |
| 460 | A2 | B1 | 柴油 | 四驱 | 白 | C2 |

**表 13　9 月 21 日部分装配顺序**

| 装配顺序 | 品牌 | 配置 | 动力 | 驱动 | 颜色 | 喷涂线 |
|---|---|---|---|---|---|---|
| 1 | A1 | B5 | 汽油 | 四驱 | 黑 | C1 |
| 2 | A1 | B5 | 汽油 | 四驱 | 黑 | C2 |
| 3 | A1 | B3 | 汽油 | 两驱 | 黑 | C1 |
| …… | …… | …… | …… | …… | …… | …… |
| 460 | A2 | B1 | 汽油 | 两驱 | 灰 | C2 |

**表 14　9 月 22 日部分装配顺序**

| 装配顺序 | 品牌 | 配置 | 动力 | 驱动 | 颜色 | 喷涂线 |
|---|---|---|---|---|---|---|
| 1 | A1 | B1 | 汽油 | 四驱 | 黑 | C1 |
| 2 | A1 | B1 | 汽油 | 两驱 | 黑 | C2 |
| 3 | A1 | B1 | 汽油 | 两驱 | 黑 | C1 |
| …… | …… | …… | …… | …… | …… | …… |
| 460 | A2 | B4 | 汽油 | 两驱 | 银 | C2 |

**表 15　9 月 23 日部分装配顺序**

| 装配顺序 | 品牌 | 配置 | 动力 | 驱动 | 颜色 | 喷涂线 |
|---|---|---|---|---|---|---|
| 1 | A1 | B1 | 汽油 | 四驱 | 黑 | C1 |
| 2 | A1 | B1 | 汽油 | 四驱 | 黑 | C2 |
| 3 | A1 | B1 | 汽油 | 两驱 | 黑 | C1 |
| …… | …… | …… | …… | …… | …… | …… |
| 460 | A2 | B6 | 汽油 | 两驱 | 棕 | C2 |

最终得到 9 月 17—23 日每天的装配顺序，具体见支撑材料.

## 六、评价及推广

1. 算法的优点

（1）算法思想简单易懂，运算效率较高，数据易于整理且普及性强.

（2）采用从局部到整体的思想，层次递进，条理分明，使方案更加合理.

（3）在模型求解过程中，对模型进行逐步调整，增加了结果的准确性.

2. 模型的缺点

（1）该模型只能对现有数据进行处理.

（2）该模型有一定的局限性.

## 七、参考文献

［1］肖华勇. 实用数学建模与软件应用［M］. 西安：西北工业大学出版社，2010.

［2］袁新生. LINGO 和 EXCEL 在数学建模中的应用［M］. 北京：科学出版社，2007.

# 附　录

附表　9月20日装配顺序

| 装配顺序 | 品牌 | 配置 | 动力 | 驱动 | 颜色 | 喷涂线 |
|---|---|---|---|---|---|---|
| 1 | A1 | B1 | 汽油 | 两驱 | 白 | C1 |
| 2 | A1 | B1 | 汽油 | 两驱 | 白 | C2 |
| 3 | A1 | B1 | 汽油 | 两驱 | 白 | C1 |
| 4 | A1 | B1 | 汽油 | 两驱 | 白 | C2 |
| 5 | A1 | B1 | 汽油 | 两驱 | 白 | C1 |
| 6 | A1 | B1 | 汽油 | 两驱 | 白 | C2 |
| 7 | A1 | B1 | 汽油 | 两驱 | 白 | C1 |
| 8 | A1 | B1 | 汽油 | 两驱 | 白 | C2 |
| 9 | A1 | B1 | 汽油 | 两驱 | 白 | C1 |
| 10 | A1 | B1 | 汽油 | 两驱 | 白 | C2 |
| 11 | A1 | B1 | 汽油 | 两驱 | 白 | C1 |
| 12 | A1 | B1 | 汽油 | 两驱 | 白 | C2 |
| 13 | A1 | B1 | 汽油 | 两驱 | 白 | C1 |
| 14 | A1 | B1 | 汽油 | 两驱 | 白 | C2 |
| 15 | A1 | B1 | 汽油 | 两驱 | 白 | C1 |
| 16 | A1 | B1 | 汽油 | 两驱 | 白 | C2 |
| 17 | A1 | B1 | 汽油 | 两驱 | 白 | C1 |
| 18 | A1 | B1 | 汽油 | 两驱 | 白 | C2 |
| 19 | A1 | B1 | 汽油 | 两驱 | 白 | C1 |
| 20 | A1 | B1 | 汽油 | 两驱 | 白 | C2 |
| 21 | A1 | B1 | 汽油 | 四驱 | 黑 | C1 |
| 22 | A1 | B1 | 汽油 | 四驱 | 黑 | C2 |
| 23 | A1 | B1 | 汽油 | 两驱 | 黑 | C1 |
| 24 | A1 | B1 | 汽油 | 两驱 | 黑 | C2 |
| 25 | A1 | B1 | 汽油 | 两驱 | 黑 | C1 |
| 26 | A1 | B1 | 汽油 | 两驱 | 黑 | C2 |
| 27 | A1 | B1 | 汽油 | 两驱 | 黑 | C1 |
| 28 | A1 | B1 | 汽油 | 两驱 | 黑 | C2 |
| 29 | A1 | B1 | 汽油 | 两驱 | 黑 | C1 |
| 30 | A1 | B1 | 汽油 | 两驱 | 黑 | C2 |

| 装配顺序 | 品牌 | 配置 | 动力 | 驱动 | 颜色 | 喷涂线 |
|---|---|---|---|---|---|---|
| 31 | A1 | B1 | 汽油 | 两驱 | 黑 | C1 |
| 32 | A1 | B1 | 汽油 | 两驱 | 黑 | C2 |
| 33 | A1 | B1 | 汽油 | 四驱 | 黑 | C1 |
| 34 | A1 | B1 | 汽油 | 四驱 | 黑 | C2 |
| 35 | A1 | B1 | 汽油 | 两驱 | 黑 | C1 |
| 36 | A1 | B1 | 汽油 | 两驱 | 黑 | C2 |
| 37 | A1 | B1 | 汽油 | 两驱 | 黑 | C1 |
| 38 | A1 | B1 | 汽油 | 两驱 | 黑 | C2 |
| 39 | A1 | B1 | 汽油 | 两驱 | 黑 | C1 |
| 40 | A1 | B1 | 汽油 | 两驱 | 黑 | C2 |
| 41 | A1 | B1 | 汽油 | 两驱 | 黑 | C1 |
| 42 | A1 | B1 | 汽油 | 两驱 | 黑 | C2 |
| 43 | A1 | B1 | 汽油 | 两驱 | 黑 | C1 |
| 44 | A1 | B1 | 汽油 | 两驱 | 黑 | C2 |
| 45 | A1 | B1 | 汽油 | 四驱 | 黑 | C1 |
| 46 | A1 | B1 | 汽油 | 四驱 | 黑 | C2 |
| 47 | A1 | B1 | 汽油 | 两驱 | 黑 | C1 |
| 48 | A1 | B1 | 汽油 | 两驱 | 黑 | C2 |
| 49 | A1 | B1 | 汽油 | 两驱 | 黑 | C1 |
| 50 | A1 | B1 | 汽油 | 两驱 | 黑 | C2 |
| 51 | A1 | B1 | 汽油 | 两驱 | 黑 | C1 |
| 52 | A1 | B1 | 汽油 | 两驱 | 黑 | C2 |
| 53 | A1 | B1 | 汽油 | 两驱 | 黑 | C1 |
| 54 | A1 | B1 | 汽油 | 两驱 | 黑 | C2 |
| 55 | A1 | B1 | 汽油 | 两驱 | 黑 | C1 |
| 56 | A1 | B1 | 汽油 | 两驱 | 黑 | C2 |
| 57 | A1 | B1 | 汽油 | 四驱 | 黑 | C1 |
| 58 | A1 | B1 | 汽油 | 四驱 | 黑 | C2 |
| 59 | A1 | B1 | 汽油 | 两驱 | 黑 | C1 |
| 60 | A1 | B1 | 汽油 | 两驱 | 黑 | C2 |
| 61 | A1 | B1 | 汽油 | 两驱 | 黑 | C1 |
| 62 | A1 | B1 | 汽油 | 两驱 | 黑 | C2 |

| 装配顺序 | 品牌 | 配置 | 动力 | 驱动 | 颜色 | 喷涂线 |
|---|---|---|---|---|---|---|
| 63 | A1 | B1 | 汽油 | 两驱 | 黑 | C1 |
| 64 | A1 | B1 | 汽油 | 两驱 | 黑 | C2 |
| 65 | A1 | B1 | 汽油 | 两驱 | 黑 | C1 |
| 66 | A1 | B1 | 汽油 | 两驱 | 黑 | C2 |
| 67 | A1 | B1 | 汽油 | 两驱 | 黑 | C1 |
| 68 | A1 | B1 | 汽油 | 两驱 | 黑 | C2 |
| 69 | A1 | B2 | 汽油 | 四驱 | 黑 | C1 |
| 70 | A1 | B1 | 汽油 | 四驱 | 黑 | C2 |
| 71 | A1 | B1 | 汽油 | 两驱 | 蓝 | C1 |
| 72 | A1 | B1 | 汽油 | 两驱 | 白 | C2 |
| 73 | A1 | B1 | 汽油 | 两驱 | 蓝 | C1 |
| 74 | A1 | B1 | 汽油 | 两驱 | 白 | C2 |
| 75 | A1 | B1 | 汽油 | 两驱 | 蓝 | C1 |
| 76 | A1 | B1 | 汽油 | 两驱 | 白 | C2 |
| 77 | A1 | B3 | 汽油 | 两驱 | 蓝 | C1 |
| 78 | A1 | B2 | 汽油 | 两驱 | 白 | C2 |
| 79 | A1 | B2 | 汽油 | 两驱 | 白 | C1 |
| 80 | A1 | B2 | 汽油 | 两驱 | 白 | C2 |
| 81 | A1 | B2 | 汽油 | 两驱 | 白 | C1 |
| 82 | A1 | B2 | 汽油 | 两驱 | 白 | C2 |
| 83 | A1 | B2 | 汽油 | 两驱 | 白 | C1 |
| 84 | A1 | B2 | 汽油 | 两驱 | 白 | C2 |
| 85 | A1 | B2 | 汽油 | 两驱 | 白 | C1 |
| 86 | A1 | B2 | 汽油 | 两驱 | 白 | C2 |
| 87 | A1 | B2 | 汽油 | 两驱 | 白 | C1 |
| 88 | A1 | B2 | 汽油 | 两驱 | 白 | C2 |
| 89 | A1 | B2 | 汽油 | 两驱 | 白 | C1 |
| 90 | A1 | B2 | 汽油 | 两驱 | 白 | C2 |
| 91 | A1 | B2 | 汽油 | 四驱 | 黑 | C1 |
| 92 | A1 | B2 | 汽油 | 四驱 | 黑 | C2 |
| 93 | A1 | B3 | 汽油 | 两驱 | 黑 | C1 |
| 94 | A1 | B3 | 汽油 | 两驱 | 黑 | C2 |

| 装配顺序 | 品牌 | 配置 | 动力 | 驱动 | 颜色 | 喷涂线 |
|---|---|---|---|---|---|---|
| 95 | A1 | B3 | 汽油 | 两驱 | 黑 | C1 |
| 96 | A1 | B3 | 汽油 | 两驱 | 黑 | C2 |
| 97 | A1 | B3 | 汽油 | 两驱 | 黑 | C1 |
| 98 | A1 | B3 | 汽油 | 两驱 | 黑 | C2 |
| 99 | A1 | B3 | 汽油 | 两驱 | 黑 | C1 |
| 100 | A1 | B2 | 汽油 | 两驱 | 黑 | C2 |
| 101 | A1 | B2 | 汽油 | 两驱 | 黑 | C1 |
| 102 | A1 | B2 | 汽油 | 两驱 | 黑 | C2 |
| 103 | A1 | B5 | 汽油 | 四驱 | 黑 | C1 |
| 104 | A1 | B5 | 汽油 | 四驱 | 黑 | C2 |
| 105 | A1 | B2 | 汽油 | 两驱 | 黑 | C1 |
| 106 | A1 | B2 | 汽油 | 两驱 | 黑 | C2 |
| 107 | A1 | B2 | 汽油 | 两驱 | 黑 | C1 |
| 108 | A1 | B1 | 汽油 | 两驱 | 黑 | C2 |
| 109 | A1 | B1 | 汽油 | 两驱 | 黑 | C1 |
| 110 | A1 | B1 | 汽油 | 两驱 | 黑 | C2 |
| 111 | A1 | B1 | 汽油 | 两驱 | 黑 | C1 |
| 112 | A1 | B1 | 汽油 | 两驱 | 黑 | C2 |
| 113 | A1 | B1 | 汽油 | 两驱 | 黑 | C1 |
| 114 | A1 | B1 | 汽油 | 两驱 | 黑 | C2 |
| 115 | A1 | B1 | 汽油 | 两驱 | 黑 | C1 |
| 116 | A1 | B1 | 汽油 | 两驱 | 黑 | C2 |
| 117 | A1 | B1 | 汽油 | 两驱 | 黑 | C1 |
| 118 | A1 | B1 | 汽油 | 两驱 | 黑 | C2 |
| 119 | A1 | B1 | 汽油 | 两驱 | 黑 | C1 |
| 120 | A1 | B1 | 汽油 | 两驱 | 黑 | C2 |
| 121 | A1 | B1 | 汽油 | 两驱 | 黑 | C1 |
| 122 | A1 | B1 | 汽油 | 两驱 | 黑 | C2 |
| 123 | A1 | B1 | 汽油 | 两驱 | 黑 | C1 |
| 124 | A1 | B1 | 汽油 | 两驱 | 黑 | C2 |
| 125 | A1 | B1 | 汽油 | 两驱 | 黑 | C1 |
| 126 | A1 | B1 | 汽油 | 两驱 | 黑 | C2 |

续表

| 装配顺序 | 品牌 | 配置 | 动力 | 驱动 | 颜色 | 喷涂线 |
|---|---|---|---|---|---|---|
| 127 | A1 | B1 | 汽油 | 两驱 | 黑 | C1 |
| 128 | A1 | B1 | 汽油 | 两驱 | 黑 | C2 |
| 129 | A1 | B1 | 汽油 | 两驱 | 黑 | C1 |
| 130 | A1 | B1 | 汽油 | 两驱 | 黑 | C2 |
| 131 | A1 | B1 | 汽油 | 两驱 | 黑 | C1 |
| 132 | A1 | B1 | 汽油 | 两驱 | 黑 | C2 |
| 133 | A1 | B1 | 汽油 | 两驱 | 黑 | C1 |
| 134 | A1 | B1 | 汽油 | 两驱 | 黑 | C2 |
| 135 | A1 | B1 | 汽油 | 两驱 | 黑 | C1 |
| 136 | A1 | B1 | 汽油 | 两驱 | 黑 | C2 |
| 137 | A1 | B1 | 汽油 | 两驱 | 黑 | C1 |
| 138 | A1 | B1 | 汽油 | 两驱 | 黑 | C2 |
| 139 | A1 | B1 | 汽油 | 两驱 | 黑 | C1 |
| 140 | A1 | B1 | 汽油 | 两驱 | 黑 | C2 |
| 141 | A1 | B1 | 汽油 | 两驱 | 黄 | C1 |
| 142 | A1 | B3 | 汽油 | 两驱 | 银 | C2 |
| 143 | A1 | B1 | 汽油 | 两驱 | 黄 | C1 |
| 144 | A1 | B1 | 汽油 | 四驱 | 银 | C2 |
| 145 | A1 | B1 | 汽油 | 两驱 | 黄 | C1 |
| 146 | A1 | B1 | 汽油 | 两驱 | 银 | C2 |
| 147 | A1 | B1 | 汽油 | 两驱 | 黄 | C1 |
| 148 | A1 | B1 | 汽油 | 两驱 | 银 | C2 |
| 149 | A1 | B2 | 汽油 | 两驱 | 黄 | C1 |
| 150 | A1 | B2 | 汽油 | 两驱 | 白 | C2 |
| 151 | A1 | B2 | 汽油 | 两驱 | 白 | C1 |
| 152 | A1 | B2 | 汽油 | 两驱 | 白 | C2 |
| 153 | A1 | B2 | 汽油 | 两驱 | 白 | C1 |
| 154 | A1 | B2 | 汽油 | 两驱 | 白 | C2 |
| 155 | A1 | B2 | 汽油 | 两驱 | 白 | C1 |
| 156 | A1 | B2 | 汽油 | 两驱 | 白 | C2 |
| 157 | A1 | B2 | 汽油 | 两驱 | 白 | C1 |
| 158 | A1 | B2 | 汽油 | 两驱 | 白 | C2 |

续表

| 装配顺序 | 品牌 | 配置 | 动力 | 驱动 | 颜色 | 喷涂线 |
|---|---|---|---|---|---|---|
| 159 | A1 | B2 | 汽油 | 两驱 | 白 | C1 |
| 160 | A1 | B2 | 汽油 | 两驱 | 白 | C2 |
| 161 | A1 | B2 | 汽油 | 两驱 | 白 | C1 |
| 162 | A1 | B2 | 汽油 | 两驱 | 白 | C2 |
| 163 | A1 | B1 | 汽油 | 两驱 | 黑 | C1 |
| 164 | A1 | B1 | 汽油 | 两驱 | 黑 | C2 |
| 165 | A1 | B1 | 汽油 | 两驱 | 黑 | C1 |
| 166 | A1 | B1 | 汽油 | 两驱 | 黑 | C2 |
| 167 | A1 | B1 | 汽油 | 两驱 | 黑 | C1 |
| 168 | A1 | B1 | 汽油 | 两驱 | 黑 | C2 |
| 169 | A1 | B1 | 汽油 | 两驱 | 黑 | C1 |
| 170 | A1 | B1 | 汽油 | 两驱 | 黑 | C2 |
| 171 | A1 | B1 | 汽油 | 两驱 | 黑 | C1 |
| 172 | A1 | B1 | 汽油 | 两驱 | 黑 | C2 |
| 173 | A1 | B1 | 汽油 | 两驱 | 黑 | C1 |
| 174 | A1 | B1 | 汽油 | 两驱 | 黑 | C2 |
| 175 | A1 | B1 | 汽油 | 两驱 | 黑 | C1 |
| 176 | A1 | B1 | 汽油 | 两驱 | 黑 | C2 |
| 177 | A1 | B1 | 汽油 | 两驱 | 黑 | C1 |
| 178 | A1 | B1 | 汽油 | 两驱 | 黑 | C2 |
| 179 | A1 | B1 | 汽油 | 两驱 | 黑 | C1 |
| 180 | A1 | B1 | 汽油 | 两驱 | 黑 | C2 |
| 181 | A1 | B1 | 汽油 | 两驱 | 黑 | C1 |
| 182 | A2 | B1 | 汽油 | 四驱 | 黑 | C2 |
| 183 | A2 | B1 | 汽油 | 四驱 | 黑 | C1 |
| 184 | A2 | B1 | 汽油 | 两驱 | 黑 | C2 |
| 185 | A2 | B1 | 汽油 | 两驱 | 黑 | C1 |
| 186 | A2 | B1 | 汽油 | 两驱 | 黑 | C2 |
| 187 | A2 | B1 | 汽油 | 两驱 | 黑 | C1 |
| 188 | A2 | B1 | 汽油 | 两驱 | 黑 | C2 |
| 189 | A2 | B1 | 汽油 | 两驱 | 黑 | C1 |
| 190 | A2 | B1 | 汽油 | 两驱 | 黑 | C2 |

续表

| 装配顺序 | 品牌 | 配置 | 动力 | 驱动 | 颜色 | 喷涂线 |
|---|---|---|---|---|---|---|
| 191 | A2 | B1 | 汽油 | 两驱 | 黑 | C1 |
| 192 | A2 | B1 | 汽油 | 两驱 | 黑 | C2 |
| 193 | A2 | B1 | 汽油 | 两驱 | 黑 | C1 |
| 194 | A2 | B5 | 汽油 | 四驱 | 黑 | C2 |
| 195 | A2 | B5 | 汽油 | 两驱 | 黑 | C1 |
| 196 | A2 | B1 | 汽油 | 两驱 | 黑 | C2 |
| 197 | A2 | B1 | 汽油 | 两驱 | 黑 | C1 |
| 198 | A2 | B1 | 汽油 | 两驱 | 黑 | C2 |
| 199 | A2 | B1 | 汽油 | 两驱 | 黑 | C1 |
| 200 | A2 | B1 | 汽油 | 两驱 | 黑 | C2 |
| 201 | A2 | B1 | 汽油 | 两驱 | 黑 | C1 |
| 202 | A2 | B1 | 汽油 | 两驱 | 黑 | C2 |
| 203 | A2 | B1 | 汽油 | 两驱 | 黑 | C1 |
| 204 | A2 | B1 | 汽油 | 两驱 | 黑 | C2 |
| 205 | A2 | B1 | 汽油 | 两驱 | 黑 | C1 |
| 206 | A2 | B1 | 汽油 | 两驱 | 黑 | C2 |
| 207 | A2 | B1 | 汽油 | 两驱 | 黑 | C1 |
| 208 | A2 | B1 | 汽油 | 两驱 | 黑 | C2 |
| 209 | A2 | B1 | 汽油 | 两驱 | 黑 | C1 |
| 210 | A2 | B1 | 汽油 | 两驱 | 黑 | C2 |
| 211 | A2 | B1 | 汽油 | 两驱 | 黑 | C1 |
| 212 | A2 | B1 | 汽油 | 两驱 | 黑 | C2 |
| 213 | A2 | B1 | 汽油 | 四驱 | 白 | C1 |
| 214 | A2 | B1 | 汽油 | 四驱 | 白 | C2 |
| 215 | A2 | B1 | 汽油 | 两驱 | 红 | C1 |
| 216 | A2 | B4 | 汽油 | 两驱 | 棕 | C2 |
| 217 | A2 | B1 | 汽油 | 两驱 | 红 | C1 |
| 218 | A2 | B4 | 汽油 | 两驱 | 棕 | C2 |
| 219 | A2 | B1 | 汽油 | 两驱 | 红 | C1 |
| 220 | A2 | B4 | 汽油 | 两驱 | 棕 | C2 |
| 221 | A2 | B4 | 汽油 | 两驱 | 红 | C1 |
| 222 | A2 | B4 | 汽油 | 两驱 | 棕 | C2 |

| 装配顺序 | 品牌 | 配置 | 动力 | 驱动 | 颜色 | 喷涂线 |
|---|---|---|---|---|---|---|
| 223 | A2 | B4 | 汽油 | 两驱 | 红 | C1 |
| 224 | A2 | B4 | 汽油 | 两驱 | 棕 | C2 |
| 225 | A2 | B6 | 汽油 | 两驱 | 红 | C1 |
| 226 | A2 | B6 | 汽油 | 两驱 | 棕 | C2 |
| 227 | A2 | B4 | 汽油 | 两驱 | 蓝 | C1 |
| 228 | A2 | B1 | 汽油 | 四驱 | 白 | C2 |
| 229 | A2 | B1 | 汽油 | 四驱 | 白 | C1 |
| 230 | A2 | B6 | 汽油 | 两驱 | 白 | C2 |
| 231 | A1 | B5 | 汽油 | 两驱 | 白 | C1 |
| 232 | A1 | B1 | 汽油 | 两驱 | 白 | C2 |
| 233 | A1 | B1 | 汽油 | 两驱 | 白 | C1 |
| 234 | A1 | B1 | 汽油 | 两驱 | 白 | C2 |
| 235 | A1 | B1 | 汽油 | 两驱 | 白 | C1 |
| 236 | A1 | B1 | 汽油 | 两驱 | 白 | C2 |
| 237 | A1 | B1 | 汽油 | 两驱 | 白 | C1 |
| 238 | A1 | B1 | 汽油 | 两驱 | 白 | C2 |
| 239 | A1 | B1 | 汽油 | 两驱 | 白 | C1 |
| 240 | A1 | B1 | 汽油 | 四驱 | 银 | C2 |
| 241 | A1 | B3 | 汽油 | 四驱 | 银 | C1 |
| 242 | A1 | B2 | 汽油 | 两驱 | 灰 | C2 |
| 243 | A1 | B2 | 汽油 | 两驱 | 红 | C1 |
| 244 | A1 | B1 | 汽油 | 两驱 | 灰 | C2 |
| 245 | A1 | B1 | 汽油 | 两驱 | 红 | C1 |
| 246 | A1 | B1 | 汽油 | 两驱 | 灰 | C2 |
| 247 | A1 | B1 | 汽油 | 两驱 | 红 | C1 |
| 248 | A1 | B1 | 汽油 | 两驱 | 灰 | C2 |
| 249 | A1 | B1 | 汽油 | 两驱 | 红 | C1 |
| 250 | A1 | B1 | 汽油 | 两驱 | 灰 | C2 |
| 251 | A1 | B1 | 汽油 | 两驱 | 灰 | C1 |
| 252 | A1 | B1 | 汽油 | 两驱 | 灰 | C2 |
| 253 | A1 | B1 | 汽油 | 两驱 | 灰 | C1 |
| 254 | A1 | B3 | 汽油 | 两驱 | 灰 | C2 |

| 装配顺序 | 品牌 | 配置 | 动力 | 驱动 | 颜色 | 喷涂线 |
|---|---|---|---|---|---|---|
| 255 | A1 | B3 | 汽油 | 两驱 | 灰 | C1 |
| 256 | A1 | B3 | 汽油 | 两驱 | 灰 | C2 |
| 257 | A1 | B5 | 汽油 | 四驱 | 灰 | C1 |
| 258 | A1 | B5 | 汽油 | 两驱 | 黑 | C2 |
| 259 | A1 | B2 | 汽油 | 两驱 | 黑 | C1 |
| 260 | A1 | B2 | 汽油 | 两驱 | 黑 | C2 |
| 261 | A1 | B2 | 汽油 | 两驱 | 黑 | C1 |
| 262 | A1 | B2 | 汽油 | 两驱 | 黑 | C2 |
| 263 | A1 | B2 | 汽油 | 两驱 | 黑 | C1 |
| 264 | A1 | B2 | 汽油 | 两驱 | 黑 | C2 |
| 265 | A1 | B2 | 汽油 | 两驱 | 黑 | C1 |
| 266 | A1 | B2 | 汽油 | 两驱 | 黑 | C2 |
| 267 | A1 | B2 | 汽油 | 两驱 | 黑 | C1 |
| 268 | A1 | B2 | 汽油 | 两驱 | 黑 | C2 |
| 269 | A1 | B2 | 汽油 | 两驱 | 黑 | C1 |
| 270 | A1 | B2 | 汽油 | 两驱 | 黑 | C2 |
| 271 | A1 | B2 | 汽油 | 两驱 | 黑 | C1 |
| 272 | A1 | B2 | 汽油 | 两驱 | 黑 | C2 |
| 273 | A1 | B2 | 汽油 | 两驱 | 黑 | C1 |
| 274 | A1 | B2 | 汽油 | 两驱 | 黑 | C2 |
| 275 | A1 | B2 | 汽油 | 两驱 | 黑 | C1 |
| 276 | A1 | B2 | 汽油 | 两驱 | 黑 | C2 |
| 277 | A1 | B2 | 汽油 | 两驱 | 黑 | C1 |
| 278 | A1 | B2 | 汽油 | 两驱 | 黑 | C2 |
| 279 | A1 | B2 | 汽油 | 两驱 | 黑 | C1 |
| 280 | A1 | B2 | 汽油 | 两驱 | 黑 | C2 |
| 281 | A1 | B2 | 汽油 | 两驱 | 黑 | C1 |
| 282 | A1 | B2 | 汽油 | 两驱 | 黑 | C2 |
| 283 | A1 | B2 | 汽油 | 两驱 | 黑 | C1 |
| 284 | A1 | B2 | 汽油 | 两驱 | 黑 | C2 |
| 285 | A1 | B2 | 汽油 | 两驱 | 黑 | C1 |
| 286 | A1 | B2 | 汽油 | 两驱 | 黑 | C2 |

续表

| 装配顺序 | 品牌 | 配置 | 动力 | 驱动 | 颜色 | 喷涂线 |
|---|---|---|---|---|---|---|
| 287 | A1 | B2 | 汽油 | 两驱 | 黑 | C1 |
| 288 | A1 | B2 | 汽油 | 两驱 | 黑 | C2 |
| 289 | A1 | B2 | 汽油 | 两驱 | 黑 | C1 |
| 290 | A1 | B2 | 汽油 | 两驱 | 黑 | C2 |
| 291 | A1 | B2 | 汽油 | 两驱 | 黑 | C1 |
| 292 | A1 | B2 | 汽油 | 两驱 | 黑 | C2 |
| 293 | A1 | B2 | 汽油 | 两驱 | 黑 | C1 |
| 294 | A1 | B2 | 汽油 | 两驱 | 黑 | C2 |
| 295 | A1 | B2 | 汽油 | 两驱 | 黑 | C1 |
| 296 | A1 | B2 | 汽油 | 两驱 | 黑 | C2 |
| 297 | A1 | B2 | 汽油 | 两驱 | 黑 | C1 |
| 298 | A1 | B2 | 汽油 | 两驱 | 黑 | C2 |
| 299 | A1 | B2 | 汽油 | 两驱 | 黑 | C1 |
| 300 | A1 | B2 | 汽油 | 两驱 | 黑 | C2 |
| 301 | A1 | B2 | 汽油 | 两驱 | 黑 | C1 |
| 302 | A1 | B2 | 汽油 | 两驱 | 黑 | C2 |
| 303 | A1 | B2 | 汽油 | 两驱 | 黑 | C1 |
| 304 | A1 | B2 | 汽油 | 两驱 | 黑 | C2 |
| 305 | A1 | B2 | 汽油 | 两驱 | 黑 | C1 |
| 306 | A1 | B2 | 汽油 | 两驱 | 黑 | C2 |
| 307 | A1 | B2 | 汽油 | 两驱 | 黑 | C1 |
| 308 | A1 | B2 | 汽油 | 两驱 | 黑 | C2 |
| 309 | A1 | B2 | 汽油 | 两驱 | 白 | C1 |
| 310 | A1 | B1 | 汽油 | 两驱 | 白 | C2 |
| 311 | A1 | B1 | 汽油 | 两驱 | 白 | C1 |
| 312 | A1 | B1 | 汽油 | 两驱 | 白 | C2 |
| 313 | A1 | B1 | 汽油 | 两驱 | 白 | C1 |
| 314 | A1 | B1 | 汽油 | 两驱 | 白 | C2 |
| 315 | A1 | B1 | 汽油 | 两驱 | 白 | C1 |
| 316 | A1 | B1 | 汽油 | 两驱 | 白 | C2 |
| 317 | A1 | B1 | 汽油 | 两驱 | 白 | C1 |
| 318 | A1 | B1 | 汽油 | 两驱 | 白 | C2 |

续表

| 装配顺序 | 品牌 | 配置 | 动力 | 驱动 | 颜色 | 喷涂线 |
|---|---|---|---|---|---|---|
| 319 | A1 | B1 | 汽油 | 两驱 | 白 | C1 |
| 320 | A1 | B1 | 汽油 | 两驱 | 白 | C2 |
| 321 | A1 | B1 | 汽油 | 两驱 | 白 | C1 |
| 322 | A1 | B1 | 汽油 | 两驱 | 白 | C2 |
| 323 | A1 | B1 | 汽油 | 两驱 | 白 | C1 |
| 324 | A1 | B1 | 汽油 | 两驱 | 白 | C2 |
| 325 | A1 | B1 | 汽油 | 两驱 | 白 | C1 |
| 326 | A1 | B1 | 汽油 | 两驱 | 白 | C2 |
| 327 | A1 | B1 | 汽油 | 两驱 | 白 | C1 |
| 328 | A1 | B1 | 汽油 | 两驱 | 白 | C2 |
| 329 | A1 | B1 | 汽油 | 两驱 | 白 | C1 |
| 330 | A1 | B1 | 汽油 | 两驱 | 白 | C2 |
| 331 | A1 | B1 | 汽油 | 两驱 | 白 | C1 |
| 332 | A1 | B1 | 汽油 | 两驱 | 白 | C2 |
| 333 | A1 | B1 | 汽油 | 两驱 | 白 | C1 |
| 334 | A1 | B1 | 汽油 | 两驱 | 白 | C2 |
| 335 | A1 | B1 | 汽油 | 两驱 | 白 | C1 |
| 336 | A1 | B1 | 汽油 | 两驱 | 白 | C2 |
| 337 | A1 | B1 | 汽油 | 两驱 | 白 | C1 |
| 338 | A1 | B1 | 汽油 | 两驱 | 白 | C2 |
| 339 | A1 | B1 | 汽油 | 两驱 | 白 | C1 |
| 340 | A1 | B1 | 汽油 | 两驱 | 白 | C2 |
| 341 | A1 | B1 | 汽油 | 两驱 | 白 | C1 |
| 342 | A1 | B1 | 汽油 | 两驱 | 白 | C2 |
| 343 | A1 | B1 | 汽油 | 两驱 | 白 | C1 |
| 344 | A1 | B1 | 汽油 | 两驱 | 白 | C2 |
| 345 | A1 | B1 | 汽油 | 两驱 | 白 | C1 |
| 346 | A1 | B1 | 汽油 | 两驱 | 白 | C2 |
| 347 | A1 | B1 | 汽油 | 两驱 | 白 | C1 |
| 348 | A1 | B1 | 汽油 | 两驱 | 白 | C2 |
| 349 | A1 | B1 | 汽油 | 两驱 | 白 | C1 |
| 350 | A1 | B1 | 汽油 | 两驱 | 白 | C2 |

续表

| 装配顺序 | 品牌 | 配置 | 动力 | 驱动 | 颜色 | 喷涂线 |
|---|---|---|---|---|---|---|
| 351 | A1 | B1 | 汽油 | 两驱 | 白 | C1 |
| 352 | A1 | B1 | 汽油 | 两驱 | 白 | C2 |
| 353 | A1 | B1 | 汽油 | 两驱 | 白 | C1 |
| 354 | A1 | B1 | 汽油 | 两驱 | 白 | C2 |
| 355 | A1 | B1 | 汽油 | 两驱 | 白 | C1 |
| 356 | A1 | B1 | 汽油 | 两驱 | 白 | C2 |
| 357 | A1 | B1 | 汽油 | 两驱 | 白 | C1 |
| 358 | A1 | B1 | 汽油 | 两驱 | 白 | C2 |
| 359 | A1 | B1 | 汽油 | 两驱 | 白 | C1 |
| 360 | A1 | B1 | 汽油 | 两驱 | 白 | C2 |
| 361 | A1 | B1 | 汽油 | 两驱 | 白 | C1 |
| 362 | A1 | B1 | 汽油 | 两驱 | 白 | C2 |
| 363 | A1 | B1 | 汽油 | 两驱 | 白 | C1 |
| 364 | A1 | B1 | 汽油 | 两驱 | 白 | C2 |
| 365 | A1 | B1 | 汽油 | 两驱 | 白 | C1 |
| 366 | A1 | B1 | 汽油 | 两驱 | 白 | C2 |
| 367 | A1 | B1 | 汽油 | 两驱 | 白 | C1 |
| 368 | A1 | B1 | 汽油 | 两驱 | 白 | C2 |
| 369 | A1 | B1 | 汽油 | 两驱 | 白 | C1 |
| 370 | A1 | B1 | 汽油 | 两驱 | 白 | C2 |
| 371 | A1 | B1 | 汽油 | 两驱 | 白 | C1 |
| 372 | A1 | B1 | 汽油 | 两驱 | 白 | C2 |
| 373 | A1 | B1 | 汽油 | 两驱 | 白 | C1 |
| 374 | A1 | B1 | 汽油 | 两驱 | 白 | C2 |
| 375 | A1 | B1 | 汽油 | 两驱 | 白 | C1 |
| 376 | A1 | B1 | 汽油 | 两驱 | 白 | C2 |
| 377 | A1 | B1 | 汽油 | 两驱 | 白 | C1 |
| 378 | A1 | B1 | 汽油 | 两驱 | 白 | C2 |
| 379 | A1 | B1 | 汽油 | 两驱 | 白 | C1 |
| 380 | A1 | B1 | 汽油 | 两驱 | 白 | C2 |
| 381 | A1 | B1 | 汽油 | 两驱 | 白 | C1 |
| 382 | A1 | B1 | 汽油 | 两驱 | 白 | C2 |

续表

| 装配顺序 | 品牌 | 配置 | 动力 | 驱动 | 颜色 | 喷涂线 |
|---|---|---|---|---|---|---|
| 383 | A1 | B1 | 汽油 | 两驱 | 白 | C1 |
| 384 | A1 | B1 | 汽油 | 两驱 | 白 | C2 |
| 385 | A1 | B1 | 汽油 | 两驱 | 白 | C1 |
| 386 | A1 | B1 | 汽油 | 两驱 | 白 | C2 |
| 387 | A1 | B1 | 汽油 | 两驱 | 白 | C1 |
| 388 | A1 | B1 | 汽油 | 两驱 | 白 | C2 |
| 389 | A1 | B1 | 汽油 | 两驱 | 白 | C1 |
| 390 | A1 | B1 | 汽油 | 两驱 | 白 | C2 |
| 391 | A1 | B1 | 汽油 | 两驱 | 白 | C1 |
| 392 | A1 | B1 | 汽油 | 两驱 | 白 | C2 |
| 393 | A1 | B2 | 汽油 | 两驱 | 黑 | C1 |
| 394 | A1 | B2 | 汽油 | 两驱 | 黑 | C2 |
| 395 | A1 | B2 | 汽油 | 两驱 | 黑 | C1 |
| 396 | A1 | B2 | 汽油 | 两驱 | 黑 | C2 |
| 397 | A1 | B2 | 汽油 | 两驱 | 黑 | C1 |
| 398 | A1 | B2 | 汽油 | 两驱 | 黑 | C2 |
| 399 | A1 | B2 | 汽油 | 两驱 | 黑 | C1 |
| 400 | A1 | B2 | 汽油 | 两驱 | 黑 | C2 |
| 401 | A1 | B2 | 汽油 | 两驱 | 黑 | C1 |
| 402 | A1 | B2 | 汽油 | 两驱 | 黑 | C2 |
| 403 | A1 | B2 | 汽油 | 两驱 | 黑 | C1 |
| 404 | A1 | B2 | 汽油 | 两驱 | 黑 | C2 |
| 405 | A1 | B2 | 汽油 | 两驱 | 黑 | C1 |
| 406 | A1 | B2 | 汽油 | 两驱 | 黑 | C2 |
| 407 | A1 | B2 | 汽油 | 两驱 | 黑 | C1 |
| 408 | A1 | B2 | 汽油 | 两驱 | 黑 | C2 |
| 409 | A1 | B2 | 汽油 | 两驱 | 黑 | C1 |
| 410 | A1 | B2 | 汽油 | 两驱 | 黑 | C2 |
| 411 | A1 | B2 | 汽油 | 两驱 | 黑 | C1 |
| 412 | A2 | B1 | 柴油 | 两驱 | 黑 | C2 |
| 413 | A2 | B1 | 柴油 | 两驱 | 黑 | C1 |
| 414 | A2 | B1 | 汽油 | 两驱 | 黑 | C2 |

| 装配顺序 | 品牌 | 配置 | 动力 | 驱动 | 颜色 | 喷涂线 |
|---|---|---|---|---|---|---|
| 415 | A2 | B1 | 汽油 | 两驱 | 黑 | C1 |
| 416 | A2 | B1 | 汽油 | 两驱 | 黑 | C2 |
| 417 | A2 | B1 | 汽油 | 两驱 | 黑 | C1 |
| 418 | A2 | B1 | 汽油 | 两驱 | 黑 | C2 |
| 419 | A2 | B1 | 汽油 | 两驱 | 黑 | C1 |
| 420 | A2 | B1 | 汽油 | 两驱 | 黑 | C2 |
| 421 | A2 | B1 | 汽油 | 两驱 | 黑 | C1 |
| 422 | A2 | B1 | 汽油 | 两驱 | 黑 | C2 |
| 423 | A2 | B4 | 汽油 | 两驱 | 黑 | C1 |
| 424 | A2 | B1 | 柴油 | 两驱 | 黑 | C2 |
| 425 | A2 | B4 | 汽油 | 两驱 | 黑 | C1 |
| 426 | A2 | B4 | 汽油 | 两驱 | 黑 | C2 |
| 427 | A2 | B4 | 汽油 | 两驱 | 黑 | C1 |
| 428 | A2 | B4 | 汽油 | 两驱 | 黑 | C2 |
| 429 | A2 | B4 | 汽油 | 两驱 | 黑 | C1 |
| 430 | A2 | B4 | 汽油 | 两驱 | 黑 | C2 |
| 431 | A2 | B4 | 汽油 | 两驱 | 黑 | C1 |
| 432 | A2 | B4 | 汽油 | 两驱 | 黑 | C2 |
| 433 | A2 | B4 | 汽油 | 两驱 | 黑 | C1 |
| 434 | A2 | B4 | 汽油 | 两驱 | 黑 | C2 |
| 435 | A2 | B4 | 汽油 | 两驱 | 黑 | C1 |
| 436 | A2 | B4 | 汽油 | 两驱 | 黑 | C2 |
| 437 | A2 | B4 | 汽油 | 两驱 | 黑 | C1 |
| 438 | A2 | B4 | 汽油 | 两驱 | 黑 | C2 |
| 439 | A2 | B4 | 汽油 | 两驱 | 黑 | C1 |
| 440 | A2 | B4 | 汽油 | 两驱 | 黑 | C2 |
| 441 | A2 | B4 | 汽油 | 两驱 | 黑 | C1 |
| 442 | A2 | B6 | 汽油 | 两驱 | 黑 | C2 |
| 443 | A2 | B6 | 汽油 | 两驱 | 黑 | C1 |
| 444 | A2 | B6 | 汽油 | 两驱 | 黑 | C2 |
| 445 | A2 | B6 | 汽油 | 两驱 | 黑 | C1 |
| 446 | A2 | B1 | 汽油 | 四驱 | 白 | C2 |

| 装配顺序 | 品牌 | 配置 | 动力 | 驱动 | 颜色 | 喷涂线 |
|---|---|---|---|---|---|---|
| 447 | A2 | B1 | 汽油 | 四驱 | 白 | C1 |
| 448 | A2 | B1 | 柴油 | 两驱 | 白 | C2 |
| 449 | A2 | B1 | 汽油 | 两驱 | 蓝 | C1 |
| 450 | A2 | B1 | 汽油 | 两驱 | 金 | C2 |
| 451 | A2 | B4 | 汽油 | 两驱 | 银 | C1 |
| 452 | A2 | B4 | 汽油 | 两驱 | 金 | C2 |
| 453 | A2 | B1 | 汽油 | 四驱 | 银 | C1 |
| 454 | A2 | B1 | 汽油 | 两驱 | 金 | C2 |
| 455 | A2 | B4 | 汽油 | 两驱 | 银 | C1 |
| 456 | A2 | B4 | 汽油 | 两驱 | 白 | C2 |
| 457 | A2 | B4 | 汽油 | 两驱 | 白 | C1 |
| 458 | A2 | B4 | 汽油 | 两驱 | 白 | C2 |
| 459 | A2 | B1 | 汽油 | 四驱 | 白 | C1 |
| 460 | A2 | B1 | 汽油 | 四驱 | 白 | C2 |

# 6.3　汽车总装线的配置优化问题

**（2018 年西安铁路职业技术学院全国大学生数学建模竞赛一等奖论文）**

### 摘　要

本文是对某汽车公司每天装配的 460 辆车进行排序，以满足车辆品牌、配置、动力、驱动、颜色 5 种属性的各种要求．该问题在实际车辆总装和喷涂中具有十分重要的意义．

本文首先对数据进行预先处理，将附件中的数据转变为 6 维向量表示，这 6 维向量为（品牌，配置，动力，驱动，颜色，车辆数）．这样，将 9 月 20 日 A1 数据转变为 24 类，A2 数据转变为 22 类，从而实现对 460 辆汽车分别指定 5 种属性，以便对 460 辆汽车进行排序．

本文针对颜色的各种要求，品牌、配置和动力的连续性或间隔排列等要求，建立了采用 0 − 1 决策变量表达的规划模型，将所有约束利用数学表达式表达，得到完整的 0 − 1 规划模型，便于利用 LINGO 求解．同时得到以同一品牌下相同配置汽车尽量连续，减少不同配置汽车之间的切换次数最少为第一目标，以及以喷涂线上不同颜色汽车之间的切换次数尽可能少为第二目标的双目标规划模型．这样，本文的 0 − 1 规划数学模型将需要满足的约束，以及提出的目标都尽可能给出了数学表达．

对该模型，本文提出了合理的求解方法，采用 LINGO 计算，分属性分别求解，逐步得到符合条件的解．同时本文提出了基于位置交换的禁忌搜索算法，便于求解一般问题．该方法在一般数据处理中具有通用型，便于得到问题的合理解.

最后本文给出了 9 月 20 日 460 辆汽车的装配顺序表，包括总装线上的安排及喷涂线上的排列. 本文的计算结果中，在 C1 线上工作的有 230 辆车，在 C2 线上工作的也有 230 辆车，汽车在两条喷涂线上均匀分布. 对于四驱汽车，只有 8 辆白色四驱汽车，间隔需要放宽到间隔 5 辆两驱汽车，其他四驱汽车之间间隔都超过 15 辆以上.

柴油汽车间隔汽油汽车都在 20 辆以上，完全满足要求. 连续排列的黑色汽车至少有 50 辆，最多为 69 辆，也符合要求.

**关键词：** 0 - 1 规划　总装线　喷涂线　配置

## 一、问题重述

现需要生产汽车类型具有 5 种属性：品牌、配置、动力、驱动、颜色. 品牌分为 A1 和 A2 两种，配置分为 B1、B2、B3、B4、B5 和 B6 六种，动力分为汽油和柴油两种，驱动分为两驱和四驱两种，颜色分为黑、白、蓝、黄、红、银、棕、灰、金九种.

该公司每天可装配各种汽车 460 辆，其中白班、夜班（每班 12 h）各 230 辆. 每天生产各种型号汽车的数量根据市场和销售情况确定. 附件给出了该公司 2018 年 9 月 17—23 日的生产计划.

汽车总装线的装配流程如图 1 所示. 待装配汽车按一定顺序排成一列，首先匀速通过总装线，依次进行总装作业，随后按序分为 C1、C2 线进行喷涂作业.

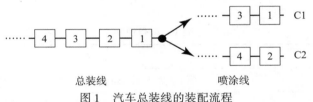

总装线　　　　　　　　喷涂线
图 1　汽车总装线的装配流程

在生产过程中总装和喷涂作业对经过生产线的汽车型号有多种要求：

（1）每天白班和夜班都是按照先 A1 后 A2 的品牌顺序，装配当天两种品牌各一半数量的汽车.

（2）四驱汽车与柴油汽车都不得超过 2 辆，两批四驱汽车与柴油汽车之间至少间隔 10 辆；若间隔数量无法满足要求，仍希望间隔数量越多越好. 间隔数量为 5 ~ 9 辆仍是可以接受的，但代价很高.

（3）同一品牌下相同配置的汽车尽量连续，减少不同配置汽车之间的切换次数.

（4）对于颜色有如下要求：

①红、黄、蓝 3 种颜色汽车的喷涂只能在 C1 线上进行，金色汽车的喷涂只能在 C2 线上进行，剩余颜色汽车的喷涂可以在 C1 和 C2 任意一条喷涂线上进行.

②除黑、白两种颜色外，同一条喷涂线上，同种颜色的汽车应尽量连续喷涂作业.

③喷涂线上不同颜色汽车之间的切换次数尽可能少，特别地，黑色汽车与其他颜色汽车之间的切换代价很高.

④不同颜色汽车在总装线上排列的要求如下：

a. 黑色汽车连续排列的数量为 50 ~ 70 辆，两批黑色汽车在总装线上需间隔至少 20 辆.

b. 白色汽车既可以连续排列，也可以与蓝色或棕色汽车间隔排列.

c. 黄色或红色汽车必须与灰色、棕色、银色、金色汽车中的一种间隔排列.

d. 蓝色汽车必须与白色汽车间隔排列.

e. 金色汽车要求与黄色或红色汽车间隔排列，如果无法满足要求，也可以与棕色、灰色、银色汽车中的一种间隔排列.

f. 灰色或银色汽车既可以连续排列，也可以与黄色、红色、金色汽车中的一种间隔排列.

g. 棕色汽车既可以连续排列，也可以与黄色、红色、金色、白色汽车中的一种间隔排列.

h. 关于其他颜色的搭配，都遵循"没有允许即禁止"的原则.

建立数学模型或者设计算法，给出符合要求的，且具有较低生产成本的装配顺序.

## 二、模型假设

（1）假定数据真实，所有结果都基于该数据计算.

（2）假定每辆汽车都正常，中途没有发生故障或意外.

（3）假定汽车从总装线到喷涂线均匀分配.

（4）假定苛刻条件无法满足时，对个别汽车可以适当放宽条件.

（5）假定该结果可以离线计算，不需要实时计算.

## 三、符号说明

符号说明见表1.

**表1　符号说明**

| 符号 | 意义 |
|---|---|
| $x_{ij}$ | 第 $i$ 辆汽车在第 $j$ 个位置为1，否则为0 |
| $z_i$ | 第 $i$ 辆汽车在C1线喷涂为0，在C2线喷涂则为1 |
| $P1_i$ | 第 $i$ 辆汽车品牌为A1取0，品牌为A2则取1 |
| $P2_i$ | 第 $i$ 辆汽车为两驱汽车取0，为四驱汽车则取1 |
| $P3_i$ | 第 $i$ 辆汽车为汽油汽车取0，为柴油汽车则取1 |
| $H$ | 黑色汽车集合为 $H$，非黑色汽车集合为 $\bar{H}$ |
| $W$ | 白色汽车集合 |
| $S$ | 蓝色和棕色汽车集合 |
| $N$ | 棕色汽车集合 |
| $M$ | 黄色、红色、金色、白色汽车集合 |

## 四、问题分析

题目要求对每天的460辆汽车在总装线上排序，并按照一定规则进入喷涂线.

每辆汽车有品牌、配置、动力、驱动和颜色5种属性，在排列的过程中，又有品牌的要求、驱动的要求、配置的要求以及颜色的要求，其中颜色的要求最多，也最苛刻. 理论上，只需要列出460!的所有情况，然后对每种情况根据要求进行筛选，列出符合条件的排列，然后在这些排列中选出能够让目标达到最优的解. 但由于所有情况的数目是一个天文数字，不能这样进行枚举筛选. 该问题本质上是一个 NP 问题, 难以得到完美解决, 但在该问题中, 可以建立合适的优化模型, 同时根据问题的一些特殊要求, 逐步筛选出合理的解, 最终得到满意解.

在这个实际问题中, 可以首先对数据进行预处理, 将散乱的数据整理成每辆汽车用 5 维向量来表示的数据, 以便于后面处理. 由于该问题中品牌属性比较简单, 故首先排序满足 A1 和 A2. 该要求也较为简单. 然后考虑颜色, 题目中对颜色要求十分苛刻, 条件也多, 因此重点考虑在颜色维度里进行排序. 在颜色排列满足条件后, 调整驱动属性和动力属性的要求.

在后面的工作中, 首先进行数据预处理, 然后建立 0 – 1 规划模型, 考虑算法, 得到符合条件的解.

## 五、模型的建立与求解

### 1. 数据预处理

每种型号的汽车由品牌、配置、动力、驱动、颜色 5 种属性确定. 品牌分为 A1 和 A2 两种, 配置分为 B1、B2、B3、B4、B5 和 B6 六种, 动力分为汽油和柴油两种, 驱动分为两驱和四驱两种, 颜色分为黑、白、蓝、黄、红、银、棕、灰、金九种. 将每辆汽车用 5 个属性来表示, 类型总数则为 $2 \times 5 \times 2 \times 2 \times 9 = 360$ (种). 实际数据中汽车的类型远远小于该数字. 例如: 9 月 20 日, 汽车类型 A1 有 24 种, A2 有 22 种, 总共 46 种; 9 月 23 日总共有汽车类型 34 种. 需要对数据进行整理, 采用向量表示更简单. 如对 9 月 20 日的数据, 用 6 维向量 (A, B, C, D, E, F) 表示.

其中 A 代表品牌, A1, A2 分别用数字 1 和 2 表示;

B 代表配置, 分为 B1, B2, B3, B4, B5, 分别用数字 1, 2, 3, 4, 5 表示;

C 代表动力, 汽油数字用 1 表示, 柴油用数字 2 表示;

D 代表驱动, 二驱用数字 1 表示, 四驱用数字 2 表示;

E 代表颜色: 黄 (1), 蓝 (2), 黑 (3), 白 (4), 灰 (5), 银 (6), 红 (7), 金 (8), 棕 (9);

F 代表该类汽车数量.

从附件中获取 9 月 20 日的数据并用 6 维向量表示, 见表 2.

表 2　9 月 20 日数据的向量表示

| 类型号 | A1 类型 | A2 类型 |
|---|---|---|
| 1 | 1, 1, 1, 1, 1, 4 | 2, 1, 2, 1, 3, 3 |
| 2 | 1, 1, 1, 1, 2, 3 | 2, 1, 2, 1, 4, 1 |
| 3 | 1, 1, 1, 1, 3, 92 | 2, 1, 1, 1, 2, 1 |
| 4 | 1, 1, 1, 1, 4, 114 | 2, 1, 1, 1, 3, 36 |
| 5 | 1, 1, 1, 1, 5, 7 | 2, 1, 1, 1, 8, 2 |
| 6 | 1, 1, 1, 1, 6, 2 | 2, 1, 1, 1, 7, 3 |
| 7 | 1, 1, 1, 1, 7, 3 | 2, 1, 1, 2, 3, 2 |
| 8 | 1, 1, 1, 2, 3, 9 | 2, 1, 1, 2, 4, 8 |

续表

| 类型号 | A1 类型 | A2 类型 |
|---|---|---|
| 9 | 1, 1, 1, 2, 6, 2 | 2, 1, 1, 2, 6, 1 |
| 10 | 1, 2, 1, 1, 1, 1 | 2, 4, 1, 1, 2, 1 |
| 11 | 1, 2, 1, 1, 3, 75 | 2, 4, 1, 1, 3, 18 |
| 12 | 1, 2, 1, 1, 4, 27 | 2, 4, 1, 1, 4, 3 |
| 13 | 1, 2, 1, 1, 5, 1 | 2, 4, 1, 1, 8, 1 |
| 14 | 1, 2, 1, 1, 7, 1 | 2, 4, 1, 1, 9, 5 |
| 15 | 1, 2, 1, 2, 3, 3 | 2, 4, 1, 1, 6, 2 |
| 16 | 1, 3, 1, 1, 2, 1 | 2, 4, 1, 1, 7, 2 |
| 17 | 1, 3, 1, 1, 3, 7 | 2, 5, 1, 1, 3, 1 |
| 18 | 1, 3, 1, 1, 5, 3 | 2, 5, 1, 2, 3, 1 |
| 19 | 1, 3, 1, 1, 6, 1 | 2, 6, 1, 1, 3, 4 |
| 20 | 1, 3, 1, 2, 6, 1 | 2, 6, 1, 1, 4, 2 |
| 21 | 1, 5, 1, 1, 3, 1 | 2, 6, 1, 1, 9, 1 |
| 22 | 1, 5, 1, 1, 4, 1 | 2, 6, 1, 1, 7, 1 |
| 23 | 1, 5, 1, 2, 3, 2 | — |
| 24 | 1, 5, 1, 2, 5, 1 | — |

有了表 2 中的数据，就可以规定每天总共 460 辆汽车中每一辆汽车的 5 个属性．如某辆汽车属性为（1，1，1，1，1），即品牌为 A1，配置为 B1，动力为汽油，驱动为两驱，颜色为黄色．依此类推，很容易得到每一辆汽车的 5 个属性．所有数据的类型信息见表 3、表 4.

**表 3　9 月 20 日的汽车属性归类（A1）（括号里为类别号）**

| 9 月 20 日 | A1 | | | | |
|---|---|---|---|---|---|
| | 汽油 | | | | 总计 |
| 颜色 | B1 | B2 | B3 | B5 | |
| 两驱 | | | | | |
| 黄 | 4（1） | 1（10） | | | 5 |
| 蓝 | 3（2） | | 1（16） | | 4 |
| 黑 | 92（3） | 75（11） | 7（17） | 1（21） | 175 |
| 白 | 114（4） | 27（12） | | 1（22） | 142 |
| 灰 | 7（5） | 1（13） | 3（18） | | 11 |
| 银 | 2（6） | | 1（19） | | 3 |
| 红 | 3（7） | 1（14） | | | 4 |

| 四驱 | | | | | |
|---|---|---|---|---|---|
| 黑 | 9（8） | 3（15） | | 2（23） | 14 |
| 灰 | | | | 1（24） | 1 |
| 银 | 2（9） | | 1（20） | | 3 |
| 总计 | 236 | 108 | 13 | 5 | 362 |

**表4　9月20日的汽车属性归类（A2）（括号里为类别号）**

| 9月20日 | A2 | | | | | 总计 |
|---|---|---|---|---|---|---|
| | 柴油 | 汽油 | | | | |
| 颜色 | B1 | B1 | B4 | B5 | B6 | |
| 两驱 | | | | | | |
| 蓝 | | 1（3） | 1（10） | | | 2 |
| 黑 | 3（1） | 36（4） | 18（11） | 1（17） | 4（19） | 62 |
| 白 | 1（2） | | 3（12） | | 1（20） | 5 |
| 金 | | 2（5） | 1（13） | | | 3 |
| 棕 | | | 5（14） | | 1（21） | 6 |
| 银 | | | 2（15） | | | 2 |
| 红 | | 3（6） | 2（16） | | 1（22） | 6 |
| 四驱 | | | | | | |
| 颜色 | B1 | B1 | B4 | B5 | B6 | |
| 黑 | | 2（7） | | 1（18） | | 3 |
| 白 | | 8（8） | | | | 8 |
| 银 | | 1（9） | | | | 1 |
| 总计 | 4 | 53 | 32 | 2 | 7 | 98 |

后面的工作，都在此数据的基础上展开.

2. 模型的建立

该问题等价于对每天460辆车进行排序，进行总装和喷涂.

为完成总装线上的车辆安排，设决策变量 $x_{ij}$：

$$x_{ij} = \begin{cases} 1, & \text{第 } i \text{ 辆车排在第 } j \text{ 个位置,} \\ 0, & \text{第 } i \text{ 辆车不排在第 } j \text{ 个位置} \end{cases} \quad (i, j = 1, 2, \cdots, 460).$$

对车辆在喷涂线上的安排，设决策变量 $z_i$：

$$z_i = \begin{cases} 1, & \text{第 } i \text{ 辆车放在 C1 线,} \\ 0, & \text{第 } i \text{ 辆车放在 C2 线} \end{cases} \quad (i = 1, 2, \cdots, 460).$$

（1）每辆汽车只能排在一个位置，则有

$$\sum_{j=1}^{460} x_{ij} = 1 \quad (i = 1, 2, \cdots, 460).$$

（2）每个位置只允许而且必须排一辆汽车，则有

$$\sum_{i=1}^{460} x_{ij} = 1 \quad (j = 1, 2, \cdots, 460).$$

（3）由于总装时，每天白班和夜班都是按照先 A1 后 A2 的品牌顺序，装配当天两种品牌各一半数量的汽车．如 9 月 20 日需装配的 A1 和 A2 的汽车分别为 362 辆和 98 辆，则该日每班首先装配 181 辆 A1 汽车，随后装配 49 辆 A2 汽车．为建立约束条件，需要首先根据每辆汽车的 5 种属性，得到每辆汽车的品牌属性为 A1 还是 A2．设第 $i$ 辆汽车的品牌属性为

$$P1_i = \begin{cases} 0, & \text{第 } i \text{ 辆车品牌为 } A_1, \\ 1, & \text{第 } i \text{ 辆车品牌为 } A_2 \end{cases} \quad (i = 1, 2, \cdots, 460).$$

对 9 月 20 日的汽车，位置 1～181 排 A1，位置 182～230 排 A2，位置 231～411 排 A1，位置 412～460 排 A2（其他天情况只是数字不同，为描述方便起见，这里以 9 月 20 日为例）．要满足该条件，则有

$$(1 - P1_i) \times \left( \sum_{j=1}^{181} x_{ij} + \sum_{j=231}^{411} x_{ij} \right) + P1_i \times \left( \sum_{j=182}^{230} x_{ij} + \sum_{j=412}^{460} x_{ij} \right) = 1 \quad (i = 1, 2, \cdots, 460).$$

该约束的意义：当 $P1_i = 0$ 时，$\sum_{j=1}^{181} x_{ij} + \sum_{j=231}^{411} x_{ij} = 1$，该汽车排在位置 1～181 或 231～411；当 $P1_i = 1$ 时，$\sum_{j=182}^{230} x_{ij} + \sum_{j=412}^{460} x_{ij} = 1$，该汽车排在位置 182～230 或 412～460．符合条件．

（4）四驱汽车连续装配数量不得超过 2 辆，两批四驱汽车之间间隔的两驱汽车的数量至少是 10 辆．建立满足该条件的约束：

设每辆汽车的驱动属性用 $P2_i$ 表示．

$$P2_i = \begin{cases} 0, & \text{第 } i \text{ 辆汽车为两驱}, \\ 1, & \text{第 } i \text{ 辆汽车为四驱} \end{cases} \quad (i = 1, 2, \cdots, 460),$$

该数据从附件中提取．

为建立该约束，考察连续 3 辆汽车的情况，用 1 表示四驱车，用 0 表示两驱车，则总共有 8 种情况：111 不符合条件，101 不符合条件，剩余 6 种情况（011，110，001，010，100，000）都符合条件，因此该约束应该满足：

$$\sum_{i=1}^{460} P2_i \times (x_{ij} + x_{i,j+1} + x_{i,j+2}) \leqslant 2 \quad (j = 1, 2, \cdots, 458),$$

$$\sum_{i=1}^{460} P2_i \times (x_{ij} + x_{i,j+2}) \leqslant 1 \quad (j = 1, 2, \cdots, 458).$$

两辆四驱汽车之间至少应该间隔两驱汽车 10 辆，但也可放宽约束到 5～9 辆．为一般起见，假设汽车间隔 $d$ 辆（$d \geqslant 5$），则该约束表达为

$$\sum_{i=1}^{460} (1 - P2_i) \times (x_{i,j+1} + x_{i,j+2} + \cdots + x_{i,j+d}) = d \quad (j = 1, 2, \cdots, 460 - d, d \geqslant 5).$$

上式的意思就是两驱汽车至少连续排 $d$ 辆．

（5）柴油汽车连续装配数量不得超过 2 辆，两批柴油汽车之间间隔的汽油汽车的数量

至少为 10 辆. 对柴油汽车和汽油汽车的考虑与对两驱汽车和四驱汽车的考虑类似.

设每辆的动力属性用 $P3_i$ 表示.

$$P3_i = \begin{cases} 0, & \text{第 } i \text{ 辆汽车为汽油汽车,} \\ 1, & \text{第 } i \text{ 辆汽车为柴油汽车} \end{cases} (i = 1, 2, \cdots, 460),$$

该数据从附件中提取.

设间隔为 $r$，则同样考虑连续 3 辆汽车和连续 $r$ 辆汽车（$r \geq 5$）满足的约束，有

$$\sum_{i=1}^{460} P3_i \times (x_{ij} + x_{i,j+1} + x_{i,j+2}) \leq 2 (j = 1, 2, \cdots, 458),$$

$$\sum_{i=1}^{460} P3_i \times (x_{ij} + x_{i,j+2}) \leq 1 (j = 1, 2, \cdots, 458),$$

$$\sum_{i=1}^{460} (1 - P3_i) \times (x_{i,j+1} + x_{i,j+2} + \cdots + x_{i,j+r}) = r (j = 1, 2, \cdots, 460 - r).$$

（6）黑色汽车连续排列的数量为 50～70 辆，两批黑色汽车在总装线上需间隔至少 20 辆.

设黑色汽车集合为 $H$，非黑色汽车集合为 $\bar{H}$，该数据可从附件中提取.

黑色汽车连续排列的数量为 50～70 辆，则有约束：

$$\sum_{i \in H} (x_{i,j+1} + x_{i,j+2} + \cdots + x_{i,j+d}) = d (j = 1, 2, \cdots, 460 - d, 50 \leq d \leq 70).$$

两批黑色汽车在总装线上需间隔至少 20 辆，等价于非黑色车连续排列至少 20 辆，则

$$\sum_{i \in H} (x_{i,j+1} + x_{i,j+2} + \cdots + x_{i,j+r}) = r (j = 1, 2, \cdots, 460 - r, r \geq 20).$$

（7）白色汽车可以连续排列，也可以与蓝色或棕色汽车间隔排列.

该要求表达的意思是，对于白色汽车集合，连续两个位置或者同为白色，或者另一位置为蓝色或棕色. 设白色汽车集合为 $W$，蓝色和棕色汽车集合为 $S$，则对任何一辆蓝/白色车，必有某相邻两位置 $j$ 和 $j+1$，另一位置必为白色汽车或蓝色汽车或棕色汽车. 该约束表达为

$$\sum_{j=1}^{459} \cdot x_{ij} \cdot \left( \sum_{i \in S \cup W} x_{i,j+1} \right) = 1 (i \in W).$$

（8）黄色或红色汽车必须与银色、灰色、棕色、金色汽车中的一种间隔排列.

设黄色或红色汽车集合为 $Y$，银色、灰色、棕色、金色汽车集合为 $J$，$Y$ 中的汽车和 $J$ 中的汽车要间隔排列，则有约束：

$$\sum_{j=1}^{459} \cdot x_{ij} \cdot \left( \sum_{i \in J} x_{i,j+1} \right) = 1 (i \in Y).$$

（9）蓝色汽车必须与白色汽车间隔排列.

设蓝色汽车集合为 $B$，白色汽车集合前面设定为 $W$，则对任何一辆蓝色汽车，必有某相邻两位置 $j$ 和 $j+1$，另一位置必为白色汽车. 该约束表达为

$$\sum_{j=1}^{459} \cdot x_{ij} \cdot \left( \sum_{i \in W} x_{i,j+1} \right) = 1 (i \in B).$$

（10）金色汽车要求与黄色或红色汽车间隔排列，若无法满足要求，也可以与灰色、棕色、银色汽车中的一种间隔排列.

设金色汽车集合为 $U$，黄色或红色汽车集合为 $R$，灰色、棕色、银色汽车集合为 $T$.

首先要求 $U$ 中的汽车和 $R$ 中的汽车间隔排列，则有

$$\sum_{j=1}^{459} \cdot x_{ij} \cdot \left( \sum_{i \in R} x_{i,j+1} \right) = 1 (i \in U).$$

若上式代入无解，则加入下面的约束：

$$\sum_{j=1}^{459} \cdot x_{ij} \cdot \left( \sum_{i \in T} x_{i,j+1} \right) = 1 (i \in U).$$

（11）灰色或银色汽车可以连续排列，也可以与黄色、红色、金色汽车中的一种间隔排列.

设灰色或银色汽车集合为 $G$，黄色、红色、金色汽车集合为 $P$，跟前面所讨论的一样，约束表达为

$$\sum_{j=1}^{459} \cdot x_{ij} \cdot \left( \sum_{i \in P \cup G} x_{i,j+1} \right) = 1 (i \in G).$$

（12）棕色汽车既可以连续排列，也可以与黄色、红色、金色、白色汽车中的一种间隔排列.

设棕色汽车集合为 $N$，黄色、红色、金色、白色汽车集合为 $M$，间隔排列约束为

$$\sum_{j=1}^{459} \cdot x_{ij} \cdot \left( \sum_{i \in M} x_{i,j+1} \right) = 1 (i \in N).$$

（13）蓝色、黄色、红色汽车的喷涂只能在 C1 线上进行，金色汽车的喷涂只能在 C2 线上进行，其他颜色汽车的喷涂可以在 C1 和 C2 任意一条喷涂线上进行.

若第 $i$ 辆汽车为蓝色、黄色、红色，则 $z_i = 0$，汽车在 C1 线上喷涂；若第 $i$ 辆汽车为金色，则 $z_i = 1$，汽车在 C2 线上喷涂.

其他情况下 $z_i = 0$ 或 1，代表该汽车在 C1 或 C2 线上喷涂. 不同的选择方案对喷涂不同颜色的切换次数会不同，从而代价不同，后面有对此的考虑.

（14）同一品牌下相同配置的汽车尽量连续，减少不同配置汽车之间的切换次数. 将此指标设为目标，设同一品牌下不同配置汽车的切换次数为 Times. 目标是切换次数最少，则

$$\min Z_1 = \text{Times}.$$

（15）喷涂线上不同颜色汽车之间的切换次数尽可能少，特别地，黑色汽车与其他颜色汽车之间的切换代价很高. 将该要求设为目标函数，设 C1 和 C2 线上不同颜色（除黑色外）汽车的切换次数为 Times1，黑色和其他颜色汽车的切换次数为 Times2.

目标函数为

$$\min Z_2 = w_1 \times \text{Times1} + w_2 \times \text{Times2}.$$

由于黑色汽车切换的代价更高，可取 $w_1 = \dfrac{1}{3}$，$w_2 = \dfrac{2}{3}$，即

$$\min Z_2 = \frac{1}{3} \times \text{Times1} + \frac{2}{3} \times \text{Times2},$$

得到 0－1 多目标规划模型：

$$\min Z_1 = \text{Times},$$

$$\min Z_2 = \frac{1}{3} \times \text{Times1} + \frac{2}{3} \times \text{Times2},$$

$$\sum_{i=1}^{460} x_{ij} = 1 (j = 1, 2, \cdots, 460),$$

$$\text{s. t.} \begin{cases} \sum_{j=1}^{460} x_{ij} = 1 (i = 1, 2, \cdots, 460), \\[4pt] \sum_{i=1}^{460} x_{ij} = 1 (j = 1, 2, \cdots, 460), \\[4pt] (1 - P1_i) \times (\sum_{j=1}^{181} x_{ij} + \sum_{j=231}^{411} x_{ij}) + P1_i \times (\sum_{j=182}^{230} x_{ij} + \sum_{j=412}^{460} x_{ij}) = 1 (i = 1, 2, \cdots, 460), \\[4pt] \sum_{i=1}^{460} P2_i \times (x_{ij} + x_{i,j+1} + x_{i,j+2}) \leqslant 2 (j = 1, 2, \cdots, 458), \\[4pt] \sum_{i=1}^{460} P2_i \times (x_{ij} + x_{i,j+2}) \leqslant 1 (j = 1, 2, \cdots, 458), \\[4pt] \sum_{i=1}^{460} (1 - P2_i) \times (x_{i,j+1} + x_{i,j+2} + \cdots + x_{i,j+d}) = d (j = 1, 2, \cdots, 460 - d, d \geqslant 5), \\[4pt] \sum_{i=1}^{460} P3_i \times (x_{ij} + x_{i,j+1} + x_{i,j+2}) \leqslant 2 (j = 1, 2, \cdots, 458), \\[4pt] \sum_{i=1}^{460} P3_i \times (x_{ij} + x_{i,j+2}) \leqslant 1 (j = 1, 2, \cdots, 458), \\[4pt] \sum_{i=1}^{460} (1 - P3_i) \times (x_{i,j+1} + x_{i,j+2} + \cdots + x_{i,j+r}) = r (j = 1, 2, \cdots, 460 - r, r \geqslant 5), \\[4pt] \sum_{i \in H} (x_{i,j+1} + x_{i,j+2} + \cdots + x_{i,j+d}) = d (j = 1, 2, \cdots, 460 - d, 50 \leqslant d \leqslant 70). \end{cases}$$

$$\text{s. t.} \begin{cases} \sum_{i \in H} (x_{i,j+1} + x_{i,j+2} \cdots + x_{i,j+r}) = r (j = 1, 2, \cdots, 460 - r, r \geqslant 20), \\[4pt] \sum_{j=1}^{459} \cdot x_{ij} \cdot (\sum_{i \in S \cup W} x_{i,j+1}) = 1 (i \in W), \\[4pt] \sum_{j=1}^{459} \cdot x_{ij} \cdot (\sum_{i \in J} x_{i,j+1}) = 1 (i \in Y), \\[4pt] \sum_{j=1}^{459} \cdot x_{ij} \cdot (\sum_{i \in W} x_{i,j+1}) = 1 (i \in B), \\[4pt] \sum_{j=1}^{459} \cdot x_{ij} \cdot (\sum_{i \in R} x_{i,j+1}) = 1 (i \in U), \\[4pt] \sum_{j=1}^{459} \cdot x_{ij} \cdot (\sum_{i \in T} x_{i,j+1}) = 1 (i \in U), \\[4pt] \sum_{j=1}^{459} \cdot x_{ij} \cdot (\sum_{i \in P \cup G} x_{i,j+1}) = 1 (i \in G), \\[4pt] \sum_{j=1}^{459} \cdot x_{ij} \cdot (\sum_{i \in M} x_{i,j+1}) = 1 (i \in N), \\[4pt] x_{ij} = 0 \text{ 或 } 1, z_i = 0 \text{ 或 } 1. \end{cases}$$

**3. 算法设计**

对该模型设计一种启发式禁忌算法求解算法步骤及思想如下：假定开始计算前每辆车的品牌、配置、驱动、动力和颜色都已经得到，为叙述方便，以 9 月 20 日的数据进行叙述，别的日子的数据不同，算法过程一样.

（1）将 362 辆属性为 A1 的汽车随机排列在位置 1 ~ 181 和 231 ~ 411. 将 98 辆属性为 A2 的汽车随机排列在位置 182 ~ 230 和 412 ~ 460. 这相当于每辆汽车的初始位置. 以后所有汽车的调整，属性为 A1 的汽车都只能在 A1 所属范围内调整，属性为 A2 的汽车只能在 A2 所属范围内调整，这称为位置禁忌.

（2）对两驱与四驱汽车的位置关系进行调整. 搜索序列中是否存在两批四驱汽车（3 辆），若存在，则将该位置最右边的汽车与距离该位置为 $d(d \geqslant 5)$ 的右边汽车交换；或者将最左边的汽车与距离该位置为 $d(d \geqslant 5)$ 的左边汽车交换. 若距离该位置为 $d$ 的汽车也为四驱汽车，则选择临近位置，直到找到满足条件的汽车进行交换为止.

（3）重复执行（2），直到所有四驱汽车都满足每批四驱汽车为 1 辆或 2 辆，且两批四驱汽车之间间隔其他类型汽车（两驱汽车）至少 $d$ 辆.

（4）由于柴油汽车与汽油汽车与两驱汽车和四驱汽车具有相同的连续性和间隔要求，将（2）和（3）的操作应用于柴油汽车和汽油汽车. 执行完该操作，则所有柴油汽车与汽油汽车满足要求.

（5）对于黑色汽车，搜索连续排列的所有序列，对长度小于 50 辆的序列进行两两合并，对长度超过 70 辆的序列进行拆分. 若两批黑色汽车之间间隔其他颜色汽车少于 20 辆，则进行位置移动，直到满足条件.

（6）对于白色汽车，若不是连续要排列或与蓝色或棕色汽车间隔排列，则将该白色汽车与最近的白色汽车或蓝色、棕色汽车旁边的其他颜色汽车交换.

（7）对于黄色或红色汽车，若不与银色、灰色、棕色、金色汽车中的一种间隔排列，则将该汽车与银色、灰色、棕色、金色汽车旁边的其他颜色汽车交换.

（8）蓝色汽车若不与白色汽车间隔排列，则将该汽车与最近的白色汽车旁边的其他颜色汽车交换.

（9）若金色汽车不与黄色或红色汽车间隔排列，则将该汽车与黄色汽车或最近的红色汽车旁边的其他颜色汽车交换. 若无法满足，则与最近的灰色、棕色、银色汽车旁边的其他颜色汽车交换.

（10）灰色或银色汽车若没有连续排列，或者没有黄色、红色、金色汽车，则将该汽车与黄色、红色、金色汽车旁边的其他颜色汽车交换.

（11）棕色汽车若没有连续排列，或者未与黄色、红色、金色、白色汽车中的一种间隔排列，则将该汽车与另一辆棕色汽车旁边的其他颜色汽车交换；或者与黄色、红色、金色、白色汽车旁边的其他颜色汽车交换.

（12）重复执行以上操作，直到所有条件满足，找到符合条件的排列.

（13）对同品牌不同配置的汽车进行交换操作，若满足以上操作则交换，减少一次不同配置的切换. 若无法执行，则不执行交换.

（14）对喷涂线的选择操作：若该汽车为蓝色、黄色、红色，则选择 C1 线；若该汽车为金色，则选择 C2 线. 其他颜色汽车则选择车辆少的喷涂线，以使两条喷涂线均衡.

由于喷涂线上不同颜色汽车之间的切换次数尽可能少，且黑色汽车与其他颜色汽车之间尽量少切换，因此可以多次执行上面的操作，得到不同的符合条件的解，找到切换次数最少的排列．

通过以上方法，可以尽量使同一品牌下不同配置汽车的切换次数和喷涂线上不同颜色汽车之间的切换次数都尽可能少．这样可以得到使双目标函数都尽量符合条件的解．

以上算法主要通过两辆汽车的交换操作来实现，只要不满足条件，就执行一次交换操作．实际中，为提高效率，或当前陷入死点无解时，也可以执行两个块之间的交换操作，如以两辆汽车为一个团体进行交换，或以三辆汽车为一个团体进行交换等．这样可以提高效率和得到更优解．

4. 问题求解

实际装配中直接利用该优化模型，并不容易直接求解出结果．可以设计合适的算法求解，或者将上面模型中的部分约束条件放入 LINGO 进行计算，在计算结果的基础上再根据设计的算法调整规则，两种方法相结合容易得到满足条件的解．在不同的解中寻找目标函数更优的解，使求解方案更佳．对 9 月 17—23 日共 7 天的数据进行求解，首先得出大致安排表，这里给出了 9 月 20—23 日共 4 天的安排表．

### 9 月 21 日安排表 （颜色后面的数字为该型汽车数量）

第一班 A1 （188 辆）

白 蓝 白 蓝 白 18

黑（4 驱）黑（4 驱）黑 10

黑（4 驱）黑（4 驱）黑 10

黑（4 驱）黑 45 灰 黄 灰 红 银 黄 灰 红 银 黄 灰 红 银 黄 银 灰 银 6 灰 8

黑（46 辆）白（20 辆）


第一班 A2 （42 辆）

黑（柴油 +4 驱）黑（柴油 +4 驱）黑 10

黑（4 驱）黑（4 驱）黑 10

黑（4 驱）黑（4 驱）黑 10

黑（4 驱）黑 3 灰 灰


第二班 A1 （188 辆）

白 20 黑 70 白 20 黑 44 白 34


第二班晚 A2 （42 辆）

蓝 白 蓝 白 蓝 白 蓝 白 棕 白 棕 白 棕 白 棕 白 棕 金 棕 金 棕 金 棕 金 棕 金 红 金 红 金 银 红 银 红 银 红 银 红

### 9 月 22 日安排表

第一班 A1 （183 辆）

黑（4 驱）黑（4 驱）黑 10

黑（4驱）黑（4驱）黑10

黑（4驱）黑45

红 银 红 银 红 银 黄 灰 黄 灰 黄 灰 黄 灰9黑70银6白15

第一班A2（47辆）

棕金银（4驱+柴油）银（4驱+柴油）

银 红 银 红 银 红 银 红 灰 红 灰（柴油）红 灰 金 棕 金 棕 金 棕 金 棕 金 棕 金 棕 金 棕 白 蓝 白 蓝 白 蓝 白 蓝 白（4驱）白（4驱）棕 棕 棕 棕

第二班A1（183辆）

白6黑70银6白14黑17白82

第二班晚A2（47辆）

白（4驱）白（4驱）棕9

黑（4驱）黑（4驱）黑10

黑（4驱）黑（4驱）黑10

黑（4驱）黑7

## 9月23日安排表

第一班A1（184辆）

黑（4驱）黑（4驱）黑10

黑（4驱）黑（4驱）黑10

黑（4驱）黑13　共38

银 红 银 红 银 红 灰 黄 灰 黄 灰 黄 灰 黄 灰8黑70银7白13黑34

第一班A2（47辆）

黑（4驱柴油）黑（4驱柴油）黑5

黑（4驱）黑（4驱）黑5

黑（4驱）黑（4驱）黑5

黑（柴油）黑（柴油）黑5

黑（柴油）黑（柴油）黑5

黑（柴油）黑1

白 蓝 白 蓝 白 蓝 白 蓝 白 棕

第二班A1（183辆）

白13黑70白20黑14白66

第二班A2（46辆）

白 棕 白 棕 白 棕 红 灰 红 灰 红 银 红 银 红 银 红 棕 金 棕 金 棕 金 棕 金 棕 金 棕 金 棕 金 棕13

对 9 月 20 日的数据得到的结果见附录. 在附录中, 给出总装线上每辆汽车的品牌、配置、驱动、动力和颜色以及喷涂线.

在具体计算中, 首先考虑在位置 1 ~ 181 排 A1, 在位置 182 ~ 230 排 A2; 在位置 231 ~ 411 排 A1, 在位置 412 ~ 460 排 A2, 然后考虑复杂的颜色要求, 得到一种结果如下:

### 9 月 20 日安排表

第一班 A1 (181 辆):

黑 (69 辆) 黄 灰 黄 灰 黄 灰 黄 灰 黄 灰 红 灰 红 灰 红 灰 红 灰 灰 灰 灰

黑 (68 辆) 银 白 蓝 白 蓝 白 蓝 白 蓝 白 银 银 银 银 白 (8 辆) 银

第一班 A2 (49 辆): 黑 (49 辆)

第二班 A1 (181 辆):

黑 白 (129 辆) 黑 (51 辆)

第二班 A2 (49 辆)

黑 (16 辆) 银 银 红 银 红 棕 白 白 白 白 棕 红 金 红 棕 白 白 棕 金 红 金 红 棕 白 白 棕 白 蓝 白 蓝 白 白

在此基础上, 进一步考虑四驱汽车和两驱汽车的排列、汽油汽车和柴油汽车的排列. 间隔和连续性要求等, 最后得到的排序结果见附录 1.

在结果中, 在 C1 线上工作的有 230 辆汽车, 在 C2 线上工作的也有 230 辆汽车, 汽车在两条喷涂线上均匀分布. 对于四驱汽车, 题目要求至少间隔 10 辆两驱汽车, 最多可放宽至 5 辆. 本文的排序满足此要求. 只有夜班的 A2 排列中, 由于有 8 辆白色四驱汽车, 间隔需要放宽到间隔 5 辆两驱汽车, 其他四驱汽车之间的间隔都超过 15 辆以上. 柴油汽车总共只有 4 辆, 间隔汽油汽车都在 20 辆以上, 完全满足要求. 黑色汽车连续排列至少有 50 辆, 最多为 69 辆, 满足要求.

## 六、模型优、缺点分析

### 1. 模型的优点

本文建立了 0 - 1 规划模型, 对所有的约束都采用数学表达式表达, 便于利用 LINGO 求解. 模型中提取了两个目标, 便于在满足条件的解中选出更满意的解.

本文求解时设计合理算法. 首先考虑品牌, 然后考虑颜色要求, 再考虑驱动属性的要求以及动力属性的要求. 本文设计的算法简单实用, 具有很强的调整能力.

### 2. 模型的缺点

本文所建模型在求解更大规模问题时较困难. 算法设计可能会陷入死点而无法找到符合条件的解. 这时可增加集团交换.

## 七、参考文献

[1] 薛定宇, 陈阳泉. 高等数学应用问题的 MATLAB 求解 [M]. 北京: 清华大学出版社, 2004.

［2］卓金武.MATLAB 在数学建模中的应用［M］.北京：北京航空航天大学出版社，2010.

［3］姜启源，谢金星，叶俊. 数学建模［M］.北京：高等教育出版社，2011.

［4］司守奎，孙玺菁. 数学建模算法与应用［M］.北京：国防工业出版社，2011.

［5］孙蓬，曾雷杰，孔庆芸，秦晓红.MATLAB 基础教程［M］.北京：清华大学出版社，2011.

# 附录1

附表1  9 月 20 日的装配顺序

| 装配顺序 | 品牌 | 配置 | 动力 | 驱动 | 颜色 | 喷涂线 |
|---|---|---|---|---|---|---|
| 1 | A1 | B1 | 汽油 | 四驱 | 黑色 | C1 |
| 2 | A1 | B1 | 汽油 | 四驱 | 黑色 | C2 |
| 3 | A1 | B1 | 汽油 | 两驱 | 黑色 | C1 |
| 4 | A1 | B1 | 汽油 | 两驱 | 黑色 | C2 |
| 5 | A1 | B1 | 汽油 | 两驱 | 黑色 | C1 |
| 6 | A1 | B1 | 汽油 | 两驱 | 黑色 | C2 |
| 7 | A1 | B1 | 汽油 | 两驱 | 黑色 | C1 |
| 8 | A1 | B1 | 汽油 | 两驱 | 黑色 | C2 |
| 9 | A1 | B1 | 汽油 | 两驱 | 黑色 | C1 |
| 10 | A1 | B1 | 汽油 | 两驱 | 黑色 | C2 |
| 11 | A1 | B1 | 汽油 | 两驱 | 黑色 | C1 |
| 12 | A1 | B1 | 汽油 | 两驱 | 黑色 | C2 |
| 13 | A1 | B1 | 汽油 | 两驱 | 黑色 | C1 |
| 14 | A1 | B1 | 汽油 | 两驱 | 黑色 | C2 |
| 15 | A1 | B1 | 汽油 | 两驱 | 黑色 | C1 |
| 16 | A1 | B1 | 汽油 | 两驱 | 黑色 | C2 |
| 17 | A1 | B1 | 汽油 | 两驱 | 黑色 | C1 |
| 18 | A1 | B1 | 汽油 | 四驱 | 黑色 | C2 |
| 19 | A1 | B1 | 汽油 | 四驱 | 黑色 | C1 |
| 20 | A1 | B1 | 汽油 | 两驱 | 黑色 | C2 |
| 21 | A1 | B1 | 汽油 | 两驱 | 黑色 | C1 |
| 22 | A1 | B1 | 汽油 | 两驱 | 黑色 | C2 |
| 23 | A1 | B1 | 汽油 | 两驱 | 黑色 | C1 |
| 24 | A1 | B1 | 汽油 | 两驱 | 黑色 | C2 |

| 装配顺序 | 品牌 | 配置 | 动力 | 驱动 | 颜色 | 喷涂线 |
|---|---|---|---|---|---|---|
| 25 | A1 | B1 | 汽油 | 两驱 | 黑色 | C1 |
| 26 | A1 | B1 | 汽油 | 两驱 | 黑色 | C2 |
| 27 | A1 | B1 | 汽油 | 两驱 | 黑色 | C1 |
| 28 | A1 | B1 | 汽油 | 两驱 | 黑色 | C2 |
| 29 | A1 | B1 | 汽油 | 两驱 | 黑色 | C1 |
| 30 | A1 | B1 | 汽油 | 两驱 | 黑色 | C2 |
| 31 | A1 | B1 | 汽油 | 两驱 | 黑色 | C1 |
| 32 | A1 | B1 | 汽油 | 两驱 | 黑色 | C2 |
| 33 | A1 | B1 | 汽油 | 两驱 | 黑色 | C1 |
| 34 | A1 | B1 | 汽油 | 两驱 | 黑色 | C2 |
| 35 | A1 | B1 | 汽油 | 四驱 | 黑色 | C1 |
| 36 | A1 | B1 | 汽油 | 四驱 | 黑色 | C2 |
| 37 | A1 | B1 | 汽油 | 两驱 | 黑色 | C1 |
| 38 | A1 | B1 | 汽油 | 两驱 | 黑色 | C2 |
| 39 | A1 | B1 | 汽油 | 两驱 | 黑色 | C1 |
| 40 | A1 | B1 | 汽油 | 两驱 | 黑色 | C2 |
| 41 | A1 | B1 | 汽油 | 两驱 | 黑色 | C1 |
| 42 | A1 | B1 | 汽油 | 两驱 | 黑色 | C2 |
| 43 | A1 | B1 | 汽油 | 两驱 | 黑色 | C1 |
| 44 | A1 | B1 | 汽油 | 两驱 | 黑色 | C2 |
| 45 | A1 | B1 | 汽油 | 两驱 | 黑色 | C1 |
| 46 | A1 | B1 | 汽油 | 两驱 | 黑色 | C2 |
| 47 | A1 | B1 | 汽油 | 两驱 | 黑色 | C1 |
| 48 | A1 | B1 | 汽油 | 两驱 | 黑色 | C2 |
| 49 | A1 | B1 | 汽油 | 两驱 | 黑色 | C1 |
| 50 | A1 | B1 | 汽油 | 两驱 | 黑色 | C2 |
| 51 | A1 | B1 | 汽油 | 两驱 | 黑色 | C1 |
| 52 | A1 | B1 | 汽油 | 四驱 | 黑色 | C2 |
| 53 | A1 | B1 | 汽油 | 四驱 | 黑色 | C1 |
| 54 | A1 | B1 | 汽油 | 两驱 | 黑色 | C2 |

续表

| 装配顺序 | 品牌 | 配置 | 动力 | 驱动 | 颜色 | 喷涂线 |
|---|---|---|---|---|---|---|
| 55 | A1 | B1 | 汽油 | 两驱 | 黑色 | C1 |
| 56 | A1 | B1 | 汽油 | 两驱 | 黑色 | C2 |
| 57 | A1 | B1 | 汽油 | 两驱 | 黑色 | C1 |
| 58 | A1 | B1 | 汽油 | 两驱 | 黑色 | C2 |
| 59 | A1 | B1 | 汽油 | 两驱 | 黑色 | C1 |
| 60 | A1 | B1 | 汽油 | 两驱 | 黑色 | C2 |
| 61 | A1 | B1 | 汽油 | 两驱 | 黑色 | C1 |
| 62 | A1 | B1 | 汽油 | 两驱 | 黑色 | C2 |
| 63 | A1 | B1 | 汽油 | 两驱 | 黑色 | C1 |
| 64 | A1 | B1 | 汽油 | 两驱 | 黑色 | C2 |
| 65 | A1 | B1 | 汽油 | 两驱 | 黑色 | C1 |
| 66 | A1 | B1 | 汽油 | 两驱 | 黑色 | C2 |
| 67 | A1 | B1 | 汽油 | 两驱 | 黑色 | C1 |
| 68 | A1 | B1 | 汽油 | 两驱 | 黑色 | C2 |
| 69 | A1 | B1 | 汽油 | 四驱 | 黑色 | C1 |
| 70 | A1 | B1 | 汽油 | 两驱 | 黄色 | C1 |
| 71 | A1 | B5 | 汽油 | 四驱 | 灰色 | C2 |
| 72 | A1 | B1 | 汽油 | 两驱 | 黄色 | C1 |
| 73 | A1 | B1 | 汽油 | 两驱 | 灰色 | C2 |
| 74 | A1 | B1 | 汽油 | 两驱 | 黄色 | C1 |
| 75 | A1 | B1 | 汽油 | 两驱 | 灰色 | C2 |
| 76 | A1 | B1 | 汽油 | 两驱 | 黄色 | C1 |
| 77 | A1 | B1 | 汽油 | 两驱 | 灰色 | C2 |
| 78 | A1 | B2 | 汽油 | 两驱 | 黄色 | C1 |
| 79 | A1 | B2 | 汽油 | 两驱 | 灰色 | C2 |
| 80 | A1 | B1 | 汽油 | 两驱 | 红色 | C1 |
| 81 | A1 | B3 | 汽油 | 两驱 | 灰色 | C2 |
| 82 | A1 | B1 | 汽油 | 两驱 | 红色 | C1 |
| 83 | A1 | B1 | 汽油 | 两驱 | 灰色 | C2 |
| 84 | A1 | B1 | 汽油 | 两驱 | 红色 | C1 |
| 85 | A1 | B1 | 汽油 | 两驱 | 灰色 | C2 |
| 86 | A1 | B2 | 汽油 | 两驱 | 红色 | C1 |

续表

| 装配顺序 | 品牌 | 配置 | 动力 | 驱动 | 颜色 | 喷涂线 |
|---|---|---|---|---|---|---|
| 87 | A1 | B1 | 汽油 | 两驱 | 灰色 | C2 |
| 88 | A1 | B1 | 汽油 | 两驱 | 灰色 | C2 |
| 89 | A1 | B3 | 汽油 | 两驱 | 灰色 | C1 |
| 90 | A1 | B3 | 汽油 | 两驱 | 灰色 | C2 |
| 91 | A1 | B1 | 汽油 | 两驱 | 黑色 | C1 |
| 92 | A1 | B1 | 汽油 | 两驱 | 黑色 | C2 |
| 93 | A1 | B1 | 汽油 | 两驱 | 黑色 | C1 |
| 94 | A1 | B1 | 汽油 | 两驱 | 黑色 | C2 |
| 95 | A1 | B1 | 汽油 | 两驱 | 黑色 | C1 |
| 96 | A1 | B1 | 汽油 | 两驱 | 黑色 | C2 |
| 97 | A1 | B1 | 汽油 | 两驱 | 黑色 | C1 |
| 98 | A1 | B1 | 汽油 | 两驱 | 黑色 | C2 |
| 99 | A1 | B1 | 汽油 | 两驱 | 黑色 | C1 |
| 100 | A1 | B1 | 汽油 | 两驱 | 黑色 | C2 |
| 101 | A1 | B1 | 汽油 | 两驱 | 黑色 | C1 |
| 102 | A1 | B1 | 汽油 | 两驱 | 黑色 | C2 |
| 103 | A1 | B1 | 汽油 | 两驱 | 黑色 | C1 |
| 104 | A1 | B1 | 汽油 | 两驱 | 黑色 | C2 |
| 105 | A1 | B1 | 汽油 | 两驱 | 黑色 | C1 |
| 106 | A1 | B1 | 汽油 | 两驱 | 黑色 | C2 |
| 107 | A1 | B1 | 汽油 | 两驱 | 黑色 | C1 |
| 108 | A1 | B1 | 汽油 | 两驱 | 黑色 | C2 |
| 109 | A1 | B1 | 汽油 | 两驱 | 黑色 | C1 |
| 110 | A1 | B1 | 汽油 | 两驱 | 黑色 | C2 |
| 111 | A1 | B1 | 汽油 | 两驱 | 黑色 | C1 |
| 112 | A1 | B1 | 汽油 | 两驱 | 黑色 | C2 |
| 113 | A1 | B1 | 汽油 | 两驱 | 黑色 | C1 |
| 114 | A1 | B1 | 汽油 | 两驱 | 黑色 | C2 |
| 115 | A1 | B1 | 汽油 | 两驱 | 黑色 | C1 |
| 116 | A1 | B1 | 汽油 | 两驱 | 黑色 | C2 |
| 117 | A1 | B1 | 汽油 | 两驱 | 黑色 | C1 |
| 118 | A1 | B1 | 汽油 | 两驱 | 黑色 | C2 |

续表

| 装配顺序 | 品牌 | 配置 | 动力 | 驱动 | 颜色 | 喷涂线 |
|---|---|---|---|---|---|---|
| 119 | A1 | B1 | 汽油 | 两驱 | 黑色 | C1 |
| 120 | A1 | B1 | 汽油 | 两驱 | 黑色 | C2 |
| 121 | A1 | B1 | 汽油 | 两驱 | 黑色 | C1 |
| 122 | A1 | B1 | 汽油 | 两驱 | 黑色 | C2 |
| 123 | A1 | B2 | 汽油 | 四驱 | 黑色 | C1 |
| 124 | A1 | B2 | 汽油 | 两驱 | 黑色 | C2 |
| 125 | A1 | B2 | 汽油 | 两驱 | 黑色 | C1 |
| 126 | A1 | B2 | 汽油 | 两驱 | 黑色 | C2 |
| 127 | A1 | B2 | 汽油 | 两驱 | 黑色 | C1 |
| 128 | A1 | B2 | 汽油 | 两驱 | 黑色 | C2 |
| 129 | A1 | B2 | 汽油 | 两驱 | 黑色 | C1 |
| 130 | A1 | B2 | 汽油 | 两驱 | 黑色 | C2 |
| 131 | A1 | B2 | 汽油 | 两驱 | 黑色 | C1 |
| 132 | A1 | B2 | 汽油 | 两驱 | 黑色 | C2 |
| 133 | A1 | B2 | 汽油 | 两驱 | 黑色 | C1 |
| 134 | A1 | B2 | 汽油 | 两驱 | 黑色 | C2 |
| 135 | A1 | B2 | 汽油 | 两驱 | 黑色 | C1 |
| 136 | A1 | B2 | 汽油 | 两驱 | 黑色 | C2 |
| 137 | A1 | B2 | 汽油 | 两驱 | 黑色 | C1 |
| 138 | A1 | B2 | 汽油 | 两驱 | 黑色 | C2 |
| 139 | A1 | B2 | 汽油 | 两驱 | 黑色 | C1 |
| 140 | A1 | B2 | 汽油 | 两驱 | 黑色 | C2 |
| 141 | A1 | B2 | 汽油 | 四驱 | 黑色 | C1 |
| 142 | A1 | B2 | 汽油 | 两驱 | 黑色 | C2 |
| 143 | A1 | B2 | 汽油 | 两驱 | 黑色 | C1 |
| 144 | A1 | B2 | 汽油 | 两驱 | 黑色 | C2 |
| 145 | A1 | B2 | 汽油 | 两驱 | 黑色 | C1 |
| 146 | A1 | B2 | 汽油 | 两驱 | 黑色 | C2 |
| 147 | A1 | B2 | 汽油 | 两驱 | 黑色 | C1 |
| 148 | A1 | B2 | 汽油 | 两驱 | 黑色 | C2 |

| 装配顺序 | 品牌 | 配置 | 动力 | 驱动 | 颜色 | 喷涂线 |
|---|---|---|---|---|---|---|
| 149 | A1 | B2 | 汽油 | 两驱 | 黑色 | C1 |
| 150 | A1 | B2 | 汽油 | 两驱 | 黑色 | C2 |
| 151 | A1 | B2 | 汽油 | 两驱 | 黑色 | C1 |
| 152 | A1 | B2 | 汽油 | 两驱 | 黑色 | C2 |
| 153 | A1 | B2 | 汽油 | 两驱 | 黑色 | C1 |
| 154 | A1 | B2 | 汽油 | 两驱 | 黑色 | C2 |
| 155 | A1 | B2 | 汽油 | 两驱 | 黑色 | C1 |
| 156 | A1 | B2 | 汽油 | 两驱 | 黑色 | C2 |
| 157 | A1 | B2 | 汽油 | 两驱 | 黑色 | C1 |
| 158 | A1 | B2 | 汽油 | 四驱 | 黑色 | C2 |
| 159 | A1 | B3 | 汽油 | 两驱 | 银色 | C1 |
| 160 | A1 | B1 | 汽油 | 两驱 | 白色 | C2 |
| 161 | A1 | B1 | 汽油 | 两驱 | 蓝色 | C1 |
| 162 | A1 | B1 | 汽油 | 两驱 | 白色 | C2 |
| 163 | A1 | B1 | 汽油 | 两驱 | 蓝色 | C1 |
| 164 | A1 | B1 | 汽油 | 两驱 | 白色 | C2 |
| 165 | A1 | B1 | 汽油 | 两驱 | 蓝色 | C1 |
| 166 | A1 | B1 | 汽油 | 两驱 | 白色 | C2 |
| 167 | A1 | B3 | 汽油 | 两驱 | 蓝色 | C1 |
| 168 | A1 | B1 | 汽油 | 两驱 | 白色 | C2 |
| 169 | A1 | B1 | 汽油 | 四驱 | 银色 | C1 |
| 170 | A1 | B1 | 汽油 | 四驱 | 银色 | C2 |
| 171 | A1 | B1 | 汽油 | 两驱 | 银色 | C1 |
| 172 | A1 | B1 | 汽油 | 两驱 | 银色 | C2 |
| 173 | A1 | B1 | 汽油 | 两驱 | 白色 | C1 |
| 174 | A1 | B1 | 汽油 | 两驱 | 白色 | C2 |
| 175 | A1 | B1 | 汽油 | 两驱 | 白色 | C1 |
| 176 | A1 | B1 | 汽油 | 两驱 | 白色 | C2 |
| 177 | A1 | B1 | 汽油 | 两驱 | 白色 | C1 |
| 178 | A1 | B1 | 汽油 | 两驱 | 白色 | C2 |

续表

| 装配顺序 | 品牌 | 配置 | 动力 | 驱动 | 颜色 | 喷涂线 |
|---|---|---|---|---|---|---|
| 179 | A1 | B1 | 汽油 | 两驱 | 白色 | C1 |
| 180 | A1 | B1 | 汽油 | 两驱 | 白色 | C2 |
| 181 | A1 | B3 | 汽油 | 四驱 | 银色 | C1 |
| 182 | A2 | B1 | 汽油 | 四驱 | 黑色 | C2 |
| 183 | A2 | B1 | 柴油 | 两驱 | 黑色 | C1 |
| 184 | A2 | B1 | 汽油 | 两驱 | 黑色 | C2 |
| 185 | A2 | B1 | 汽油 | 两驱 | 黑色 | C1 |
| 186 | A2 | B1 | 汽油 | 两驱 | 黑色 | C2 |
| 187 | A2 | B1 | 汽油 | 两驱 | 黑色 | C1 |
| 188 | A2 | B1 | 汽油 | 两驱 | 黑色 | C2 |
| 189 | A2 | B1 | 汽油 | 两驱 | 黑色 | C1 |
| 190 | A2 | B1 | 汽油 | 两驱 | 黑色 | C2 |
| 191 | A2 | B1 | 汽油 | 两驱 | 黑色 | C1 |
| 192 | A2 | B1 | 汽油 | 两驱 | 黑色 | C2 |
| 193 | A2 | B1 | 汽油 | 两驱 | 黑色 | C1 |
| 194 | A2 | B1 | 汽油 | 两驱 | 黑色 | C2 |
| 195 | A2 | B1 | 汽油 | 两驱 | 黑色 | C1 |
| 196 | A2 | B1 | 汽油 | 两驱 | 黑色 | C2 |
| 197 | A2 | B1 | 汽油 | 两驱 | 黑色 | C1 |
| 198 | A2 | B1 | 汽油 | 两驱 | 黑色 | C2 |
| 199 | A2 | B1 | 汽油 | 两驱 | 黑色 | C1 |
| 200 | A2 | B1 | 汽油 | 两驱 | 黑色 | C2 |
| 201 | A2 | B1 | 汽油 | 两驱 | 黑色 | C1 |
| 202 | A2 | B1 | 汽油 | 两驱 | 黑色 | C2 |
| 203 | A2 | B1 | 汽油 | 两驱 | 黑色 | C1 |
| 204 | A2 | B1 | 汽油 | 四驱 | 黑色 | C2 |
| 205 | A2 | B1 | 柴油 | 两驱 | 黑色 | C1 |
| 206 | A2 | B4 | 汽油 | 两驱 | 黑色 | C2 |
| 207 | A2 | B4 | 汽油 | 两驱 | 黑色 | C1 |
| 208 | A2 | B4 | 汽油 | 两驱 | 黑色 | C2 |

续表

| 装配顺序 | 品牌 | 配置 | 动力 | 驱动 | 颜色 | 喷涂线 |
|---|---|---|---|---|---|---|
| 209 | A2 | B4 | 汽油 | 两驱 | 黑色 | C1 |
| 210 | A2 | B4 | 汽油 | 两驱 | 黑色 | C2 |
| 211 | A2 | B4 | 汽油 | 两驱 | 黑色 | C1 |
| 212 | A2 | B4 | 汽油 | 两驱 | 黑色 | C2 |
| 213 | A2 | B4 | 汽油 | 两驱 | 黑色 | C1 |
| 214 | A2 | B4 | 汽油 | 两驱 | 黑色 | C2 |
| 215 | A2 | B4 | 汽油 | 两驱 | 黑色 | C1 |
| 216 | A2 | B4 | 汽油 | 两驱 | 黑色 | C2 |
| 217 | A2 | B4 | 汽油 | 两驱 | 黑色 | C1 |
| 218 | A2 | B4 | 汽油 | 两驱 | 黑色 | C2 |
| 219 | A2 | B4 | 汽油 | 两驱 | 黑色 | C1 |
| 220 | A2 | B4 | 汽油 | 两驱 | 黑色 | C2 |
| 221 | A2 | B4 | 汽油 | 两驱 | 黑色 | C1 |
| 222 | A2 | B4 | 汽油 | 两驱 | 黑色 | C2 |
| 223 | A2 | B4 | 汽油 | 两驱 | 黑色 | C1 |
| 224 | A2 | B1 | 柴油 | 两驱 | 黑色 | C2 |
| 225 | A2 | B6 | 汽油 | 两驱 | 黑色 | C1 |
| 226 | A2 | B6 | 汽油 | 两驱 | 黑色 | C2 |
| 227 | A2 | B6 | 汽油 | 两驱 | 黑色 | C1 |
| 228 | A2 | B6 | 汽油 | 两驱 | 黑色 | C2 |
| 229 | A2 | B5 | 汽油 | 两驱 | 黑色 | C1 |
| 230 | A2 | B5 | 汽油 | 四驱 | 黑色 | C2 |
| 231 | A1 | B5 | 汽油 | 两驱 | 黑色 | C1 |
| 232 | A1 | B1 | 汽油 | 两驱 | 白色 | C2 |
| 233 | A1 | B1 | 汽油 | 两驱 | 白色 | C1 |
| 234 | A1 | B1 | 汽油 | 两驱 | 白色 | C2 |
| 235 | A1 | B1 | 汽油 | 两驱 | 白色 | C1 |
| 236 | A1 | B1 | 汽油 | 两驱 | 白色 | C2 |
| 237 | A1 | B1 | 汽油 | 两驱 | 白色 | C1 |
| 238 | A1 | B1 | 汽油 | 两驱 | 白色 | C2 |

| 装配顺序 | 品牌 | 配置 | 动力 | 驱动 | 颜色 | 喷涂线 |
|---|---|---|---|---|---|---|
| 239 | A1 | B1 | 汽油 | 两驱 | 白色 | C1 |
| 240 | A1 | B1 | 汽油 | 两驱 | 白色 | C2 |
| 241 | A1 | B1 | 汽油 | 两驱 | 白色 | C1 |
| 242 | A1 | B1 | 汽油 | 两驱 | 白色 | C2 |
| 243 | A1 | B1 | 汽油 | 两驱 | 白色 | C1 |
| 244 | A1 | B1 | 汽油 | 两驱 | 白色 | C2 |
| 245 | A1 | B1 | 汽油 | 两驱 | 白色 | C1 |
| 246 | A1 | B1 | 汽油 | 两驱 | 白色 | C2 |
| 247 | A1 | B1 | 汽油 | 两驱 | 白色 | C1 |
| 248 | A1 | B1 | 汽油 | 两驱 | 白色 | C2 |
| 249 | A1 | B1 | 汽油 | 两驱 | 白色 | C1 |
| 250 | A1 | B1 | 汽油 | 两驱 | 白色 | C2 |
| 251 | A1 | B1 | 汽油 | 两驱 | 白色 | C1 |
| 252 | A1 | B1 | 汽油 | 两驱 | 白色 | C2 |
| 253 | A1 | B1 | 汽油 | 两驱 | 白色 | C1 |
| 254 | A1 | B1 | 汽油 | 两驱 | 白色 | C2 |
| 255 | A1 | B1 | 汽油 | 两驱 | 白色 | C1 |
| 256 | A1 | B1 | 汽油 | 两驱 | 白色 | C2 |
| 257 | A1 | B1 | 汽油 | 两驱 | 白色 | C1 |
| 258 | A1 | B1 | 汽油 | 两驱 | 白色 | C2 |
| 259 | A1 | B1 | 汽油 | 两驱 | 白色 | C1 |
| 260 | A1 | B1 | 汽油 | 两驱 | 白色 | C2 |
| 261 | A1 | B1 | 汽油 | 两驱 | 白色 | C1 |
| 262 | A1 | B1 | 汽油 | 两驱 | 白色 | C2 |
| 263 | A1 | B1 | 汽油 | 两驱 | 白色 | C1 |
| 264 | A1 | B1 | 汽油 | 两驱 | 白色 | C2 |
| 265 | A1 | B1 | 汽油 | 两驱 | 白色 | C1 |
| 266 | A1 | B1 | 汽油 | 两驱 | 白色 | C2 |
| 267 | A1 | B1 | 汽油 | 两驱 | 白色 | C1 |
| 268 | A1 | B1 | 汽油 | 两驱 | 白色 | C2 |
| 269 | A1 | B1 | 汽油 | 两驱 | 白色 | C1 |
| 270 | A1 | B1 | 汽油 | 两驱 | 白色 | C2 |

| 装配顺序 | 品牌 | 配置 | 动力 | 驱动 | 颜色 | 喷涂线 |
|---|---|---|---|---|---|---|
| 271 | A1 | B1 | 汽油 | 两驱 | 白色 | C1 |
| 272 | A1 | B1 | 汽油 | 两驱 | 白色 | C2 |
| 273 | A1 | B1 | 汽油 | 两驱 | 白色 | C1 |
| 274 | A1 | B1 | 汽油 | 两驱 | 白色 | C2 |
| 275 | A1 | B1 | 汽油 | 两驱 | 白色 | C1 |
| 276 | A1 | B1 | 汽油 | 两驱 | 白色 | C2 |
| 277 | A1 | B1 | 汽油 | 两驱 | 白色 | C1 |
| 278 | A1 | B1 | 汽油 | 两驱 | 白色 | C2 |
| 279 | A1 | B1 | 汽油 | 两驱 | 白色 | C1 |
| 280 | A1 | B1 | 汽油 | 两驱 | 白色 | C2 |
| 281 | A1 | B1 | 汽油 | 两驱 | 白色 | C1 |
| 282 | A1 | B1 | 汽油 | 两驱 | 白色 | C2 |
| 283 | A1 | B1 | 汽油 | 两驱 | 白色 | C1 |
| 284 | A1 | B1 | 汽油 | 两驱 | 白色 | C2 |
| 285 | A1 | B1 | 汽油 | 两驱 | 白色 | C1 |
| 286 | A1 | B1 | 汽油 | 两驱 | 白色 | C2 |
| 287 | A1 | B1 | 汽油 | 两驱 | 白色 | C1 |
| 288 | A1 | B1 | 汽油 | 两驱 | 白色 | C2 |
| 289 | A1 | B1 | 汽油 | 两驱 | 白色 | C1 |
| 290 | A1 | B1 | 汽油 | 两驱 | 白色 | C2 |
| 291 | A1 | B1 | 汽油 | 两驱 | 白色 | C1 |
| 292 | A1 | B1 | 汽油 | 两驱 | 白色 | C2 |
| 293 | A1 | B1 | 汽油 | 两驱 | 白色 | C1 |
| 294 | A1 | B1 | 汽油 | 两驱 | 白色 | C2 |
| 295 | A1 | B1 | 汽油 | 两驱 | 白色 | C1 |
| 296 | A1 | B1 | 汽油 | 两驱 | 白色 | C2 |
| 297 | A1 | B1 | 汽油 | 两驱 | 白色 | C1 |
| 298 | A1 | B1 | 汽油 | 两驱 | 白色 | C2 |
| 299 | A1 | B1 | 汽油 | 两驱 | 白色 | C1 |
| 300 | A1 | B1 | 汽油 | 两驱 | 白色 | C2 |
| 301 | A1 | B1 | 汽油 | 两驱 | 白色 | C1 |
| 302 | A1 | B1 | 汽油 | 两驱 | 白色 | C2 |

| 装配顺序 | 品牌 | 配置 | 动力 | 驱动 | 颜色 | 喷涂线 |
|---|---|---|---|---|---|---|
| 303 | A1 | B1 | 汽油 | 两驱 | 白色 | C1 |
| 304 | A1 | B1 | 汽油 | 两驱 | 白色 | C2 |
| 305 | A1 | B1 | 汽油 | 两驱 | 白色 | C1 |
| 306 | A1 | B1 | 汽油 | 两驱 | 白色 | C2 |
| 307 | A1 | B1 | 汽油 | 两驱 | 白色 | C1 |
| 308 | A1 | B1 | 汽油 | 两驱 | 白色 | C2 |
| 309 | A1 | B1 | 汽油 | 两驱 | 白色 | C1 |
| 310 | A1 | B1 | 汽油 | 两驱 | 白色 | C2 |
| 311 | A1 | B1 | 汽油 | 两驱 | 白色 | C1 |
| 312 | A1 | B1 | 汽油 | 两驱 | 白色 | C2 |
| 313 | A1 | B1 | 汽油 | 两驱 | 白色 | C1 |
| 314 | A1 | B1 | 汽油 | 两驱 | 白色 | C2 |
| 315 | A1 | B1 | 汽油 | 两驱 | 白色 | C1 |
| 316 | A1 | B1 | 汽油 | 两驱 | 白色 | C2 |
| 317 | A1 | B1 | 汽油 | 两驱 | 白色 | C1 |
| 318 | A1 | B1 | 汽油 | 两驱 | 白色 | C2 |
| 319 | A1 | B1 | 汽油 | 两驱 | 白色 | C1 |
| 320 | A1 | B1 | 汽油 | 两驱 | 白色 | C2 |
| 321 | A1 | B1 | 汽油 | 两驱 | 白色 | C1 |
| 322 | A1 | B1 | 汽油 | 两驱 | 白色 | C2 |
| 323 | A1 | B1 | 汽油 | 两驱 | 白色 | C1 |
| 324 | A1 | B1 | 汽油 | 两驱 | 白色 | C2 |
| 325 | A1 | B1 | 汽油 | 两驱 | 白色 | C1 |
| 326 | A1 | B1 | 汽油 | 两驱 | 白色 | C2 |
| 327 | A1 | B1 | 汽油 | 两驱 | 白色 | C1 |
| 328 | A1 | B1 | 汽油 | 两驱 | 白色 | C2 |
| 329 | A1 | B1 | 汽油 | 两驱 | 白色 | C1 |
| 330 | A1 | B1 | 汽油 | 两驱 | 白色 | C2 |
| 331 | A1 | B1 | 汽油 | 两驱 | 白色 | C1 |
| 332 | A1 | B1 | 汽油 | 两驱 | 白色 | C2 |
| 333 | A1 | B2 | 汽油 | 两驱 | 白色 | C1 |
| 334 | A1 | B2 | 汽油 | 两驱 | 白色 | C2 |

| 装配顺序 | 品牌 | 配置 | 动力 | 驱动 | 颜色 | 喷涂线 |
|---|---|---|---|---|---|---|
| 335 | A1 | B2 | 汽油 | 两驱 | 白色 | C1 |
| 336 | A1 | B2 | 汽油 | 两驱 | 白色 | C2 |
| 337 | A1 | B2 | 汽油 | 两驱 | 白色 | C1 |
| 338 | A1 | B2 | 汽油 | 两驱 | 白色 | C2 |
| 339 | A1 | B2 | 汽油 | 两驱 | 白色 | C1 |
| 340 | A1 | B2 | 汽油 | 两驱 | 白色 | C2 |
| 341 | A1 | B2 | 汽油 | 两驱 | 白色 | C1 |
| 342 | A1 | B2 | 汽油 | 两驱 | 白色 | C2 |
| 343 | A1 | B2 | 汽油 | 两驱 | 白色 | C1 |
| 344 | A1 | B2 | 汽油 | 两驱 | 白色 | C2 |
| 345 | A1 | B2 | 汽油 | 两驱 | 白色 | C1 |
| 346 | A1 | B2 | 汽油 | 两驱 | 白色 | C2 |
| 347 | A1 | B2 | 汽油 | 两驱 | 白色 | C1 |
| 348 | A1 | B2 | 汽油 | 两驱 | 白色 | C2 |
| 349 | A1 | B2 | 汽油 | 两驱 | 白色 | C1 |
| 350 | A1 | B2 | 汽油 | 两驱 | 白色 | C2 |
| 351 | A1 | B2 | 汽油 | 两驱 | 白色 | C1 |
| 352 | A1 | B2 | 汽油 | 两驱 | 白色 | C2 |
| 353 | A1 | B2 | 汽油 | 两驱 | 白色 | C1 |
| 354 | A1 | B2 | 汽油 | 两驱 | 白色 | C2 |
| 355 | A1 | B2 | 汽油 | 两驱 | 白色 | C1 |
| 356 | A1 | B2 | 汽油 | 两驱 | 白色 | C2 |
| 357 | A1 | B2 | 汽油 | 两驱 | 白色 | C1 |
| 358 | A1 | B2 | 汽油 | 两驱 | 白色 | C2 |
| 359 | A1 | B2 | 汽油 | 两驱 | 白色 | C1 |
| 360 | A1 | B5 | 汽油 | 两驱 | 白色 | C2 |
| 361 | A1 | B5 | 汽油 | 四驱 | 黑色 | C1 |
| 362 | A1 | B3 | 汽油 | 两驱 | 黑色 | C2 |
| 363 | A1 | B3 | 汽油 | 两驱 | 黑色 | C1 |
| 364 | A1 | B3 | 汽油 | 两驱 | 黑色 | C2 |
| 365 | A1 | B3 | 汽油 | 两驱 | 黑色 | C1 |
| 366 | A1 | B3 | 汽油 | 两驱 | 黑色 | C2 |

| 装配顺序 | 品牌 | 配置 | 动力 | 驱动 | 颜色 | 喷涂线 |
|---|---|---|---|---|---|---|
| 367 | A1 | B3 | 汽油 | 两驱 | 黑色 | C1 |
| 368 | A1 | B3 | 汽油 | 两驱 | 黑色 | C2 |
| 369 | A1 | B2 | 汽油 | 两驱 | 黑色 | C1 |
| 370 | A1 | B2 | 汽油 | 两驱 | 黑色 | C2 |
| 371 | A1 | B2 | 汽油 | 两驱 | 黑色 | C1 |
| 372 | A1 | B2 | 汽油 | 两驱 | 黑色 | C2 |
| 373 | A1 | B2 | 汽油 | 两驱 | 黑色 | C1 |
| 374 | A1 | B2 | 汽油 | 两驱 | 黑色 | C2 |
| 375 | A1 | B2 | 汽油 | 两驱 | 黑色 | C1 |
| 376 | A1 | B2 | 汽油 | 两驱 | 黑色 | C2 |
| 377 | A1 | B2 | 汽油 | 两驱 | 黑色 | C1 |
| 378 | A1 | B2 | 汽油 | 两驱 | 黑色 | C2 |
| 379 | A1 | B2 | 汽油 | 两驱 | 黑色 | C1 |
| 380 | A1 | B2 | 汽油 | 两驱 | 黑色 | C2 |
| 381 | A1 | B2 | 汽油 | 两驱 | 黑色 | C1 |
| 382 | A1 | B2 | 汽油 | 两驱 | 黑色 | C2 |
| 383 | A1 | B2 | 汽油 | 两驱 | 黑色 | C1 |
| 384 | A1 | B2 | 汽油 | 两驱 | 黑色 | C2 |
| 385 | A1 | B2 | 汽油 | 两驱 | 黑色 | C1 |
| 386 | A1 | B2 | 汽油 | 两驱 | 黑色 | C2 |
| 387 | A1 | B2 | 汽油 | 两驱 | 黑色 | C1 |
| 388 | A1 | B2 | 汽油 | 两驱 | 黑色 | C2 |
| 389 | A1 | B2 | 汽油 | 两驱 | 黑色 | C1 |
| 390 | A1 | B2 | 汽油 | 两驱 | 黑色 | C2 |
| 391 | A1 | B2 | 汽油 | 两驱 | 黑色 | C1 |
| 392 | A1 | B2 | 汽油 | 两驱 | 黑色 | C2 |
| 393 | A1 | B2 | 汽油 | 两驱 | 黑色 | C1 |
| 394 | A1 | B2 | 汽油 | 两驱 | 黑色 | C2 |
| 395 | A1 | B2 | 汽油 | 两驱 | 黑色 | C1 |
| 396 | A1 | B2 | 汽油 | 两驱 | 黑色 | C2 |
| 397 | A1 | B2 | 汽油 | 两驱 | 黑色 | C1 |
| 398 | A1 | B2 | 汽油 | 两驱 | 黑色 | C2 |

续表

| 装配顺序 | 品牌 | 配置 | 动力 | 驱动 | 颜色 | 喷涂线 |
|---|---|---|---|---|---|---|
| 399 | A1 | B2 | 汽油 | 两驱 | 黑色 | C1 |
| 400 | A1 | B2 | 汽油 | 两驱 | 黑色 | C2 |
| 401 | A1 | B2 | 汽油 | 两驱 | 黑色 | C1 |
| 402 | A1 | B2 | 汽油 | 两驱 | 黑色 | C2 |
| 403 | A1 | B2 | 汽油 | 两驱 | 黑色 | C1 |
| 404 | A1 | B2 | 汽油 | 两驱 | 黑色 | C2 |
| 405 | A1 | B2 | 汽油 | 两驱 | 黑色 | C1 |
| 406 | A1 | B2 | 汽油 | 两驱 | 黑色 | C2 |
| 407 | A1 | B2 | 汽油 | 两驱 | 黑色 | C1 |
| 408 | A1 | B2 | 汽油 | 两驱 | 黑色 | C2 |
| 409 | A1 | B2 | 汽油 | 两驱 | 黑色 | C1 |
| 410 | A1 | B2 | 汽油 | 两驱 | 黑色 | C2 |
| 411 | A1 | B5 | 汽油 | 四驱 | 黑色 | C1 |
| 412 | A2 | B1 | 汽油 | 两驱 | 黑色 | C2 |
| 413 | A2 | B1 | 汽油 | 两驱 | 黑色 | C1 |
| 414 | A2 | B1 | 汽油 | 两驱 | 黑色 | C2 |
| 415 | A2 | B1 | 汽油 | 两驱 | 黑色 | C1 |
| 416 | A2 | B1 | 汽油 | 两驱 | 黑色 | C2 |
| 417 | A2 | B1 | 汽油 | 两驱 | 黑色 | C1 |
| 418 | A2 | B1 | 汽油 | 两驱 | 黑色 | C2 |
| 419 | A2 | B1 | 汽油 | 两驱 | 黑色 | C1 |
| 420 | A2 | B1 | 汽油 | 两驱 | 黑色 | C2 |
| 421 | A2 | B1 | 汽油 | 两驱 | 黑色 | C1 |
| 422 | A2 | B1 | 汽油 | 两驱 | 黑色 | C2 |
| 423 | A2 | B1 | 汽油 | 两驱 | 黑色 | C1 |
| 424 | A2 | B1 | 汽油 | 两驱 | 黑色 | C2 |
| 425 | A2 | B1 | 汽油 | 两驱 | 黑色 | C1 |
| 426 | A2 | B1 | 汽油 | 两驱 | 黑色 | C2 |
| 427 | A2 | B1 | 汽油 | 两驱 | 黑色 | C1 |
| 428 | A2 | B1 | 汽油 | 四驱 | 银色 | C2 |
| 429 | A2 | B4 | 汽油 | 两驱 | 银色 | C1 |
| 430 | A2 | B6 | 汽油 | 两驱 | 红色 | C1 |

| 装配顺序 | 品牌 | 配置 | 动力 | 驱动 | 颜色 | 喷涂线 |
|---|---|---|---|---|---|---|
| 431 | A2 | B4 | 汽油 | 两驱 | 银色 | C2 |
| 432 | A2 | B4 | 汽油 | 两驱 | 红色 | C1 |
| 433 | A2 | B6 | 汽油 | 两驱 | 棕色 | C2 |
| 434 | A2 | B6 | 汽油 | 两驱 | 白色 | C2 |
| 435 | A2 | B1 | 柴油 | 两驱 | 白色 | C1 |
| 436 | A2 | B4 | 汽油 | 两驱 | 白色 | C2 |
| 437 | A2 | B1 | 汽油 | 四驱 | 白色 | C1 |
| 438 | A2 | B1 | 汽油 | 四驱 | 白色 | C2 |
| 439 | A2 | B4 | 汽油 | 两驱 | 棕色 | C1 |
| 440 | A2 | B4 | 汽油 | 两驱 | 红色 | C1 |
| 441 | A2 | B4 | 汽油 | 两驱 | 金色 | C2 |
| 442 | A2 | B1 | 汽油 | 两驱 | 红色 | C1 |
| 443 | A2 | B4 | 汽油 | 两驱 | 棕色 | C2 |
| 444 | A2 | B1 | 汽油 | 四驱 | 白色 | C2 |
| 445 | A2 | B1 | 汽油 | 四驱 | 白色 | C1 |
| 446 | A2 | B4 | 汽油 | 两驱 | 棕色 | C2 |
| 447 | A2 | B1 | 汽油 | 两驱 | 金色 | C2 |
| 448 | A2 | B1 | 汽油 | 两驱 | 红色 | C1 |
| 449 | A2 | B1 | 汽油 | 两驱 | 金色 | C2 |
| 450 | A2 | B1 | 汽油 | 两驱 | 红色 | C1 |
| 451 | A2 | B4 | 汽油 | 两驱 | 棕色 | C1 |
| 452 | A2 | B1 | 汽油 | 四驱 | 白色 | C2 |
| 453 | A2 | B1 | 汽油 | 四驱 | 白色 | C1 |
| 454 | A2 | B4 | 汽油 | 两驱 | 棕色 | C2 |
| 455 | A2 | B4 | 汽油 | 两驱 | 白色 | C1 |
| 456 | A2 | B4 | 汽油 | 两驱 | 蓝色 | C1 |
| 457 | A2 | B4 | 汽油 | 两驱 | 白色 | C2 |
| 458 | A2 | B1 | 汽油 | 两驱 | 蓝色 | C1 |
| 459 | A2 | B1 | 汽油 | 四驱 | 白色 | C2 |
| 460 | A2 | B1 | 汽油 | 四驱 | 白色 | C2 |

## 附录 2　部分 LINGO 程序

```
! D2018;
model:
sets:
Car/1..460/:P1,P3,P4,Z;
Position/1..460/;
Assign(Car,Position):X;
endsets
data:
P1 = @file('d:\lingo12\dat\p1.txt');   ! 品牌属性;
P3 = @file('d:\lingo12\dat\p3.txt');    ! 汽油、柴油属性;
P4 = @file('d:\lingo12\dat\p4.txt');    ! 两驱、四驱属性;
@text() = @writefor(Assign(i,j)|x(i,j)#GT#0:'x(',i,',',j,') = ',x(i,
j),'');
enddata

@for(Car(i):@sum(Position(j):X(i,j))=1);! 每辆汽车只放一个位置;
@for(Position(j):@sum(Car(i):X(i,j))=1);! 每个位置只放一辆汽车;

@for(Car(i):(1 -p1(i))*(@sum(Position(j)|j#GE#1#AND#j#LE#181:X
(i,j)) +@sum(Position(j)|j#GE#231#AND#j#LE#411:X(i,j))) +p1(i)*(@
sum(Position(j)|j#GE#182#AND#j#LE#230:X(i,j)) +@sum(Position(j)|j#
GE#412#AND#j#LE#460:X(i,j))) =1);
   ! 保证前一半 A1,后一半 A2;

@for(Position(j)|j#LE#458:@sum(Car(i):p4(i)*X(i,j)) +@sum(Car
(i):p4(i)*X(i,j +1)) +@sum(Car(i):p4(i)*X(i,j +2)) <=2);
! 111 不允许;
@for(Position(j)|j#LE#458:@sum(Car(i):p4(i)*X(i,j)) +@ sum(Car
(i):p4(i)*X(i,j +2)) <=1);   ! 101 不允许;

@for(Position(j)|j#GE#50#AND#j#LE#400:@sum(Car(i):(1 -P4(i))*
(X(i,j) +X(i,j +1) +X(i,j +2) +X(i,j +3) +X(i,j +4))) =5);

@for(Assign(i,j):@bin(x(i,j)));
end
```

# 6.4 "薄利多销" 问题模型建立与分析

**（2019 年西安铁路职业学院全国大学生数学建模竞赛二等奖论文）**

## 摘 要

"薄利多销" 是一种以降低商品价格来提高商品销量的手段，也称为 "低利多售"，通常通过打折与买赠的形式出现在生活中．本文主要研究了打折力度、营业额和利润率的关系，通过多项式拟合得到三者之间的初等函数模型．

**问题一**：首先，使用 Excel 软件对附件 1、附件 2 中的日期进行排序，求出商品每日售价与销量乘积的总和，也就是 2016/11/30—2019/1/2 的每日营业额（见表 3，详见支撑文件）；其次，补充缺失的商品成本．缺失成本价共分为两类，第一类为同类商品在不同日期上有缺失状况，第二类为成本价全部丢失．将同类不同日期缺失的成本价用同类商品成本价最小值进行补充．对于成本价完全丢失的商品，按照各商场的平均获利情况，按 35% 的利润率计算成本，使用数据透视表格完成了商品成本价的补充，进而用利润比售价算出每天的利润率（见表 5，详见支撑文件）．

**问题二**：分析附件资料，将影响打折力度的指标分为 3 类：订单数、打折商品销量和折扣额．使用 Excel 软件，求出每天 3 个指标的数值，然后对其进行归一化处理．通过查阅资料发现，商品的订单数主要是从侧面对打折力度进行说明，而其余两个指标对于打折力度有直接影响，因此将订单数权重设为 1/5，将其余两指标权重设为 2/5，进而求得每日的打折力度（见表 10）．

**问题三**：首先，分别绘制出打折力度与商品营业额、利润率的散点图，采用多项式进行拟合，通过 SSE 数值比较二次拟合曲线与三次拟合曲线之间的差价值（较小），相较于一次拟合曲线，二次拟合曲线的贴和率更高，因此最终选用二次拟合曲线作为拟合曲线方程．观察打折力度与商品营业额、利润率的二次拟合曲线，发现营业额随打折力度的增加而增大，而商品利润率则随商品打折力度的增加而减小．

**问题四**：将附件 1、附件 2 与附件 4 进行合并，为附件 1、附件 2 中的商品附上商品大类编码，将每大类商品的营业额与利润率用问题一的模型进行求解，之后按大类求出衡量打折力度的 3 个指标数据，进而求得各大类下的打折力度．用 MATLAB 作出每大类商品的打折力度与商品营业额、利润率的散点图，分别对其散点图趋势进行分析，采用二次多项式拟合，分别得到打折力度与商品营业额和利润率的二次函数表达式．可知打折力度随着商品营业额的增加而增大，但与问题三相比，变化幅度明显变缓；打折力度与利润率成反比例，即随打折力度的增加而减小．

**关键词**：利润率 营业额 打折力度 衡量指标

## 一、问题重述

"薄利多销" 是指以低价、低利扩大营销的策略．对于消费者的需求量因消费品的价格波动变化而变化的商品，当此类商品降价时，若需求量增大的幅度大于价格下降幅度，便会使总收益增加．在实际生活中，"薄利多销" 被各大销售市场广泛应用．

附件 1 与附件 2 是某商场 2016/11/30—2019/1/2 的营业流水记录，附件 3 是该商场折扣信息表，附件 4 是该商场商品信息表，附件 5 是数据说明表. 根据这些数据，建立科学合理的数学模型解决下列问题：

**问题一**：计算这个商场 2016/11/30—2019/1/2 每日的营业额与利润率.

**问题二**：建立科学合理的指标，衡量这个商场每日的打折力度，并计算出该商场 2016/11/30—2019/1/2 的打折力度.

**问题三**：分析商品的打折力度和商品的营业额与利润率的关系.

**问题四**：若进一步考虑到商品的大类区分问题，求出商品的打折力度和商品的营业额与利润率的变化.

## 二、问题分析

"薄利多销"是一种通过降低需求富有弹性的商品的价格，使销量增长幅度大于价格下降幅度的一种营销策略，各大商场和超市被广泛应用.

**针对问题一**：首先，以商品的营业额与利润率为目标，建立数学模型. 利用 Excel 对每日营业流水记录进行排序，套用公式（营业额等于售价与销量的乘积）得出该商场日营业总额.

利润率等于利润与成本的商再乘以百分之百. 由于部分商品成本价缺失，于是利用 Excel 软件对商品种类进行区分，逐个对商品进行成本价的补充. 有些同类商品在不同日期会有成本价缺失的情况，选取同类不同日期商品本金最小值进行补充. 还有一部分商品成本价完全丢失，没有同类的商品记录进行对比. 根据题意可知商品的一般利润率为 20%～40%，通过对同类商场的资料查询，采用利润率为 35% 为成本价完全缺失的商品的利润率，采用数据透视表进行成本价的填充.

根据求得的所有商品的成本价，建立数学模型计算商品的利润率.

**针对问题二**：通过分析可将影响打折力度的指标分为 3 类：订单数、打折商品销量和折扣额. 首先对数据进行处理，对商品的编码进行排序，利用 Excel 统计出每天的订单数；其次，将未打折商品数据剔除，算出每天售出打折商品的数量；最后，用门店价减去销售价得到每天的折扣额. 对得到的 3 个指标数据进行归一化处理. 商品的订单数从侧面反映了打折力度，而其余两个指标直接影响打折力度，因此，将订单数权重设为 1/5，将其余两指标权重设为 2/5，进而求得每日的打折力度.

**针对问题三**：采用 MATLAB 软件工具箱绘制出商品打折力度与商品营业额和利润率的散点图. 分析图像，作出商品打折力度与商品营业额和利润率的一次、二次、三次拟合曲线，并求出 6 条拟合曲线的 SSE 数值，选取其中最合适的拟合曲线方程.

**针对问题四**：将附件 1、附件 2 按附件 4 中的商品大类进行区分. 将每大类商品的营业额与利润率用问题一的模型进行求解，用问题二的方法求出各大类商品的打折力度. 用 MATLAB 绘制出每大类商品的打折力度与营业额，以及打折力度与利润率的散点图，对其进行曲线拟合，观察拟合曲线得到按商品大类区分的打折力度与营业额和利润率的关系.

## 三、模型假设

（1）假设每件商品没有出现无货、缺货状态.

（2）假设附件中数据均真实、有效、无错误.

（3）假设售出的商品没有出现退货、换货的情况.

（4）假设该商场 2016/11/30—2019/1/2 期间没有暂停营业状态.

## 四、符号说明

符号说明见表1.

**表 1　符号说明**

| TS | 日营业额 |
|---|---|
| $p$ | 每种商品单价 |
| $n$ | 每种商品销量 |
| $r$ | 利润率 |
| $c$ | 每种商品成本价 |
| $i$ | 第 $i$ 种商品 |
| $d$ | 订单量 |
| $z$ | 打折商品销量 |
| $v$ | 折扣额 |
| $K$ | 打折力度 |
| $q_1$、$q_2$、$q_3$ | 分别为订单量、打折商品销量和折扣额的权重 |

## 五、模型的建立与求解

1. 问题一模型的建立与求解

1）模型的建立

若要求出商场每日的营业额与利润率，只需知道商品的售价、销量和成本价. 因此，以商品的营业额与利润率为目标，建立数学模型如下：

$$\text{TS} = p_1 \cdot n_1 + p_2 \cdot n_2 + \cdots + p_i \cdot n_i, \tag{1}$$

$$r = \frac{p_1 - c_1}{p_1} + \frac{p_2 - c_2}{p_2} + \cdots + \frac{p_i - c_i}{p_i}, \tag{2}$$

其中 TS 为商品日营业额，$p_i$ 为每种商品的单价，$n_i$ 为每种商品的销量，$r$ 为利润率，$c_i$ 为每种商品的成本价，$i$ 为第 $i$ 种商品.

2）模型的求解

（1）营业额模型求解.

利用 Excel 对附件 1、附件 2 中的营业流水记录按日期进行排序，筛选出该商场每天的营业流水记录. 首先，求出每天每条流水的营业额，即用相应的销量乘以售价，以 2016/11/30 为例，求得的部分结果见表 2（详见支撑文件）. 其次，根据式（1），用 Excel 中的数据透视表功能，计算出 2016/11/30—2019/1/2 的日营业额，求得的部分结果见表 3（详细记录见附表1）.

（2）利润率模型求解.

由题可知，部分商品存在成本价缺失的状况，因此，先利用 Excel 对商品种类进行排序，发现成本价缺失的商品分为两种情况：一种是同类商品在不同日期有成本价缺失状况，另一种是成本价完全缺失.

### 表2 2016/11/30 部分营业流水记录表

| create_dt | order_id | sku_id | sku_name | is_finish | sku_cnt | sku_prc | sku_sale | sku_cost | upc_code |
|---|---|---|---|---|---|---|---|---|---|
| 2016/11/30 | 6.29E+14 | 2.01E+09 | 进口 香蕉 | 1 | 1 | 8.8 | 8.8 | 0 | 2.4E+12 |
| 2016/11/30 | 6.29E+14 | 2E+09 | 伊利 畅轻 | 1 | 1 | 7.5 | 7.5 | 0 | 6.91E+12 |
| 2016/11/30 | 6.29E+14 | 2.01E+09 | 新希望 记 | 1 | 1 | 5 | 5 | 0 | 6.94E+12 |
| 2016/11/30 | 6.29E+14 | 2E+09 | 三全 猪肉 | 1 | 2 | 9.8 | 9.8 | 0 | 6.91E+12 |
| 2016/11/30 | 6.29E+14 | 2.01E+09 | 香米 约1k | 1 | 5 | 5.6 | 5.6 | 0 | 2.4E+12 |
| 2016/11/30 | 6.29E+14 | 2.01E+09 | 香满园 特 | 0 | 1 | 27.8 | 26.8 | 26.8 | 6.95E+12 |
| 2016/11/30 | 6.29E+14 | 2.01E+09 | 福临门 非 | 0 | 1 | 49.8 | 43.8 | 43.8 | 6.94E+12 |
| 2016/11/30 | 6.29E+14 | 2.01E+09 | 活润 益生 | 1 | 10 | 2.3 | 2.3 | 0 | 6.94E+12 |
| 2016/11/30 | 6.29E+14 | 2E+09 | 好丽友 薯 | 0 | 1 | 18.8 | 18.5 | 18.5 | 6.92E+12 |
| 2016/11/30 | 6.29E+14 | 2.01E+09 | Cocacola/ | 0 | 1 | 2 | 1.6 | 1.6 | 6.95E+12 |
| 2016/11/30 | 6.29E+14 | 2.01E+09 | 甘汁园 一 | 1 | 1 | 8.9 | 7.8 | 7.8 | 6.93E+12 |
| 2016/11/30 | 6.29E+14 | 2.01E+09 | Cocacola/ | 1 | 1 | 3 | 3 | 0 | 6.95E+12 |
| 2016/11/30 | 6.29E+14 | 2.01E+09 | 美年达 橙 | 1 | 1 | 2.9 | 2.9 | 0 | 6.94E+12 |
| 2016/11/30 | 6.29E+14 | 2.01E+09 | Cocacola/ | 1 | 1 | 6.9 | 6.9 | 0 | 6.95E+12 |
| 2016/11/30 | 6.29E+14 | 2E+09 | 海天 上等 | 1 | 1 | 8.8 | 7.8 | 7.8 | 6.9E+12 |
| 2016/11/30 | 6.29E+14 | 2.01E+09 | 珍爱 湿巾 | 1 | 1 | 1 | 1 | 0 | 6.93E+12 |
| 2016/11/30 | 6.29E+14 | 2.01E+09 | 南瓜 约50 | 1 | 1 | 0.8 | 0.8 | 0 | 2.4E+12 |
| 2016/11/30 | 6.29E+14 | 2E+09 | 农夫山泉 | 1 | 1 | 4.8 | 4.8 | 0 | 6.92E+12 |
| 2016/11/30 | 6.29E+14 | 2E+09 | 伊利 大果 | 1 | 1 | 5.8 | 5.8 | 0 | 6.91E+12 |
| 2016/11/30 | 6.29E+14 | 2.01E+09 | 康师傅 冰 | 1 | 1 | 1.5 | 1 | 1 | 6.92E+12 |
| 2016/11/30 | 6.29E+14 | 2E+09 | 冷酸灵 极 | 1 | 1 | 8.8 | 6.8 | 6.8 | 6.9E+12 |
| 2016/11/30 | 6.29E+14 | 2E+09 | 包装海蜇丝 | 1 | 1 | 12.6 | 9.9 | 9.9 | 6.93E+12 |
| 2016/11/30 | 6.29E+14 | 2E+09 | 湾仔 码头 | 1 | 1 | 30.9 | 19.8 | 19.8 | 4.89E+12 |
| 2016/11/30 | 6.29E+14 | 2.01E+09 | 小葱 约10 | 1 | 1 | 1.2 | 1.2 | 0 | 2.4E+12 |
| 2016/11/30 | 6.29E+14 | 2.01E+09 | 好人家 鸡 | 1 | 1 | 2.1 | 1 | 1 | 6.92E+12 |
| 2016/11/30 | 6.29E+14 | 2.01E+09 | 百事可乐 | 1 | 2 | 2.9 | 2.9 | 0 | 6.94E+12 |
| 2016/11/30 | 6.29E+14 | 2.01E+09 | 百世兴 原 | 0 | 10 | 5.5 | 2.5 | 2.5 | 6.94E+12 |
| 2016/11/30 | 6.29E+14 | 2E+09 | Great Val | 1 | 2 | 1.5 | 1.5 | 0 | 6.91E+12 |
| 2016/11/30 | 6.29E+14 | 2.01E+09 | Great Val | 1 | 2 | 1.5 | 1.5 | 0 | 6.91E+12 |

### 表3 2016/11/30—2019/1/2 的日营业额

| 日期 | 每天 营业额 | 日期 | 营业额 |
|---|---|---|---|
| 2016/11/30 | 2833.7 | 2017/1/1 | 4802.6 |
| 2016/12/1 | 2346.2 | 2017/1/2 | 6961.1 |
| 2016/12/2 | 2338.3 | 2017/1/3 | 4045.68 |
| 2016/12/3 | 3270.4 | 2017/1/4 | 4227.3 |
| 2016/12/4 | 3881.68 | 2017/1/5 | 2020.3 |
| 2016/12/5 | 2362.6 | 2017/1/6 | 4531.1 |
| 2016/12/6 | 2253.1 | 2017/1/7 | 5871.7 |
| 2016/12/7 | 5312.88 | 2017/1/8 | 5586.4 |
| 2016/12/8 | 5890.72 | 2017/1/9 | 4600.6 |
| 2016/12/9 | 5750.58 | 2017/1/10 | 5708 |
| 2016/12/10 | 5755.26 | 2017/1/11 | 4688.2 |
| 2016/12/11 | 16415.22 | 2017/1/12 | 3868.3 |
| 2016/12/12 | 37236.08 | 2017/1/13 | 2742.2 |
| 2016/12/13 | 16547 | 2017/1/14 | 11038.94 |
| 2016/12/14 | 9172.9 | 2017/1/15 | 11856.6 |
| 2016/12/15 | 11167.4 | 2017/1/16 | 4794.1 |
| 2016/12/16 | 11062.28 | 2017/1/17 | 6077 |
| 2016/12/17 | 14744.44 | 2017/1/18 | 5244.6 |
| 2016/12/18 | 17424.66 | 2017/1/19 | 5906.18 |
| 2016/12/19 | 3151.7 | 2017/1/20 | 4503.1 |
| 2016/12/20 | 4370.4 | 2017/1/21 | 5321.52 |
| 2016/12/21 | 8305.96 | 2017/1/22 | 5105.5 |
| 2016/12/22 | 5858.22 | 2017/1/23 | 5322.58 |
| 2016/12/23 | 10465.7 | 2017/1/24 | 6930.24 |
| 2016/12/24 | 6322.72 | 2017/1/25 | 8824.1 |
| 2016/12/25 | 5667.6 | 2017/1/26 | 9636.66 |
| 2016/12/26 | 4254.8 | 2017/1/27 | 4683.08 |
| 2016/12/27 | 4968.5 | 2017/1/28 | 2445.1 |
| 2016/12/28 | 3529.5 | 2017/1/29 | 3211.7 |
| 2016/12/29 | 6333.48 | 2017/1/30 | 2502.3 |
| 2016/12/30 | 8263.1 | 2017/1/31 | 2473.1 |
| 2016/12/31 | 9905.48 | | |

**第一种类型商品**：选取同类商品不同日期成本价的最小值，利用 Excel 先将未打折商品数据剔除，从剩下的数据中，利用透视表功能查找同类商品的成本价最小值，再将该值补充到缺失成本价的商品上.

**第二种类型商品**：因为无同类商品成本价进行比较，根据题目所给的信息，商品利润率一般为 20%～40%，考虑到市场平衡和商家盈利情况，在一般商品利润范围中选取利润率 35% 的成本价作为成本价完全丢失的商品的成本价，利用 Excel 函数把附件 1、附件 2 的成本价进行补充，见表 4.

表 4 补充后部分商品成本价

| create dt | order id | sku id | 1 | sku name | is finish | sku cnt | 门店价 | sku销售价 | 成本 |
|---|---|---|---|---|---|---|---|---|---|
| 2017/11/17 | 7.27697E+14 | 2010200966 | 20307 | 红心蜜柚 | 1 | 1 | 11.5 | 11.5 | 8.52 |
| 2017/11/17 | 7.27703E+14 | 2009205212 | 20386 | 包装初产双 | 1 | 1 | 11.9 | 11.9 | 8.81 |
| 2017/11/17 | 7.27703E+14 | 2006721211 | 20386 | 正大 富硒 | 1 | 1 | 19.8 | 19.8 | 14.67 |
| 2017/11/17 | 7.27734E+14 | 2008625664 | 20392 | 单晶冰糖 | 1 | 1 | 6.7 | 6.7 | 4.96 |
| 2017/11/17 | 7.27707E+14 | 2003621548 | 20386 | 海霸王 甲 | 1 | 2 | 3.9 | 3.9 | 2.89 |
| 2017/11/17 | 7.2773E+14 | 2005526105 | 20307 | 紫薯 约1k | 1 | 2 | 11.7 | 11.7 | 8.67 |
| 2017/11/17 | 7.2773E+14 | 2010230436 | 20292 | 有机海带 | 1 | 1 | 9.9 | 9.9 | 7.33 |
| 2017/11/17 | 7.27713E+14 | 2007176643 | 20392 | Great Val | 1 | 1 | 19.8 | 19.8 | 14.67 |
| 2017/11/17 | 7.27716E+14 | 2010662386 | 21555 | 象太郎 浸 | 1 | 2 | 9.9 | 9.9 | 7.33 |
| 2017/11/17 | 7.27718E+14 | 2008759764 | 20514 | 方形提拉米 | 1 | 1 | 13.8 | 13.8 | 10.22 |
| 2017/11/17 | 7.27723E+14 | 2009742158 | 20307 | 平和蜜柚( | 1 | 1 | 7.3 | 7.3 | 5.41 |
| 2017/11/17 | 7.27684E+14 | 2005508977 | 20307 | 小白菜 约 | 1 | 1 | 3.9 | 3.9 | 2.89 |
| 2017/11/17 | 7.27684E+14 | 2005508909 | 20307 | 冬瓜 约1k | 1 | 1 | 2.7 | 2.7 | 2.00 |
| 2017/11/17 | 7.27684E+14 | 2005526104 | 20307 | 油麦菜 约 | 1 | 1 | 3.1 | 3.1 | 2.30 |
| 2017/11/17 | 7.27684E+14 | 2005508962 | 20307 | 上海青 约 | 1 | 1 | 1.9 | 1.9 | 1.41 |
| 2017/11/17 | 7.27709E+14 | 2003117877 | 20392 | 王守义 十 | 1 | 1 | 5.9 | 5.9 | 4.37 |
| 2017/11/17 | 7.27682E+14 | 2006240292 | 20392 | 川晶 天然 | 1 | 1 | 2.5 | 2.5 | 1.85 |
| 2017/11/17 | 7.27688E+14 | 2003118354 | 20386 | 旺仔 牛奶 | 1 | 2 | 8.6 | 8.6 | 6.37 |
| 2017/11/17 | 7.2769E+14 | 2005526105 | 20307 | 紫薯 约1k | 1 | 1 | 11.7 | 11.7 | 8.67 |
| 2017/11/17 | 7.2769E+14 | 2007686298 | 20307 | 青椒 约40 | 1 | 1 | 3.1 | 3.1 | 2.30 |
| 2017/11/17 | 7.2769E+14 | 2003810523 | 20386 | Great Val | 1 | 1 | 9.8 | 9.8 | 7.26 |
| 2017/11/17 | 7.27693E+14 | 2010200966 | 20307 | 红心蜜柚 | 1 | 1 | 11.5 | 11.5 | 8.52 |
| 2017/11/17 | 7.27704E+14 | 2007529940 | 20307 | 百香果(盒 | 1 | 1 | 18.8 | 18.8 | 13.93 |
| 2017/11/17 | 7.27697E+14 | 2003118116 | 20386 | Yakult/养 | 1 | 1 | 11 | 11 | 8.15 |
| 2017/11/17 | 7.27703E+14 | 2009205212 | 20386 | 包装初产双 | 1 | 1 | 11.9 | 11.9 | 8.81 |
| 2017/11/17 | 7.27703E+14 | 2004781890 | 20386 | 三全 儿童 | 1 | 1 | 30.5 | 30.5 | 22.59 |
| 2017/11/17 | 7.27725E+14 | 2003138306 | 20392 | Great Val | 1 | 2 | 8.8 | 8.8 | 6.52 |
| 2017/11/17 | 7.27725E+14 | 2006800820 | 20307 | 菠菜 400g | 1 | 2 | 4.8 | 4.8 | 3.56 |
| 2017/11/17 | 7.27725E+14 | 2005508962 | 20307 | 上海青 约 | 1 | 1 | 1.9 | 1.9 | 1.41 |
| 2017/11/17 | 7.27711E+14 | 2007085679 | 20386 | Great Val | 1 | 1 | 9.8 | 9.8 | 7.26 |
| 2017/11/17 | 7.27701E+14 | 2010473954 | 20514 | 红枣 约30 | 1 | 1 | 6.8 | 6.8 | 5.04 |

通过补充的成本价，利用数学模型［式（2）］计算出 2016/11/30—2019/1/2 的利润率. 表 5 所示是部分商品成本价与利润率（详见支撑材料）.

2. 问题二模型的建立与求解

1）模型的建立

分析附件 1～附件 3，发现订单量、打折商品销售量和折扣额能够反映打折力度的情况，故将其作为打折力度的指标. 因为 3 个指标的量纲不同，所以对其进行归一化处理，同时考量 3 个指标的重要程度，设置相应的权重来体现该情况，得到打折力度与这 3 个指标的数学模型如下：

$$K = q_1 d + q_2 z + q_3 v, \tag{3}$$

其中 $K$ 为打折力度，$q_1$、$q_2$、$q_3$ 分别为订单量、打折商品销售量和折扣额的权重，$d$ 为订单量，$z$ 为打折商品销售量，$v$ 为折扣额.

**表 5　部分商品成本价与利润率**

| 日期 | 商品ID | sku_id | 商品名称 | is_finish | sku_cnt | sku_prc | sku_sale | 成本 | 营业额 | 利润率 | |
|---|---|---|---|---|---|---|---|---|---|---|---|
| 2016/11/30 | 6.28898E+14 | 2005508919 | 进口 香蕉 | 1 | 1 | 8.8 | 8.8 | 7.96 | 8.8 | 10.55% | |
| 2016/11/30 | 6.28898E+14 | 2005468766 | 新希望望 记 | 1 | 1 | 5 | 5 | 4 | 5 | 25.00% | |
| 2016/11/30 | 6.28928E+14 | 2003138337 | 三全 猪肉 | 1 | 2 | 9.8 | 9.8 | 9.8 | 19.6 | 0.00% | |
| 2016/11/30 | 6.28926E+14 | 2005468710 | 活润 益生 | 1 | 10 | 2.3 | 2.3 | 1 | 23 | 130.00% | |
| 2016/11/30 | 6.28909E+14 | 2005468424 | 甘汁园 一 | 1 | 1 | 8.9 | 7.8 | 7.8 | 7.8 | 0.00% | |
| 2016/11/30 | 6.28909E+14 | 2005468735 | Cocacola/ | 1 | 1 | 3 | 3 | 3 | 3 | 0.00% | |
| 2016/11/30 | 6.28909E+14 | 2005468746 | 美年达 橙 | 1 | 1 | 2.9 | 2.9 | 2.9 | 2.9 | 0.00% | |
| 2016/11/30 | 6.28909E+14 | 2005468739 | Cocacola/ | 1 | 1 | 6.9 | 6.9 | 6 | 6.9 | 15.00% | |
| 2016/11/30 | 6.28909E+14 | 2003118318 | 海天 上等 | 1 | 1 | 8.8 | 7.8 | 7.8 | 7.8 | 0.00% | |
| 2016/11/30 | 6.28909E+14 | 2005508948 | 南瓜 约50 | 1 | 1 | 0.8 | 0.8 | 1.35 | 0.8 | -40.74% | |
| 2016/11/30 | 6.28909E+14 | 2003118273 | 农夫山泉 | 1 | 1 | 4.8 | 4.8 | 4.5 | 4.8 | 6.67% | |
| 2016/11/30 | 6.28909E+14 | 2003118168 | 伊利 大果 | 1 | 1 | 5.8 | 5.8 | 5.8 | 5.8 | 0.00% | |
| 2016/11/30 | 6.28909E+14 | 2005468478 | 康师傅 冰 | 1 | 1 | 1.5 | 1 | 1 | 1 | 0.00% | |
| 2016/11/30 | 6.28909E+14 | 2005468892 | 冷酸灵 极 | 1 | 1 | 8.8 | 6.8 | 6.8 | 6.8 | 0.00% | |
| 2016/11/30 | 6.28909E+14 | 2004859551 | 包装海盐丝 | 1 | 1 | 12.6 | 9.9 | 9.9 | 9.9 | 0.00% | |
| 2016/11/30 | 6.28909E+14 | 2003117718 | 湾仔码头 | 1 | 1 | 30.9 | 19.8 | 19.8 | 19.8 | 0.00% | |
| 2016/11/30 | 6.28909E+14 | 2005468454 | 好人家 鸡 | 1 | 1 | 1 | 1 | 1 | 1 | 0.00% | |
| 2016/11/30 | 6.28909E+14 | 2005468775 | 百事可乐 | 1 | 2 | 2.9 | 2.9 | 2.8 | 5.8 | 3.57% | |
| 2016/11/30 | 6.28915E+14 | 2005508915 | 冻鸡大胸 | 1 | 1 | 9.5 | 9.5 | 6.82 | 9.5 | 39.30% | |
| 2016/11/30 | 6.28915E+14 | 2003138189 | 包装黑椒双 | 1 | 1 | 13.8 | 13.8 | 8.8 | 13.8 | 56.82% | |
| 2016/11/30 | 6.2892E+14 | 2003938724 | 雕牌 清新 | 1 | 1 | 6.9 | 6.9 | 7.8 | 6.9 | -11.54% | |
| 2016/11/30 | 6.2893E+14 | 2005468923 | Pepsi/百事 | 1 | 1 | 9.9 | 9.9 | 6.9 | 9.9 | 43.48% | |
| 2016/11/30 | 6.2893E+14 | 2005508916 | 冻鸡爪 约 | 1 | 1 | 10.9 | 10.9 | 10.9 | 10.9 | 0.00% | |
| 2016/11/30 | 6.28905E+14 | 2003117399 | 喜之郎 蜜 | 1 | 1 | 3.8 | 3.8 | 3.5 | 3.8 | 8.57% | |
| 2016/11/30 | 6.28905E+14 | 2003117547 | 清风 原木 | 1 | 1 | 28.8 | 17.8 | 17.8 | 17.8 | 0.00% | |
| 2016/11/30 | 6.28905E+14 | 2005468925 | 心相印 自 | 1 | 1 | 4.5 | 3.5 | 3.5 | 3.5 | 0.00% | |
| 2016/11/30 | 6.28905E+14 | 2005468737 | Cocacola/ | 1 | 1 | 2 | 1.6 | 1.6 | 1.6 | 0.00% | |
| 2016/11/30 | 6.28905E+14 | 2005468887 | OREO/奥利 | 1 | 1 | 16.9 | 13.8 | 13.8 | 13.8 | 0.00% | |
| 2016/11/30 | 6.28905E+14 | 2005468931 | 百世兴 原 | 1 | 1 | 2.5 | 2.5 | 2.5 | 2.5 | 0.00% | |
| 2016/11/30 | 6.28911E+14 | 2003619922 | 寿全斋 红 | 1 | 1 | 19.8 | 19.8 | 17.8 | 19.8 | 11.24% | |
| 2016/11/30 | 6.28911E+14 | 2005468775 | 百事可乐 | 1 | 1 | 2.9 | 2.9 | 2.8 | 5.8 | 3.57% | |
| 2016/11/30 | 6.28911E+14 | 2003619414 | 海霸王 包 | 1 | 1 | 10.9 | 7.5 | 7.5 | 7.5 | 0.00% | |
| 2016/11/30 | 6.28911E+14 | 2003117402 | m&m 's 牛 | 1 | 1 | 4.5 | 4.4 | 4.4 | 4.4 | 0.00% | |

2）模型的求解

将 3 个指标分别求出. 首先求出订单数. 因为不同订单中可有多件商品，所以每天的营业流水中有订单号重复的情况，利用 Excel 软件对重复的订单进行筛选，进而求得每日的订单量，见表 6（部分详细表格见附表 2）.

**表 6　部分商品的订单数**

| 行标签 | 求和项:订单数 | | |
|---|---|---|---|
| 2016/11/30 | 40 | 2016/12/17 | 166 |
| 2016/12/1 | 19 | 2016/12/18 | 199 |
| 2016/12/2 | 26 | 2016/12/19 | 23 |
| 2016/12/3 | 35 | 2016/12/20 | 39 |
| 2016/12/4 | 31 | 2016/12/21 | 56 |
| 2016/12/5 | 19 | 2016/12/22 | 61 |
| 2016/12/6 | 23 | 2016/12/23 | 96 |
| 2016/12/7 | 85 | 2016/12/24 | 59 |
| 2016/12/8 | 66 | 2016/12/25 | 47 |
| 2016/12/9 | 83 | 2016/12/26 | 47 |
| 2016/12/10 | 74 | 2016/12/27 | 43 |
| 2016/12/11 | 244 | 2016/12/28 | 34 |
| 2016/12/12 | 605 | 2016/12/29 | 63 |
| 2016/12/13 | 264 | 2016/12/30 | 88 |
| 2016/12/14 | 122 | 2016/12/31 | 101 |
| 2016/12/15 | 159 | 2017/1/1 | 40 |
| 2016/12/16 | 172 | 2017/1/2 | 54 |
| | | 2017/1/3 | 31 |

若要计算打折商品销量，先将数据中交易失败的订单和非打折商品（成本价缺失的商品）的数据剔除，使用数据透视表将每日的打折商品销量求出. 部分日打折商品销量见表 7（详细记录见支撑文件）.

求商品折扣额时，对数据进行排序，再用公式（门店价减去销售价）得出每日的折扣额，部分日折扣额见表 8（部分详细见附表 3）.

表 7　部分日打折商品销量

| 日期 | 订单数 | 折扣额 | 售出打折 |
|---|---|---|---|
| 2016/11/30 | 80 | 235 | 147 |
| 2016/12/1 | 34 | 197 | 133 |
| 2016/12/2 | 41 | 201 | 132 |
| 2016/12/3 | 52 | 258 | 161 |
| 2016/12/4 | 65 | 310 | 221 |
| 2016/12/5 | 45 | 140 | 92 |
| 2016/12/6 | 46 | 179 | 126 |
| 2016/12/7 | 134 | 426 | 256 |
| 2016/12/8 | 141 | 502 | 370 |
| 2016/12/9 | 143 | 386 | 265 |
| 2016/12/10 | 142 | 512 | 361 |
| 2016/12/11 | 423 | 1238 | 780 |
| 2016/12/12 | 1070 | 2683 | 1781 |
| 2016/12/13 | 469 | 1271 | 866 |
| 2016/12/14 | 234 | 676 | 459 |
| 2016/12/15 | 288 | 829 | 545 |
| 2016/12/16 | 289 | 853 | 534 |
| 2016/12/17 | 371 | 1159 | 781 |
| 2016/12/18 | 441 | 1356 | 910 |
| 2016/12/19 | 61 | 213 | 125 |
| 2016/12/20 | 86 | 310 | 209 |

表 8　部分日折扣额

| 日期 | 订单数 | 折扣额 | 售出打折 |
|---|---|---|---|
| 2016/11/30 | 80 | 235 | 147 |
| 2016/12/1 | 34 | 197 | 133 |
| 2016/12/2 | 41 | 201 | 132 |
| 2016/12/3 | 52 | 258 | 161 |
| 2016/12/4 | 65 | 310 | 221 |
| 2016/12/5 | 45 | 140 | 92 |
| 2016/12/6 | 46 | 179 | 126 |
| 2016/12/7 | 134 | 426 | 256 |
| 2016/12/8 | 141 | 502 | 370 |
| 2016/12/9 | 143 | 386 | 265 |
| 2016/12/10 | 142 | 512 | 361 |
| 2016/12/11 | 423 | 1238 | 780 |
| 2016/12/12 | 1070 | 2683 | 1781 |
| 2016/12/13 | 469 | 1271 | 866 |
| 2016/12/14 | 234 | 676 | 459 |
| 2016/12/15 | 288 | 829 | 545 |
| 2016/12/16 | 289 | 853 | 534 |
| 2016/12/17 | 371 | 1159 | 781 |
| 2016/12/18 | 441 | 1356 | 910 |
| 2016/12/19 | 61 | 213 | 125 |
| 2016/12/20 | 86 | 310 | 209 |
| 2016/12/21 | 150 | 585 | 335 |
| 2016/12/22 | 128 | 437 | 329 |
| 2016/12/23 | 217 | 558 | 416 |
| 2016/12/24 | 131 | 444 | 273 |

对上述 3 个指标进行归一化处理，处理后的结果见表 9.

通过资料分析订单数对打折力度有间接影响，其余两个指标对打折力度有直接影响. 因此，将订单数指标权重设为 1/5，将打折商品销量与折扣额两个指标权重设为 2/5，得出最终的 3 种指标对打折力度的模型公式，见式（4）.

表9　3个指标归一化处理结果（部分）

| 日期 | 订单数 | 折扣额 | 售出打折商品 | 归一 | | |
|---|---|---|---|---|---|---|
| 2016/11/30 | 80 | 235 | 147 | 0.014827846 | 0.008196014 | 0.0075607 |
| 2016/12/1 | 34 | 197 | 133 | 0.003267153 | 0.004917608 | 0.0058255 |
| 2016/12/2 | 41 | 201 | 132 | 0.005026389 | 0.005262704 | 0.0057015 |
| 2016/12/3 | 52 | 258 | 161 | 0.007790902 | 0.010180312 | 0.009296 |
| 2016/12/4 | 65 | 310 | 221 | 0.011058055 | 0.014666552 | 0.0167328 |
| 2016/12/5 | 45 | 140 | 92 | 0.006031666 | 0 | 0.0007437 |
| 2016/12/6 | 46 | 179 | 126 | 0.006282986 | 0.003364679 | 0.0049579 |
| 2016/12/7 | 134 | 426 | 256 | 0.028399095 | 0.024674316 | 0.0210709 |
| 2016/12/8 | 141 | 502 | 370 | 0.030158331 | 0.031231128 | 0.0352008 |
| 2016/12/9 | 143 | 386 | 265 | 0.03066097 | 0.021223363 | 0.0221864 |
| 2016/12/10 | 142 | 512 | 361 | 0.030409651 | 0.032093866 | 0.0340853 |
| 2016/12/11 | 423 | 1238 | 780 | 0.10103041 | 0.094728669 | 0.0860188 |
| 2016/12/12 | 1070 | 2683 | 1781 | 0.263634079 | 0.219394358 | 0.2100892 |
| 2016/12/13 | 469 | 1271 | 866 | 0.112591103 | 0.097575705 | 0.0966782 |
| 2016/12/14 | 234 | 676 | 459 | 0.053531038 | 0.046242775 | 0.046232 |
| 2016/12/15 | 288 | 829 | 545 | 0.067102287 | 0.059442671 | 0.0568914 |
| 2016/12/16 | 289 | 853 | 534 | 0.067353606 | 0.061513243 | 0.055528 |
| 2016/12/17 | 371 | 1159 | 781 | 0.087961799 | 0.087913036 | 0.0861428 |
| 2016/12/18 | 441 | 1356 | 910 | 0.105554159 | 0.104908981 | 0.1021319 |
| 2016/12/19 | 61 | 213 | 125 | 0.010052777 | 0.00629799 | 0.0048339 |
| 2016/12/20 | 86 | 310 | 209 | 0.016335763 | 0.014666552 | 0.0152454 |
| 2016/12/21 | 150 | 585 | 335 | 0.032420206 | 0.038391856 | 0.0308627 |
| 2016/12/22 | 128 | 437 | 329 | 0.026891179 | 0.025623328 | 0.030119 |
| 2016/12/23 | 217 | 558 | 416 | 0.049258608 | 0.036062462 | 0.0409023 |
| 2016/12/24 | 131 | 444 | 273 | 0.027645137 | 0.026227245 | 0.023178 |
| 2016/12/25 | 100 | 409 | 284 | 0.019854235 | 0.023207661 | 0.0245414 |
| 2016/12/26 | 87 | 304 | 245 | 0.016587082 | 0.014148909 | 0.0197075 |
| 2016/12/27 | 108 | 357 | 231 | 0.02186479 | 0.018721422 | 0.0179722 |
| 2016/12/28 | 63 | 200 | 136 | 0.010555416 | 0.00517643 | 0.0061973 |
| 2016/12/29 | 143 | 447 | 274 | 0.03066097 | 0.026486067 | 0.0233019 |
| 2016/12/30 | 199 | 544 | 340 | 0.044734858 | 0.034854629 | 0.0314824 |

$$K = \frac{1}{5}d + \frac{2}{5}z + \frac{2}{5}v.\tag{4}$$

利用式（4）算出每一天的打折力度，见表10.

表10　每一天的打折力度（部分）

| 日期 | 订单数 | 折扣额 | 售出打折商品 | 归一 | | | 权重后 | | | 折扣力度 |
|---|---|---|---|---|---|---|---|---|---|---|
| 2016/11/30 | 80 | 235 | 147 | 0.014827846 | 0.008196014 | 0.0075607 | 0.002965569 | 0.003278406 | 0.003024294 | 0.009268268 |
| 2016/12/1 | 34 | 197 | 133 | 0.003267153 | 0.004917608 | 0.0058255 | 0.000653431 | 0.001967043 | 0.002330193 | 0.004950667 |
| 2016/12/2 | 41 | 201 | 132 | 0.005026389 | 0.005262704 | 0.0057015 | 0.001005278 | 0.002105082 | 0.002280615 | 0.005390974 |
| 2016/12/3 | 52 | 258 | 161 | 0.007790902 | 0.010180312 | 0.009296 | 0.00155818 | 0.004072125 | 0.003718394 | 0.009348699 |
| 2016/12/4 | 65 | 310 | 221 | 0.011058055 | 0.014666552 | 0.0167328 | 0.002211611 | 0.005866621 | 0.006693109 | 0.01477134 |
| 2016/12/5 | 45 | 140 | 92 | 0.006031666 | 0 | 0.0007437 | 0.001206333 | 0 | 0.000297471 | 0.001503805 |
| 2016/12/6 | 46 | 179 | 126 | 0.006282986 | 0.003364679 | 0.0049579 | 0.001256597 | 0.001345872 | 0.001983143 | 0.004585612 |
| 2016/12/7 | 134 | 426 | 256 | 0.028399095 | 0.024674316 | 0.0210709 | 0.005679819 | 0.009869727 | 0.008428359 | 0.023977905 |
| 2016/12/8 | 141 | 502 | 370 | 0.030158331 | 0.031231128 | 0.0352008 | 0.006031666 | 0.012492451 | 0.014080317 | 0.032604435 |
| 2016/12/9 | 143 | 386 | 265 | 0.03066097 | 0.021223363 | 0.0221864 | 0.006132194 | 0.008489345 | 0.008874566 | 0.023496105 |
| 2016/12/10 | 142 | 512 | 361 | 0.030409651 | 0.032093866 | 0.0340853 | 0.00608193 | 0.012837546 | 0.01363411 | 0.032553587 |
| 2016/12/11 | 423 | 1238 | 780 | 0.10103041 | 0.094728669 | 0.0860188 | 0.020206082 | 0.037891468 | 0.034407536 | 0.092505085 |
| 2016/12/12 | 1070 | 2683 | 1781 | 0.263634079 | 0.219394358 | 0.2100892 | 0.052726816 | 0.087757743 | 0.084035697 | 0.224520255 |
| 2016/12/13 | 469 | 1271 | 866 | 0.112591103 | 0.097575705 | 0.0966782 | 0.022518221 | 0.03903282 | 0.038671294 | 0.100219797 |
| 2016/12/14 | 234 | 676 | 459 | 0.053531038 | 0.046242775 | 0.046232 | 0.010706208 | 0.01849711 | 0.018492811 | 0.047696129 |
| 2016/12/15 | 288 | 829 | 545 | 0.067102287 | 0.059442671 | 0.0568914 | 0.013420457 | 0.023777068 | 0.022756569 | 0.059954095 |
| 2016/12/16 | 289 | 853 | 534 | 0.067353606 | 0.061513243 | 0.055528 | 0.013470721 | 0.024605297 | 0.022211205 | 0.060287223 |
| 2016/12/17 | 371 | 1159 | 781 | 0.087961799 | 0.087913036 | 0.0861428 | 0.01759236 | 0.035165214 | 0.034457115 | 0.087214689 |
| 2016/12/18 | 441 | 1356 | 910 | 0.105554159 | 0.104908981 | 0.1021319 | 0.021110832 | 0.041963592 | 0.040852752 | 0.103927176 |
| 2016/12/19 | 61 | 213 | 125 | 0.010052777 | 0.00629799 | 0.0048339 | 0.002010555 | 0.002519196 | 0.001933565 | 0.006463316 |
| 2016/12/20 | 86 | 310 | 209 | 0.016335763 | 0.014666552 | 0.0152454 | 0.003267153 | 0.005866621 | 0.006098166 | 0.015231939 |
| 2016/12/21 | 150 | 585 | 335 | 0.032420206 | 0.038391856 | 0.0308627 | 0.006484041 | 0.015356742 | 0.012345067 | 0.03418585 |
| 2016/12/22 | 128 | 437 | 329 | 0.026891179 | 0.025623328 | 0.030119 | 0.005378236 | 0.010249331 | 0.012047595 | 0.027675163 |
| 2016/12/23 | 217 | 558 | 416 | 0.049258608 | 0.036062462 | 0.0409023 | 0.009851722 | 0.014424985 | 0.016360932 | 0.040637639 |
| 2016/12/24 | 131 | 444 | 273 | 0.027645137 | 0.026227245 | 0.023178 | 0.005529027 | 0.010490898 | 0.009271195 | 0.02529112 |
| 2016/12/25 | 100 | 409 | 284 | 0.019854235 | 0.023207661 | 0.0245414 | 0.003970847 | 0.009283064 | 0.009816559 | 0.023070471 |
| 2016/12/26 | 87 | 304 | 245 | 0.016587082 | 0.014148909 | 0.0197075 | 0.003317416 | 0.005659563 | 0.007882995 | 0.016859974 |
| 2016/12/27 | 108 | 357 | 231 | 0.02186479 | 0.018721422 | 0.0179722 | 0.004372958 | 0.007488569 | 0.007188894 | 0.019050421 |
| 2016/12/28 | 63 | 200 | 136 | 0.010555416 | 0.00517643 | 0.0061973 | 0.002111083 | 0.002070572 | 0.002478929 | 0.006660584 |
| 2016/12/29 | 143 | 447 | 274 | 0.03066097 | 0.026486067 | 0.0233019 | 0.006132194 | 0.010594227 | 0.009320773 | 0.026047394 |
| 2016/12/30 | 199 | 544 | 340 | 0.044734858 | 0.034854629 | 0.0314824 | 0.008946972 | 0.013941851 | 0.01259296 | 0.035481783 |
| 2016/12/31 | 219 | 681 | 457 | 0.049761247 | 0.046674144 | 0.0459841 | 0.009952249 | 0.018669657 | 0.018393654 | 0.047015561 |
| 2017/1/1 | 92 | 338 | 202 | 0.017843679 | 0.017082219 | 0.0143778 | 0.003568736 | 0.006832888 | 0.005751116 | 0.016152739 |

### 3. 问题三模型的建立与求解

建立打折力度与商品营业额与利润率的关系. 用 MATLAB 画出打折力度与商品营业额的散点图，如图 1 所示. 观察图 1，建立打折力度的一次、二次、三次拟合曲线. 如图 2 ~ 图 4 所示.

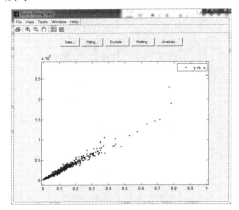

图 1　打折力度与商品营业额的散点图

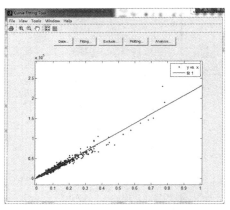

图 2　打折力度与商品营业额一次拟合曲线

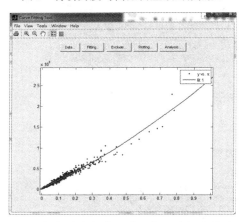

图 3　打折力度与商品营业额二次拟合曲线

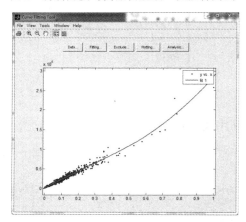

图 4　打折力度与商品营业额三次拟合曲线

再求出打折力度与利润率的散点图，如图 5 所示. 观察图 5，同样建立打折力度与利润率的一次、二次、三次拟合曲线，如图 6 ~ 图 8 所示.

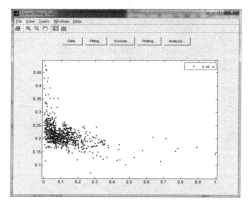

图 5　打折力度与利润率的散点图

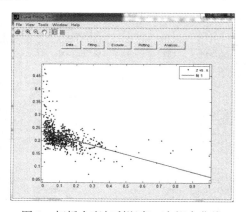

图 6　打折力度与利润率一次拟合曲线

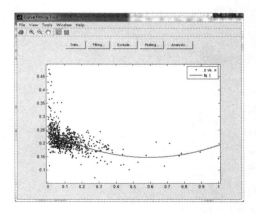
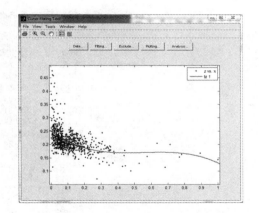

图 7　打折力度与利润率二次拟合曲线　　　图 8　打折力度与利润率三次拟合曲线

根据 SSE 原理计算 6 条拟合曲线的误差平方和，见表 11.

表 11　6 条拟合曲线的误差平方和

| SSE | 打折力度与商品营业额 | 打折力度与利润率 |
|---|---|---|
| 一次拟合曲线 | 1.044 | $1.948 \times 10^{10}$ |
| 二次拟合曲线 | 0.9802 | $1.464 \times 10^{10}$ |
| 三次拟合曲线 | 0.9665 | $1.312 \times 10^{10}$ |

通过观察拟合曲线，分析各拟合曲线 SSE 取值，在打折力度与商品营业额和利润率的拟合曲线的 SSE 上，二次拟合曲线与三次拟合曲线的差值不大，没有取三次拟合的必要，相较于一次拟合曲线，二次拟合曲线的贴合率更高，因此最终选取二次拟合曲线.

得到的打折力度与商品营业额的函数表达式为

$$y = 7.634 \cdot 10^{10} x^2 + 1.869 \cdot 10^5 x + 33\,220 \tag{5}$$

打折力度与利润率的表达式为

$$y = 0.276\,9 x^2 - 0.327\,4x + 0.244 \tag{6}$$

观察打折力度与商品营业额、利润率的二次拟合曲线发现，商品营业额是随打折力度的增加而增大的，而利润率则与打折力度成反比关系.

4. 问题四模型的建立与求解

首先，将附件 4 和附件 1、附件 2 进行合并，将附件 1、附件 2 中的商品附上大类区分的编码. 根据问题一中的模型公式（1）、（2）求出商品按大类区分的营业额与利润率，见表 12（详细见附表 4）.

其次，按照问题二的方法，根据大类划分，求出各大类下商品的 3 个指标数据，进而计算出相应各类商品的打折力度，见表 13.

表 12 按大类区分的营业额与利润率

| 分类 | 总和 | | |
|---|---|---|---|
| | 营业额 | 利润率 | |
| 9987 | 117.6 | 35.00% | |
| 20097 | 13803.5 | 1.57% | |
| 20138 | 1516.58 | 27.93% | |
| 20185 | 24697.9 | 11.11% | |
| 20248 | 850731.46 | 26.63% | |
| 20292 | 177741.67 | 23.90% | |
| 20307 | 1139244.09 | 45.38% | |
| 20365 | 124924.31 | 40.78% | |
| 20386 | 3945414.45 | 14.23% | |
| 20392 | 3003086.92 | 12.91% | |
| 20514 | 958910.26 | 13.25% | |
| 20640 | 1060657.33 | 9.99% | |
| 20902 | 2944.8 | 33.07% | |
| 20987 | 1394522.54 | 9.95% | |
| 21190 | 1658.7 | 6.71% | |
| 21214 | 6350.9 | 33.01% | |
| 21232 | 668260.81 | 16.23% | |
| 21234 | 2036.9 | 17.02% | |
| 21466 | 3252 | 35.00% | |
| 21549 | 514833.71 | 14.74% | |
| 21555 | 139052.36 | 14.16% | |
| 21667 | 329065.54 | 16.47% | |
| 21737 | 1546.4 | 34.58% | |
| 21929 | 3853.6 | 31.15% | |
| 21997 | 79.1 | 29.17% | |

表 13 各类商品的打折力度

| 分类 | 订单数 | 打折商品 | 折扣额 | 归一 | | | 权重 | | | 打折力度 |
|---|---|---|---|---|---|---|---|---|---|---|
| 20097 | 136 | 7 | 0 | 0.002576 | 0 | 0 | 0.000515 | 0 | 0 | 0.00051515 |
| 20138 | 33 | 404 | 1578.3 | 0.000625 | 0.001589 | 0.002605 | 0.000125 | 0.000635 | 0.001042 | 0.00180258 |
| 20185 | 259 | 364 | 159.5 | 0.004905 | 0.001429 | 0.000263 | 0.000981 | 0.000571 | 0.000105 | 0.00165779 |
| 20248 | 8181 | 1006 | 5236.1 | 0.154943 | 0.003998 | 0.008643 | 0.030989 | 0.001599 | 0.003457 | 0.03604499 |
| 20292 | 1159 | 67164 | 46496.28 | 0.021951 | 0.26873 | 0.076753 | 0.00439 | 0.107492 | 0.030701 | 0.14258322 |
| 20307 | 15171 | 8790 | 15689.16 | 0.28733 | 0.035145 | 0.025898 | 0.057466 | 0.014058 | 0.010359 | 0.08188344 |
| 20365 | 1011 | 202714 | 98851.3 | 0.019148 | 0.811136 | 0.163176 | 0.00383 | 0.324454 | 0.065271 | 0.39355454 |
| 20386 | 52800 | 17772 | 4586.96 | 1 | 0.071087 | 0.007572 | 0.2 | 0.028435 | 0.003029 | 0.23146353 |
| 20392 | 37700 | 249912 | 605194.6 | 0.714015 | 1 | 0.99901 | 0.142803 | 0.4 | 0.399604 | 0.94240686 |
| 20514 | 28871 | 188150 | 483292.1 | 0.546799 | 0.752858 | 0.797782 | 0.10936 | 0.301143 | 0.319113 | 0.72961593 |
| 20640 | 15030 | 110801 | 129836.6 | 0.284659 | 0.443344 | 0.214325 | 0.056932 | 0.177338 | 0.08573 | 0.31999941 |
| 20902 | 3 | 85533 | 102999.6 | 5.68E-05 | 0.342234 | 0.170024 | 1.14E-05 | 0.136894 | 0.06801 | 0.20491458 |
| 20987 | 22675 | 259 | 260 | 0.429451 | 0.001008 | 0.000429 | 0.08589 | 0.000403 | 0.000172 | 0.08646518 |
| 21190 | 60 | 89688 | 389032.5 | 0.001136 | 0.35886 | 0.642185 | 0.000227 | 0.143544 | 0.256874 | 0.40064558 |
| 21214 | 8 | 202 | 719 | 0.000152 | 0.00078 | 0.001187 | 3.03E-05 | 0.000312 | 0.000475 | 0.00081717 |
| 21232 | 12727 | 626 | 280 | 0.241042 | 0.002477 | 0.000462 | 0.048208 | 0.000991 | 0.000185 | 0.04938399 |
| 21234 | 25 | 46648 | 197724.3 | 0.000473 | 0.186635 | 0.326388 | 9.47E-05 | 0.074654 | 0.130555 | 0.20530397 |
| 21549 | 4304 | 152 | 386.7 | 0.081515 | 0.00058 | 0.000638 | 0.016303 | 0.000232 | 0.000255 | 0.01679045 |
| 21555 | 3520 | 234 | 0 | 0.066667 | 0.000908 | 0 | 0.013333 | 0.000363 | 0 | 0.01369667 |
| 21667 | 312 | 23565 | 69022.04 | 0.005909 | 0.094268 | 0.113936 | 0.001182 | 0.037707 | 0.045575 | 0.0844635 |
| 21737 | 0 | 7431 | 12394.91 | 0 | 0.029707 | 0.020461 | 0 | 0.011883 | 0.008184 | 0.02006715 |
| 21929 | 1 | 9206 | 25296.86 | 1.89E-05 | 0.03681 | 0.041758 | 3.79E-06 | 0.014724 | 0.016703 | 0.03143104 |
| 21997 | 0 | 64 | 5 | 0 | 0.000228 | 8.25E-06 | 0 | 9.12E-05 | 3.3E-06 | 9.4536E-05 |
| 22036 | 27 | 2079 | 14191.63 | 0.000511 | 0.008291 | 0.023426 | 0.000102 | 0.003316 | 0.009371 | 0.01278932 |
| 22049 | 147 | 88 | 5 | 0.002784 | 0.000324 | 8.25E-06 | 0.000557 | 0.00013 | 3.3E-06 | 0.00068977 |
| 22521 | 14 | 167 | 78.1 | 0.000265 | 0.00064 | 0.000129 | 5.3E-05 | 0.000256 | 5.16E-05 | 0.0003607 |

根据表 12、表 13 的数据，通过 MATLAB 软件工具箱绘制出按大类区分的打折力度与商品营业额、利润率的散点图及拟合曲线，如图 9 ~ 图 12 所示.

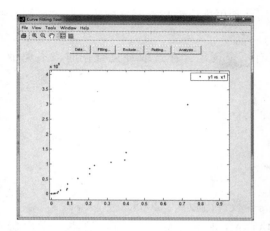 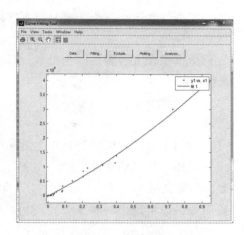

图9　按大类区分的打折力度与 　　　　　　图10　按大类区分的打折力度与
　　　商品营业额的散点图 　　　　　　　　　　商品营业额拟合曲线

观察图9、图10，随着商品营业额的增加，打折力度也在增大，但相较于问题三，其变化幅度有所下降.

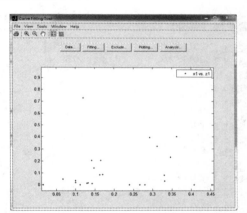 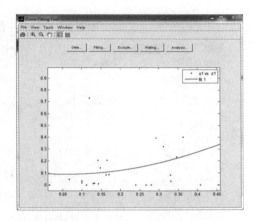

图11　按大类区分的打折力度与利润率的散点图　图12　按大类区分的打折力度与利润率拟合曲线

观察图11、图12，打折力度与利润率趋势大概成反比例变化，打折力度随着利润率的增加而减小，并且开始减小幅度较大，之后减小幅度变缓.

由打折力度与商品营业额、利润率的拟合曲线，得到打折力度与商品营业额的表达式：

$$y = 1.185 \cdot 10^6 x^2 + 3.123 \cdot 10^6 x - 1.778 \cdot 10^4, \tag{7}$$

以及打折力度与利润率的表达式：

$$y = 1.572 x^2 - 0.1848 x + 0.0954. \tag{8}$$

## 六、模型的评价与推广

### 1. 模型的评价

1）优点

（1）模型采用了 Excel 软件数据透视表，vlookup 函数、if 函数等进行求解，使用 MATLAB 软件工具箱作出相关散点图及拟合曲线，使数据精准度更高.

（2）模型简洁明了地表示了打折力度与商品营业额、利润率的关系.

（3）模型与实际相结合，更具有真实性、通用性和可推广性.

2）缺点

（1）数据量较大，容易产生纰漏，且数据又有不全现象，在选取补充数据时，不免带有主观性.

（2）不同数值拟合的精度不同.

2. 推广

（1）适用于食品、服装等日常生活品促销.

（2）适用于药店药品的促销.

### 七、参考文献

[1] 姜启源. 数学模型（第 3 版）[M]. 北京：高等教育出版社，2005.

[2] 薛定宇，陈阳泉. 高等应用数学问题的 MATLAB 求解 [M]. 北京：清华大学出版社，2004.

[3] 叶其孝. 大学生数学建模竞赛辅导教材（全四册）[M]. 长沙：湖南教育出版社，1997.

# 附　录

附表 1　问题一　每日营业额（部分）

| 日期 | 营业额 | | | | |
|---|---|---|---|---|---|
| 2016/11/30 | 1292.9 | 2017/1/1 | 2324.5 | 2017/2/3 | 2757 |
| 2016/12/1 | 1123.3 | 2017/1/2 | 3113.3 | 2017/2/4 | 2759.4 |
| 2016/12/2 | 966.2 | 2017/1/3 | 1542.78 | 2017/2/5 | 3392 |
| 2016/12/3 | 1150.5 | 2017/1/4 | 1780.5 | 2017/2/6 | 1940 |
| 2016/12/4 | 1964.08 | 2017/1/5 | 624.7 | 2017/2/7 | 3539.78 |
| 2016/12/5 | 1201.6 | 2017/1/6 | 1908.1 | 2017/2/8 | 2449.3 |
| 2016/12/6 | 930.7 | 2017/1/7 | 3081.5 | 2017/2/9 | 3831.7 |
| 2016/12/7 | 1819.3 | 2017/1/8 | 2588.4 | 2017/2/10 | 1468.1 |
| 2016/12/8 | 3069.86 | 2017/1/9 | 2361 | 2017/2/11 | 5125.08 |
| 2016/12/9 | 2466.9 | 2017/1/10 | 2882.8 | 2017/2/12 | 2597.18 |
| 2016/12/10 | 2876.74 | 2017/1/11 | 2489.3 | 2017/2/13 | 2196.28 |
| 2016/12/11 | 6917.16 | 2017/1/12 | 1673.9 | 2017/2/14 | 2641.5 |
| 2016/12/12 | 16300.6 | 2017/1/13 | 1026.4 | 2017/2/15 | 1792.9 |
| 2016/12/13 | 7287.6 | 2017/1/14 | 4817.56 | 2017/2/16 | 1471.8 |
| 2016/12/14 | 4493.6 | 2017/1/15 | 6172.1 | 2017/2/17 | 1998.7 |
| 2016/12/15 | 4540.7 | 2017/1/16 | 1425.6 | 2017/2/18 | 5879.44 |
| 2016/12/16 | 4505.88 | 2017/1/17 | 2837 | 2017/2/19 | 5058.08 |
| 2016/12/17 | 6695.74 | 2017/1/18 | 2291 | 2017/2/20 | 1520.98 |
| 2016/12/18 | 7392.46 | 2017/1/19 | 3418 | 2017/2/21 | 2432.3 |
| 2016/12/19 | 981.4 | 2017/1/20 | 1688.2 | 2017/2/22 | 2501.5 |
| 2016/12/20 | 2216.1 | 2017/1/21 | 1992.5 | 2017/2/23 | 2072 |
| 2016/12/21 | 2734.56 | 2017/1/22 | 3520.5 | 2017/2/24 | 2365.82 |
| 2016/12/22 | 2762.3 | 2017/1/23 | 3006.98 | 2017/2/25 | 2847.28 |
| 2016/12/23 | 5044 | 2017/1/24 | 3629.78 | 2017/2/26 | 2822.86 |
| 2016/12/24 | 2626.54 | 2017/1/25 | 3401.7 | 2017/2/27 | 1027.7 |
| 2016/12/25 | 2631.3 | 2017/1/26 | 4212.56 | 2017/2/28 | 1801.7 |
| 2016/12/26 | 2423.6 | 2017/1/27 | 1355.28 | 2017/3/1 | 1799.8 |
| 2016/12/27 | 1993.5 | 2017/1/28 | 875.9 | 2017/3/2 | 2855.9 |
| 2016/12/28 | 1843.7 | 2017/1/29 | 1399.8 | 2017/3/3 | 2689.02 |
| 2016/12/29 | 2990 | 2017/1/30 | 1171.9 | 2017/3/4 | 5199.2 |
| 2016/12/30 | 3212 | 2017/1/31 | 1283.5 | 2017/3/5 | 4117.9 |
| 2016/12/31 | 5270.7 | 2017/2/1 | 1498.1 | 2017/3/6 | 2191.16 |
| 2017/1/1 | 2324.5 | 2017/2/2 | 2146.46 | 2017/3/7 | 2567.06 |
| | | 2017/2/3 | 2757 | 2017/3/8 | 2242.8 |

附表2　问题二　每日订单数（部分）

| 日期 | 订单数 | 日期 | 订单数 | 日期 | 订单数 | 日期 | 订单数 |
|---|---|---|---|---|---|---|---|
| 2016/11/30 | 80 | 2017/1/3 | 74 | 2017/2/8 | 126 | 2017/2/15 | 82 |
| 2016/12/1 | 34 | 2017/1/4 | 76 | 2017/2/9 | 129 | 2017/2/16 | 66 |
| 2016/12/2 | 41 | 2017/1/5 | 33 | 2017/2/10 | 59 | 2017/2/17 | 104 |
| 2016/12/3 | 52 | 2017/1/6 | 70 | 2017/2/11 | 300 | 2017/2/18 | 407 |
| 2016/12/4 | 65 | 2017/1/7 | 80 | 2017/2/12 | 69 | 2017/2/19 | 332 |
| 2016/12/5 | 45 | 2017/1/8 | 79 | 2017/2/13 | 50 | 2017/2/20 | 54 |
| 2016/12/6 | 46 | 2017/1/9 | 74 | 2017/2/14 | 83 | 2017/2/21 | 59 |
| 2016/12/7 | 134 | 2017/1/10 | 107 | 2017/2/15 | 82 | 2017/2/22 | 67 |
| 2016/12/8 | 141 | 2017/1/11 | 76 | 2017/2/16 | 66 | 2017/2/23 | 128 |
| 2016/12/9 | 143 | 2017/1/12 | 55 | 2017/2/17 | 104 | 2017/2/24 | 118 |
| 2016/12/10 | 142 | 2017/1/13 | 64 | 2017/2/18 | 407 | 2017/2/25 | 158 |
| 2016/12/11 | 423 | 2017/1/14 | 314 | 2017/2/19 | 332 | 2017/2/26 | 126 |
| 2016/12/12 | 1070 | 2017/1/15 | 299 | 2017/2/20 | 54 | 2017/2/27 | 64 |
| 2016/12/13 | 469 | 2017/1/16 | 74 | 2017/2/21 | 59 | 2017/2/28 | 53 |
| 2016/12/14 | 234 | 2017/1/17 | 112 | 2017/2/22 | 67 | 2017/3/1 | 60 |
| 2016/12/15 | 288 | 2017/1/18 | 96 | 2017/2/23 | 128 | 2017/3/2 | 148 |
| 2016/12/16 | 289 | 2017/1/19 | 105 | 2017/2/24 | 118 | 2017/3/3 | 128 |
| 2016/12/17 | 371 | 2017/1/20 | 86 | 2017/2/25 | 158 | 2017/3/4 | 243 |
| 2016/12/18 | 441 | 2017/1/21 | 94 | 2017/2/26 | 126 | 2017/3/5 | 231 |
| 2016/12/19 | 61 | 2017/1/22 | 76 | 2017/2/27 | 64 | 2017/3/6 | 97 |
| 2016/12/20 | 86 | 2017/1/23 | 69 | 2017/2/28 | 53 | 2017/3/7 | 120 |
| 2016/12/21 | 150 | 2017/1/24 | 153 | 2017/3/1 | 60 | 2017/3/8 | 99 |
| 2016/12/22 | 128 | 2017/1/25 | 174 | 2017/3/2 | 148 | 2017/3/9 | 120 |
| 2016/12/23 | 217 | 2017/1/26 | 134 | 2017/3/3 | 128 | 2017/3/10 | 176 |
| 2016/12/24 | 131 | 2017/1/27 | 42 | 2017/3/4 | 243 | 2017/3/11 | 176 |
| 2016/12/25 | 100 | 2017/1/28 | 27 | 2017/3/5 | 231 | 2017/3/12 | 197 |
| 2016/12/26 | 87 | 2017/1/29 | 35 | 2017/3/6 | 97 | 2017/3/13 | 103 |
| 2016/12/27 | 108 | 2017/1/30 | 36 | 2017/3/7 | 120 | 2017/3/14 | 100 |
| 2016/12/28 | 63 | 2017/1/31 | 35 | 2017/3/8 | 99 | 2017/3/15 | 100 |
| 2016/12/29 | 143 | 2017/2/1 | 53 | 2017/3/9 | 120 | 2017/3/16 | 97 |
| 2016/12/30 | 199 | 2017/2/2 | 63 | 2017/3/10 | 176 | | |
| 2016/12/31 | 219 | 2017/2/3 | 97 | 2017/3/11 | 176 | | |
| 2017/1/1 | 92 | 2017/2/4 | 75 | 2017/3/12 | 197 | | |
| 2017/1/2 | 128 | 2017/2/5 | 189 | 2017/3/13 | 103 | | |
| 2017/1/3 | 74 | 2017/2/6 | 136 | 2017/3/14 | 100 | | |
| | | 2017/2/7 | 177 | 2017/3/15 | 100 | | |

附表 3　问题三　日折扣额（部分）

| 行标签 | 计数项:折扣额 | | | | |
|---|---|---|---|---|---|
| 2016/11/30 | 148 | 2016/12/31 | 361 | 2017/2/1 | 175 |
| 2016/12/1 | 104 | 2017/1/1 | 186 | 2017/2/2 | 184 |
| 2016/12/2 | 111 | 2017/1/2 | 270 | 2017/2/3 | 247 |
| 2016/12/3 | 172 | 2017/1/3 | 140 | 2017/2/4 | 193 |
| 2016/12/4 | 160 | 2017/1/4 | 172 | 2017/2/5 | 400 |
| 2016/12/5 | 62 | 2017/1/5 | 91 | 2017/2/6 | 269 |
| 2016/12/6 | 94 | 2017/1/6 | 141 | 2017/2/7 | 297 |
| 2016/12/7 | 271 | 2017/1/7 | 162 | 2017/2/8 | 261 |
| 2016/12/8 | 247 | 2017/1/8 | 195 | 2017/2/9 | 175 |
| 2016/12/9 | 218 | 2017/1/9 | 157 | 2017/2/10 | 113 |
| 2016/12/10 | 250 | 2017/1/10 | 210 | 2017/2/11 | 473 |
| 2016/12/11 | 738 | 2017/1/11 | 146 | 2017/2/12 | 120 |
| 2016/12/12 | 1513 | 2017/1/12 | 141 | 2017/2/13 | 90 |
| 2016/12/13 | 710 | 2017/1/13 | 138 | 2017/2/14 | 137 |
| 2016/12/14 | 343 | 2017/1/14 | 481 | 2017/2/15 | 216 |
| 2016/12/15 | 461 | 2017/1/15 | 449 | 2017/2/16 | 136 |
| 2016/12/16 | 497 | 2017/1/16 | 161 | 2017/2/17 | 159 |
| 2016/12/17 | 636 | 2017/1/17 | 178 | 2017/2/18 | 641 |
| 2016/12/18 | 751 | 2017/1/18 | 207 | 2017/2/19 | 524 |
| 2016/12/19 | 150 | 2017/1/19 | 180 | 2017/2/20 | 130 |
| 2016/12/20 | 160 | 2017/1/20 | 172 | 2017/2/21 | 150 |
| 2016/12/21 | 397 | 2017/1/21 | 184 | 2017/2/22 | 98 |
| 2016/12/22 | 207 | 2017/1/22 | 106 | 2017/2/23 | 209 |
| 2016/12/23 | 307 | 2017/1/23 | 151 | 2017/2/24 | 185 |
| 2016/12/24 | 271 | 2017/1/24 | 231 | 2017/2/25 | 282 |
| 2016/12/25 | 217 | 2017/1/25 | 286 | 2017/2/26 | 238 |
| 2016/12/26 | 113 | 2017/1/26 | 291 | 2017/2/27 | 123 |
| 2016/12/27 | 227 | 2017/1/27 | 177 | 2017/2/28 | 99 |
| 2016/12/28 | 101 | 2017/1/28 | 93 | 2017/3/1 | 99 |
| 2016/12/29 | 238 | 2017/1/29 | 91 | 2017/3/2 | 288 |
| 2016/12/30 | 314 | 2017/1/30 | 123 | 2017/3/3 | 226 |
| | | 2017/1/31 | 117 | 2017/3/4 | 390 |

附表4 问题四 按大类区分的营业额与利润率

| 分类 | 总的 营业额 | 利润率 |
|---|---|---|
| 9987 | 117.6 | 35.00% |
| 20097 | 13803.5 | 1.57% |
| 20138 | 1516.58 | 27.93% |
| 20185 | 24697.9 | 11.11% |
| 20248 | 850731.46 | 26.63% |
| 20292 | 177741.67 | 23.90% |
| 20307 | 1139244.09 | 45.38% |
| 20365 | 124924.31 | 40.78% |
| 20386 | 3945414.45 | 14.23% |
| 20392 | 3003086.92 | 12.91% |
| 20514 | 958910.26 | 13.25% |
| 20640 | 1060657.33 | 9.99% |
| 20902 | 2944.8 | 33.07% |
| 20987 | 1394522.54 | 9.95% |
| 21190 | 1658.7 | 6.71% |
| 21214 | 6350.9 | 33.01% |
| 21232 | 668260.81 | 16.23% |
| 21234 | 2036.9 | 17.02% |
| 21466 | 3252 | 35.00% |
| 21549 | 514833.71 | 14.74% |
| 21555 | 139052.36 | 14.16% |
| 21667 | 329065.54 | 16.47% |
| 21737 | 1546.4 | 34.58% |
| 21929 | 3853.6 | 31.15% |
| 21997 | 79.1 | 29.17% |
| 22036 | 1293.1 | 36.26% |
| 22049 | 74726.12 | 11.99% |
| 22419 | 70 | 35.00% |
| 22521 | 15221.34 | 43.55% |